建筑装饰与环境专业教材
编 审 委 员 会

教育部高职高专规划教材

建筑装饰装修工程项目管理

王国诚　主编
程玉兰　林国杰　副主编

化学工业出版社
教材出版中心
·北京·

图书在版编目（CIP）数据

建筑装饰装修工程项目管理/王国诚主编．—北京：化学工业出版社，2005.12（2023.1重印）
教育部高职高专规划教材
ISBN 978-7-5025-7973-9

Ⅰ．建…　Ⅱ．王…　Ⅲ．建筑装饰-建筑工程-项目管理-高等学校：技术学院-教材　Ⅳ．TU767

中国版本图书馆CIP数据核字（2005）第145968号

责任编辑：王文峡　程树珍　　　文字编辑：张　娟
责任校对：陈　静　　　装帧设计：郑小红

出版发行：化学工业出版社　教材出版中心（北京市东城区青年湖南街13号　邮政编码100011）
印　　装：北京虎彩文化传播有限公司
787mm×1092mm　1/16　印张16　字数379千字　　2023年1月北京第1版第13次印刷

购书咨询：010-64518888　　　售后服务：010-64518899
网　　址：http://www.cip.com.cn
凡购买本书，如有缺损质量问题，本社销售中心负责调换。

定　　价：46.00元　

出 版 说 明

高职高专教材建设工作是整个高职高专教学工作中的重要组成部分。改革开放以来，在各级教育行政部门、有关学校和出版社的共同努力下，各地先后出版了一些高职高专教育教材。但从整体上看，具有高职高专教育特色的教材极其匮乏，不少院校尚在借用本科或中专教材，教材建设落后于高职高专教育的发展需要。为此，1999 年教育部组织制定了《高职高专教育专门课课程基本要求》（以下简称《基本要求》）和《高职高专教育专业人才培养目标及规格》（以下简称《培养规格》），通过推荐、招标及遴选，组织了一批学术水平高、教学经验丰富、实践能力强的教师，成立了“教育部高职高专规划教材”编写队伍，并在有关出版社的积极配合下，推出一批“教育部高职高专规划教材”。

“教育部高职高专规划教材”计划出版 500 种，用 5 年左右时间完成。这 500 种教材中，专门课（专业基础课、专业理论与专业能力课）教材将占很高的比例。专门课教材建设在很大程度上影响着高职高专教学质量。专门课教材是按照《培养规格》的要求，在对有关专业的人才培养模式和教学内容体系改革进行充分调查研究和论证的基础上，充分汲取高职、高专和成人高等学校在探索培养技术应用型专门人才方面取得的成功经验和教学成果编写而成的。这套教材充分体现了高等职业教育的应用特色和能力本位，调整了新世纪人才必须具备的文化基础和技术基础，突出了人才的创新素质和创新能力的培养。在有关课程开发委员会组织下，专门课教材建设得到了举办高职高专教育的广大院校的积极支持。我们计划先用 2～3 年的时间，在继承原有高职高专和成人高等学校教材建设成果的基础上，充分汲取近几年来各类学校在探索培养技术应用型专门人才方面取得的成功经验，解决新形势下高职高专教育教材的有无问题；然后再用 2～3 年的时间，在《新世纪高职高专教育人才培养模式和教学内容体系改革与建设项目计划》立项研究的基础上，通过研究、改革和建设，推出一大批教育部高职高专规划教材，从而形成优化配套的高职高专教育教材体系。

本套教材适用于各级各类举办高职高专教育的院校使用。希望各用书学校积极选用这批经过系统论证、严格审查、正式出版的规划教材，并组织本校教师以对事业的责任感对教材教学开展研究工作，不断推动规划教材建设工作的发展与提高。

教育部高等教育司

序

全国建材职业教育教学指导委员会为建材行业的高职、高专教育发展做了一件大好事，他们组织行业内职业技术院校数百位骨干教师，在对有关企业的生产经营、技术水平、管理模式及人才结构等变化了的情况进行深入调研的基础上，经过几年的努力，规划开发了材料工程技术和建筑装饰技术两个专业的系列教材。这些教材的编写过程含有课程开发和教材改革双重任务，在规划之初，该委员会就明确提出课程综合化和教材内容必须贴近岗位工作需要的目标要求，使这两个专业的课程结构和教材内容结构都具有较多的改进和创意。

在当前和今后的一个时期，我国高职教育的课程和教材建设要为我国走新型工业化道路、调整经济结构和转变增长方式服务，更好地适应于生产、管理、服务第一线高素质技术、管理、操作人才的培养。然而我国高职教育的课程和教材建设当前面临着新的产业情况、就业情况和生源情况等多因素的挑战，从产业方面分析，要十分关注如下三大变革对高职课程和教材所提出的新要求。

① 产业结构和产业链的变革。它涉及专业和课程结构的拓展和调整。

② 产业技术升级和生产方式的变革。它涉及课程种类和课程内容的更新，涉及学生知识能力结构和学习方式的改变。

③ 劳动组织方式和职业活动方式的变革——“扁平化劳动组织方式的出现”；“学习型组织和终身学习体系逐步形成”；“多学科知识和能力的复合运用”；“操作人员对生产全过程和企业全局的责任观念”；“职业活动过程中合作方式的普遍开展”。它们同样涉及课程内容结构的更新与调整，还涉及非专业能力的培养途径、培养方法、学业的考核与认定等许多新领域的改革和创新。

建筑材料行业的变化层出不穷，传统的硅酸盐材料工业生产广泛采用了新工艺，普遍引入计算机集散控制技术，装备水平发生根本性变化；行业之间的相互渗透急剧增加，新技术创新过程中学科之间的融通加快，又催生出多种多样的新型材料，使材料功能获得不断扩展，被广泛应用于建筑业、汽车制造业、航天航空业、石油化工业和信息产业。尤其是建筑装饰业，是融合工学、美学、材料科学及环境科学于一体的新兴服务业，有着十分广阔的市场前景，它带动材料工业的加速发展，而每当一种新的装饰材料问世，又会带来装饰施工工艺的更新；随着材料市场化程度的提高，在产品的检测、物流等领域形成新的职业岗位，使材料行业的产业链相应延长，并对从业人员的知识能力结构提出了新的要求。

然而传统的材料类专业课程模式和教材内容，显著滞后于上述各种变化。以学科为本位的教学模式应用于高职教育教学过程时，明显地出现了如下两个“脱节”：一是以学科为本的知识结构与职业活动过程所应用的知识结构脱节；二是以学科为本的理论体系与职业活动的能力体系脱节。为了改变这种脱节和滞后的被动局面，全国建材职业教育教学指导委员会组织开展了这一次的课程和教材开发工作，编写出版了这一系列教材。其间，曾得到西门子分析仪器技术服务中心的技术指导，使这批教材更适应于职业教育与培训的需要，更具有现代技术特色。随着它们被相关院校日益广泛地使用，可望我国高职高专系统的材料工程技术和建筑装饰技术两个专业的教学工作将出现新的局面，其教学水平和教学质量将上一个新的台阶。

教育部高专教学指导委员会主任
杨金土
2005年11月20日

前　　言

华罗庚先生指出，“我们的企业要两条腿走路，一个是科学技术，一个是项目管理”。面对建筑装饰装修行业的迅猛发展，人才的培养特别是项目管理人才的培养是关键。

本书内容依照国家标准《建设工程项目管理规范》（GB/T 50326—2001)，结合建筑装饰装修工程的特点编写而成。并根据我国工程项目管理的基本活动，即“四控制”（进度、质量、成本和安全控制)、“四管理”（信息、合同、生产要素和现场管理）和“一协调”展开论述。

本书由天津城市建设学院王国诚担任主编，新疆建设职业技术学院程玉兰、福建建材工业学校林国杰担任副主编，湖北教育学院邓洋、天津城市建设学院付成喜、张文举参加编写。付成喜编写第一章、第十四章；林国杰编写第二章、第八章、第十一章、第十二章；邓洋编写第三章、第四章、第九章；程玉兰编写第五章、第七章、第十四章的第二节；张文举编写第六章；王国诚编写第十章、第十三章。本书由河北理工大学王兴国教授担任主审。

当前我国建设工程管理特别是建筑装饰装修工程项目管理正处于发展时期，加之编者水平所限，项目“工期”紧张，书中不当和疏漏之处在所难免，敬请读者不吝指正。

编者

2005 年 9 月

目　　录

第一章
建筑装饰装修工程项目管理概论

提要

本章主要讲述了项目的概念和特点、工程项目管理的概念和特征、建筑装饰装修工程项目管理的内容、建筑装饰装修工程项目组织的形式和建筑装饰装修工程项目经理部的组建及解体。

第一节　项目管理概述

一、项目的定义、特征及其分类

自从有了人类，人们就开展了各种有组织的活动，因此项目活动的历史也就甚为久远。中国古代的万里长城、京杭大运河、都江堰等工程以及埃及的金字塔工程已被人们誉为成功项目的典范。

随着社会的发展，有组织的活动逐步分化为两种类型：一类是连续不断、周而复始的活动，人们称之为“日常工作”(operation)，如企业日常生产产品的活动；另一类是临时性、一次性的活动，人们称之为“项目”(project)，如企业的技术改造活动、一项环保项目的实施、一个水电站的建设等。

1. 项目的定义

项目是指在一定约束条件下完成的一次性任务，如工业生产项目、科学研究项目、建设项目等。

项目有大小之分。一个大型项目可分为若干子项目，一个子项目有时可以单独作为一个项目。

作为一个项目，必须具有明确的范围和目标，并且要有一定的约束条件，是一次性任务。项目的约束条件一般是指限定的资源、明确的时间和确定的质量标准。

2. 项目的特征

根据项目的含义，项目有以下特征。

(1) 项目的一次性　任何项目从总体上来说都是一次性的，不重复的，也就是说世界上没有完全相同的两个项目。这是项目的最主要特征。即使形式上极为相似的项目（如两栋建筑造型和结构完全相同的房屋），由于施工时间不同、环境不同、项目组织机构不同等，它们之间具有不同的因素，因此是两个完全不同的项目。

(2) 项目的范围和目标的明确性　任何项目必须有界定的范围和明确的目标。项目范围，即为交付具有所指特征和功能的产品所必须要做的工作。项目目标可用时间、成本和产品特性等方面来描述。例如，一个建设项目的目标可用竣工时间、使用年限、投资、使用功能、安全性等来描述。

(3) 项目的生命期属性　任何项目都具有产生时间、发展时间和结束时间。不同阶段具有特定的任务。任何项目都具有启动、计划、实施、收尾4个阶段。人们常把这4个阶段连在一起称为项目的“生命期”。

(4) 项目具有整体性　一个项目是一个整体的管理对象，项目是为实现目标而开展的任务的集合。不论是对项目的管理，还是生产要素的配置，都要以总体效益的提高为准则。项目的整体性应从项目的全过程和全部生产要素两个方面来考虑。项目在任何一个阶段中任何一个因素发生变化，都将影响项目的进行。

3. 项目的分类

项目按最终成果或专业特征进行划分，可分为科研项目、工程项目、推广项目等。工程项目是指通过投资活动获得满足某种产品生产或人民生活需要的建筑物或构筑物的一次性任务和管理对象。工程项目是项目中数量最大的一类，按专业可分为房屋建筑工程项目、道路桥梁工程项目、线路管道安装工程项目、建筑装饰装修工程项目等。

按项目的规模大小，项目可分为大型项目、项目、子项目。大型项目是指统一管理的一组相互联系的项目，已获得按单个项目管理无法获得的效益。项目经常被分为几个更容易管理的部分或子项目。

二、工程项目管理及其特征

1. 项目管理

项目管理（project management，PM）是指对某项一次性任务，在界定的范围内明确的目标下，优化各项约束条件进行实际有效的管理。

美国学者戴维·克兰德指出：“在应付全球化的市场变动中，战略管理和项目管理将起到关键性的作用。”战略管理立足于长远和宏观，考虑的是企业的核心竞争力；项目管理则立足于一定时期和相对微观，考虑的是有限的目标。

一般认为项目管理的5要素是：工作范围（scope）、时间（time）、成本（cost）、质量（quality）、组织（organization）。在5种要素中，工作范围和组织是必不可少的。没有工作范围就没有项目，没有组织项目就无法实施。时间（进度）、成本、质量3要素相互制约，项目管理的目的是谋求进度快、成本低、质量好的有机统一。

2. 工程项目管理

工程项目管理是指工程项目的管理者为了使项目实现所要求的功能、质量、时限、费用、预算的目标，用系统的观念、理论和方法对工程项目进行的计划、组织、控制、协调和监督等活动过程的总称。其管理对象是各类工程项目。

3. 工程项目管理的特征

工程项目管理具有如下特征。

(1) 管理目标明确　工程项目管理是紧紧围绕目标的顺利实现进行的管理。工程项目的整体或局部、全过程或某一阶段、全体管理者或部分管理者都应围绕总体目标的实现制定相应的目标措施并进行管理活动。管理目标一般可包括功能目标、工程进度目标、工程质量目标和工程费用目标。

(2) 工程项目管理是系统的管理　工程项目管理是把管理对象作为一个系统进行管理，首先对工程项目进行整体管理，把项目作为一个有机整体，全面实施管理，使管理效果影响到整个项目范围；其次把工程项目分解成若干个子系统，把每个子系统作为整体进行管理，用小系统的成功保证大系统的成功。

(3) 工程项目管理是以项目经理为中心的管理　由于工程项目管理涉及的因素多，且具有较大的责任和风险，因此工程项目管理应实施以项目经理为核心的项目管理体制。在项目管理过程中，应授予项目经理必要的权力，以使项目经理及时处理项目实施中发生的各种问题。

(4) 工程项目管理应是动态管理　工程项目管理是一个复杂的系统工程，其管理活动要贯穿于工程项目的整个生命周期。由于工程项目管理涉及面广、影响因素多、持续时间长，因此应通过阶段性的管理活动不断地纠正偏差，以保证总体目标的最后实现。

工程项目管理按管理的工作范围大小来分，可分为建设全过程管理和阶段性管理。建筑装饰装修工程项目管理属于阶段性管理。

第二节　建筑装饰装修工程项目管理

一、建筑装饰装修工程项目

建筑装饰装修工程项目是指在一定工期内，一定预算条件下，为了保护建筑物的主体结构、完善建筑物的使用功能和美化建筑物，采用装饰装修材料或饰物对建筑物的内外表面及空间进行的各种处理的一次性活动。

需要说明的是，按传统的划分方法，建筑装饰装修工程是建筑工程中一般土建工程的一个分部工程。随着经济发展和人们生活水平的提高，工作、居住条件和环境的日益改善，房屋装饰装修迅速发展，建筑装饰装修业已经发展成为一个新兴的、比较独立的行业。传统的分部工程随之独立出来，成为单位工程，单独设计施工图纸、单独计价。目前，已将原来意义上的装饰装修分部工程统称为建筑装饰装修工程（单位工程），从而产生了建筑装饰装修工程项目。

建筑装饰装修工程项目的主要内容如下。

(1) 抹灰工程　指将各种砂浆、装饰性水泥石子浆等涂抹在建筑物的墙面、地面、顶棚等表面上的工程。抹灰工程是最为直接，也是最初始的装饰装修工程。抹灰工程一般按使用材料和装饰效果分为一般抹灰、装饰抹灰和特殊抹灰。

(2) 门窗工程　门窗是建筑物的眼睛，在塑造室内外空间艺术形象中起着十分重要的作用。门窗经常成为重点装饰装修的对象。门窗工程主要包括门窗的制作和安装。

(3) 吊顶工程　吊顶是指在建筑物结构层下部悬吊，由骨架及饰面板组成的装饰构造层。吊顶工程包括骨架制作及饰面板安装。

(4) 轻质隔墙工程　指用轻质材料将建筑物平面进行划分，形成较小的空间。主要包括骨架隔墙、板材隔墙、活动隔断、玻璃隔墙等。

(5) 饰面板（砖）工程　指在建筑物内外墙面、地面、柱面镶贴或挂贴饰面材料的一种装饰装修工程。主要包括饰面板、饰面砖工程。

(6) 幕墙工程　指用挂件将幕墙材料悬挂于外墙面上的一种装饰装修工程。主要作用是起到装饰美观和保护外墙面的作用。根据幕墙材料的不同，一般可分为玻璃幕墙、金属幕墙、石材幕墙。

(7) 涂饰工程　指在基层面上进行刷涂、滚涂、喷涂、抹涂各种涂料（包括油漆）的一种工程。施工方法简单、造价低、自重轻、便于维修更新，因此得到了较广泛的使用。

(8) 楼地面工程　指在楼地面基层上通过铺贴各种饰面层的一种装饰装修工程。根据饰面层材料的不同，可以有很多种类，如水磨石楼地面、木地板楼地面、瓷砖楼地面等。

(9) 裱糊工程与软包工程　裱糊工程是指在室内平整光洁的墙面、顶棚面、柱体面和室内其他构件表面，用壁纸、墙布等材料裱糊的装饰装修工程。软包工程是指在墙面、柱面等基层表面软包上各种软包材料，如人造革或装饰布等。软包墙面具有较好的吸声、保温、质感舒适、美观大方等优点。

二、建筑装饰装修工程项目管理的内容

1. 建筑装饰装修工程项目管理

建筑装饰装修工程项目管理是指建筑装饰装修企业运用系统的观点、理论和科学技术对建筑装饰装修工程项目开展的计划、组织、监督、控制、协调等全过程的管理。

建筑装饰装修工程项目管理包括设计项目管理和施工项目管理两部分。装饰装修工程设计项目管理的主体应是设计单位，但在国外的装饰装修行业和我国的小型装饰装修工程中，设计任务往往由施工企业承担。施工项目管理的主体是建筑装饰装修施工企业。管理的对象是该装饰装修施工企业所承揽到的建筑装饰装修工程项目。管理的时限是从装饰装修施工企业角度出发的装饰装修工程项目的生命期，即从装饰装修施工企业得到该项目有关信息开始到该企业完成工程项目的全部管理活动。施工项目管理是工程项目管理中历时最长、涉及面最广、内容最复杂的一种管理工作。

2. 建筑装饰装修工程施工项目管理的内容

建筑装饰装修工程施工项目管理的全过程可划分为5个阶段，如图1.1所示。

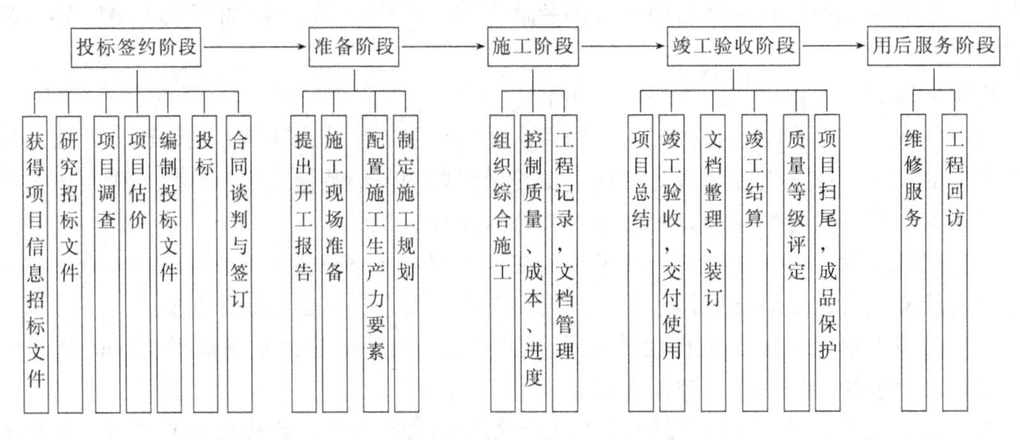

图1.1　建筑装饰装修工程施工项目管理全过程

建筑装饰装修工程施工项目管理的内容如下。

(1) 建立项目管理组织

① 由装饰装修施工企业确定项目经理。

② 组建项目管理机构，即成立项目经理部，明确各自的分工和责、权、利。

③ 制定项目管理制度。

(2) 进行项目管理规划　项目管理规划是对项目管理目标、组织、内容、方法、步骤和重点等进行预测和决策，做出具体安排的文件，其主要内容如下。

① 通过对工程项目目标的分析和实施环境的分析，划定工程项目的范围，并对建筑装饰装修工程项目进行分解，形成建筑装饰装修工程的分解体系，以确定阶段控制目标，从局部到整体地进行施工活动和项目管理。

② 建立项目管理工作体系，制定项目实施方针和组织策略，绘制项目管理工作体系图和工作信息流程图。

③ 编制项目管理规划文件，即项目管理规划大纲和组织管理实施规划。

(3) 进行施工项目的目标控制　施工项目的目标有阶段性目标和最终目标。实现各项目标是施工项目管理的目的。施工项目的控制目标有进度控制目标、质量控制目标、成本控制目标、安全控制目标、文明施工现场控制目标。

(4) 对项目现场的生产要素进行优化配置和动态管理　项目的生产要素主要包括人力资源、材料、设备、资金和技术。对生产要素的管理主要包括以下内容。

① 分析各项生产要素的特点。

② 对生产要素进行优化配置，并对配置状况进行评价。

③ 对各项生产要素进行动态管理。

(5) 项目的合同管理　施工项目管理在市场条件下，很大程度上是履行合同的管理。合同管理的好坏直接影响到项目管理和工程施工的技术经济效果及目标的实现，因此应从投标开始，依法签订合同，履行合同，并在必要情况下进行合同索赔。

(6) 项目的信息管理　高效的管理要依靠信息，并应采用现代化的管理手段。施工项目管理是一项复杂的管理活动，要想取得事半功倍的效果，必须加强信息的收集、整理、储存和交流，建立和形成信息管理系统。

第三节　建筑装饰装修工程项目管理组织

一、项目组织的基本概念及其职能

1. 组织

组织有两种解释，一是指组织机构（organization），即按一定领导体制、部门设置、层次划分、职责分工、规章制度和信息系统等构成的有机整体；二是指组织行为，即通过一定权力和影响力，为达到一定的目的，对所需资源进行合理配置，处理人与人、人与事、人与物关系的行为。

2. 建筑装饰装修工程项目管理组织

建筑装饰装修工程项目管理组织是指为进行建筑装饰装修工程项目管理、实现组织职能而进行的组织系统的设计建立、组织运行、组织调整。

建筑装饰装修工程项目管理组织机构是指为完成建筑装饰装修工程项目而成立的群体。其核心通常是项目管理小组或项目经理部。

3. 建筑装饰装修工程项目管理组织的职能

建筑装饰装修工程项目管理组织是建筑装饰装修工程项目管理的基本职能之一。其目的是通过建立合理的职权关系结构使各方面的工作协调一致。

建筑装饰装修工程项目管理组织的职能有以下 3 个方面。

(1) 组织设计与建立　指经过筹划、设计建成一个可以完成项目管理任务的组织机构，建立必要的规章制度，划分并明确岗位、层次、部门的责任和权力，建立和形成管理信息系统及责任分工系统，并通过一定岗位和部门内人员规范化的活动和信息流通来实现组织目标。

（2）组织运行　指在组织系统形成后，按照组织机构中各部门各岗位的分工完成各自的工作，规定各组织的工作顺序和业务管理活动的进行过程。

（3）组织调整　指在组织运行过程中，对照组织目标，检查组织系统的各个环节，并对不适合组织运行和发展的各方面进行改进和完善。

二、建筑装饰装修工程项目管理组织机构的设置原则与程序

1. 设置原则

（1）整体性原则　就是在组织管理的过程中要有系统性思维，将组织作为一个整体，而不是一些零散的、独立的部分。

（2）目标统一性原则　项目组织的根本目的是为了形成组织功能，实现项目管理的总目标。因此，工作要与目标有关，完成目标所必需的工作任务。项目的组织结构应该因目标设施、因事设岗位、定人员，以职责定制度、授权力。

（3）统一指挥原则　该原则是建立在明确的权力系统之上的。权力系统是由依靠上下级之间的联系所形成的指挥链而构成的。指挥链就是指挥信息的传输系统。

（4）分工协作原则　做到分工合理、协作明确，对每道工序、每个职工的工作内容、工作范围、相互关系、协作方法等都有明确的规定。分工的粗细要根据员工的素质水平和管理的繁简程度来确定，做到一看需要，二看可能。

（5）适当管理宽度原则　管理宽度也叫管理幅度，是一个管理人员直接管理的下属人数，一般为 2～7 人比较适合。管理幅度大，管理人员接触关系增多，需要协调的人与人之间的关系就会增多。

（6）集权与分权相结合的原则　项目的特点要求项目管理考虑采取集权与分权相结合的原则。集权可以快速的传送命令、指示，能统一思想；分权可以让项目成员在极短的时间内独自完成任务。

（7）权力、职责对称性原则　一定的岗位需要一定的合适人员；一定的职责需要授予相应的权限。项目组织有了分工就能明确角色分担的责任，同时，角色应当有相应的权力，并获得相应的利益，实现职、责、权、利一致。

（8）精干高效原则　项目组织人员配备，以能完成项目的工作任务为原则，尽量简化结构，以提高项目管理效率。人员配备力求一专多能，一人多职，避免冗余人员。讲求效率是管理的核心。

（9）稳定性与适应性相结合的原则　项目的单件性、阶段性和一次性必然带来项目管理时间和地点、资源配置种类和数量的变化。要求项目组织能随着调整，以适应项目内容的变化。

（10）均衡性原则　各部门职务的指派应达到平衡，避免忙闲不均、工作量分摊不均。另外，要强调一点，为了确保有效监控项目，检查职务与业务部门尽量分开设置。

2. 设置程序

项目组织是为一个明确项目目标而存在并运行的。对项目的目标、项目的结构以及项目的环境进行分析，设计一种最适合的组织系统，有利于保障项目目标的实现。图 1.2 是项目组织机构的设计程序。

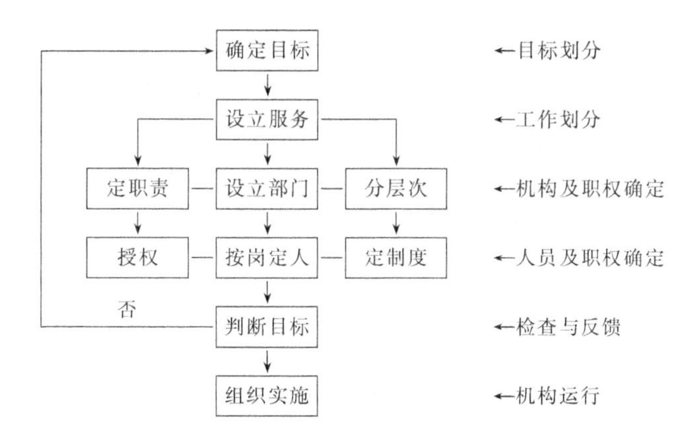

图 1.2 项目组织机构的设计程序

三、建筑装饰装修工程项目管理组织机构的主要形式

项目组织机构的形式不同，其在处理层次、跨度、部门设置和上下级关系的方式也不同。建筑装饰装修工程项目组织机构的主要形式有以下几种。

1. 工作队式项目组织

这种形式的项目经理在企业内招聘，项目的管理机构（工作队）由企业职能部门抽调职能人员组成，并由项目经理直接指挥，如图 1.3 所示。

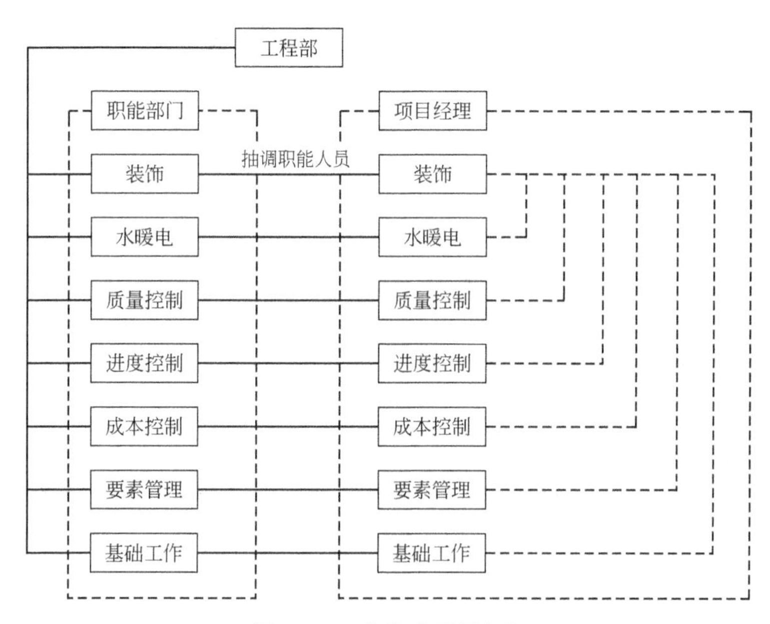

图 1.3 工作队式项目组织

这种组织形式的特点如下。

① 项目管理班子成员来自各职能部门，并与原所在部门脱钩。原部门负责人员仅负责业务指导及考察，但不能随意干预其工作或调回人员。项目与企业的职能部门关系弱化，减少了行政干预。项目经理权力集中，运用权力的干扰少，决策及时，指挥灵活。

② 各方面的专家现场集中办公，减少了扯皮等待时间，办事效率高。

③ 由于项目管理成员来自各个职能部门，在项目管理中配合工作，有利于取长补短，培养一专多能人才并发挥作用。

④ 职能部门的优势不易发挥，削弱了职能部门的作用。

⑤ 各类人员来自不同部门，专业背景不同，可能会产生配合不利。

⑥ 各类人员在项目寿命周期内只能为该项目服务，对稀缺专业人才不能在企业内调剂使用，导致人员浪费。

⑦ 项目结束后，所有人员均回原部门和岗位，人员有时会产生“临时性”的意识，影响工作情绪。

2. 直线职能式项目组织

直线职能式项目组织是一种按职能原则建立的项目组织，并不打乱企业现行的建制，把项目委托给企业某一专业部门或委托给某一施工队，由被委托的部门（施工队）领导，在本单位组织人员负责实施的项目组织，项目终止后恢复原职，如图 1.4 所示。

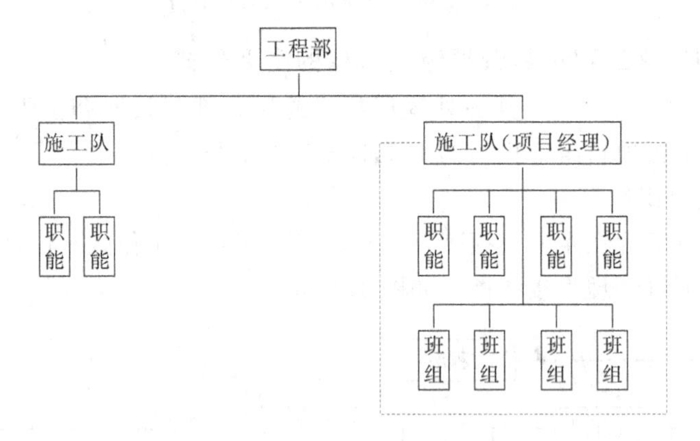

图 1.4　直线职能式项目组织

直线职能式组织形式具有如下特点。

① 由于各类人员均来自同一专业部门或施工队，互相间熟悉，关系协调，易发挥人才作用。

② 从接受任务到组织运转启动所需时间短。

③ 职责明确，职能专一，关系简单。

④ 不能适应大型项目管理的需要。

⑤ 不利于精简机构。

3. 矩阵式项目组织

矩阵式项目组织结构形式呈矩阵状，如图 1.5 所示。各项目的项目经理由公司任命，职能部门是永久性的，同时为各项目派出相应项目管理人员，对项目进行业务指导。

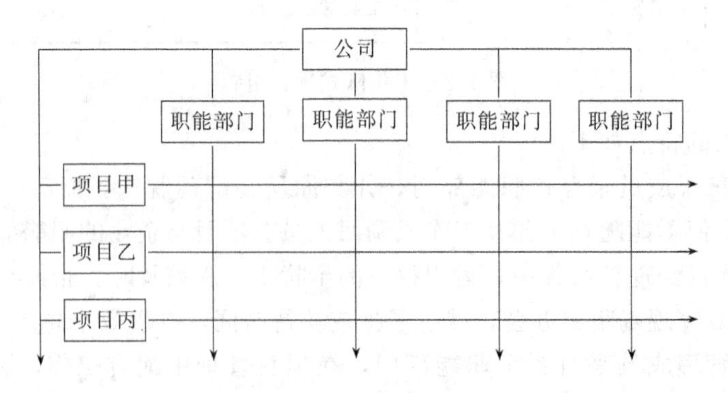

图 1.5　矩阵式项目组织

矩阵式项目组织的特点如下。

① 矩阵中的每个成员或部门接受原部门负责人和项目经理的双重领导。部门负责人有权根据不同项目的需要和忙闲程度，在项目之间调配本部门人员。专业人员可能同时为几个项目服务，特殊人才可充分发挥作用，大大提高了人才利用率。

② 项目经理对调配到本项目经理部的成员有控制和使用权，当感到人力不足或某些成员不得力时，可以要求职能部门给予解决。

③ 项目经理中的信息来自各个职能部门，便于及时沟通信息，加强业务系统化管理，发挥各项目系统人员的信息、服务和监督的职责。

④ 由于人员来自职能部门，且仍受职能部门控制，故凝聚在项目上的力量减弱，往往难以充分发挥各人员的作用。

⑤ 各人员受双重领导，当领导双方意见不一致时，使各人员无所适从。

4. 事业部式项目组织

企业成立事业部，事业部对企业来说是职能部门，在企业外，有相对独立的经营权，可以是一个独立单位。事业部可以按地区设置，也可以按工程类型设置。事业部下设置项目经理部，具体负责所承担的工程项目，项目经理由事业部选派，如图 1.6 所示。

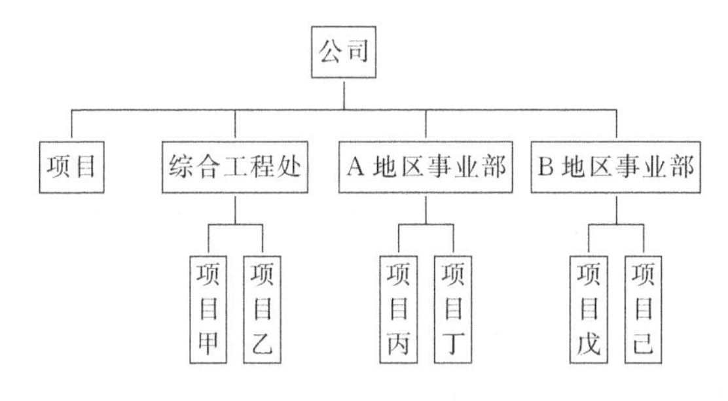

图 1.6　事业部式项目组织

事业部式项目组织的特点是有利于企业延伸经营范围，扩大企业经营业务，有利于迅速适应环境变化，提高企业的应变能力，但企业对项目经理部的约束力减少，协调指导的机会减少。

一个工程项目应选择哪种项目组织形式应由企业做出决策，要将企业的综合素质、管理水平、战略决策、基础条件等同项目的规模、性质、环境等结合起来综合考虑。一般可按下列思路进行选择。

① 大型综合企业人员素质高、管理水平高、业务综合性强，可以承担大型任务，宜采用矩阵式、工作队式、事业部式的项目组织形式。

② 简单项目、小型项目、承包内容专一的项目应采用直线职能式项目组织。

③ 同一企业内可以根据项目情况采用几种组织形式，但要注意避免造成管理渠道和管理秩序的混乱。

选择项目组织形式时可参考表 1.1。

四、建筑装饰装修工程项目经理部的组建与解体

项目经理部是项目管理的工作班子，由项目经理直接领导，是项目经理的办事机构，为项目经理决策提供信息依据，同时又要执行项目经理的决策、意图。项目经理部同时也是代表企业履行工程合同的主体，是对最终产品和建设单位全面、全过程负责的管理实体。项目

表 1.1 选择项目组织形式参考因素

项目组织形式	项目性质	企业类型	企业人员素质	企业管理水平
工作队式	大型项目、复杂项目、工期紧的项目	大型综合建筑企业、项目经理能力较强的企业	人员素质较高、专业人才多、职工技术素质较高	管理水平较高、基础工作较强、管理经验丰富
直线职能式	小型项目、简单项目、只涉及个别少数部门的项目	小建筑企业、任务单一的企业、大中型基本保持直线职能的企业	素质较差、力量薄弱、人员构成单一	管理水平较低、基础工作较差、缺乏有经验的项目经理
矩阵式	多工种、多部门、多技术配合的项目，管理效率要求很高的项目	大型综合建筑企业，经营范围很宽、实力很强的建筑企业	文化素质、管理素质、技术素质高，管理人才多，人员一专多能	管理水平很高、管理渠道畅通、信息沟通灵敏、管理经验丰富
事业部式	大型项目、远离企业基地项目、事业部制企业承揽的项目	大型综合建筑企业、经营能力很强的企业、海外承包企业、跨地区承包企业	人员素质高、项目经理能力强、专业人才多	经营能力强、信息手段强、管理经验丰富、资金实力雄厚

经理部作为工程项目的一次性管理机构，负责项目从开始到竣工的生产经营管理，是企业在项目上的管理层，同时对作业层具有管理和服务的双重职能。

1. 建立建筑装饰装修工程项目经理部的基本原则

① 要根据所设计的项目组织形式设置项目经理部。不同的组织形式对项目经理部的管理力量和管理职责提出了不同的要求，同时也提供了不同的管理环境。

② 项目经理部应随工程任务的变化进行调整。项目经理部不应有固定的作业队伍，而应根据项目的需要从劳务分包公司吸收人员，进行优化组合和动态管理。

③ 要根据项目的规模、复杂程度和专业特点设置项目经理部。

④ 项目经理部的人员配备应面向现场，以满足现场生产经营的需要为目的。

⑤ 在项目管理机构建成后，应建立有益于组织运转的工作制度。

2. 项目经理部的人员配备和部门设置

项目经理部的人员配备和部门设置的指导思想是，把项目经理部建成一个能够代表企业形象、面向市场的管理机构，真正成为企业加强项目管理、实现管理目标、全面履行合同的主体。

项目经理部的编制及人员配备由项目经理、总工程师、总经济师、总会计师、政工师和技术、预算、劳资、定额、计划、质量、安全、计量及辅助生产人员组成。具体人员的配置应根据项目管理的实际、项目的使用性质和规模等综合确定。

项目经理部一般可设置5个部门：经营核算部门、工程技术部门、物资设备部门、监控管理部门、测试计量部门。大型项目经理部还可设置后勤、安全等部门。项目经理部也可按控制目标设置，如进度控制、质量控制、成本控制部门等。

3. 项目经理部的解体

项目经理部是一次性具有弹性的现场生产组织机构。项目竣工后项目经理部应及时解体并作好善后工作。项目经理部的解体由项目经理部提出解体申请报告，经有关部门审核批准后执行。

(1) 项目经理部解体的条件

① 工程已经交工验收，已经完成竣工结算。

② 与各分包单位已经结算完毕。

③《项目管理目标责任书》已经履行完毕，经承包人审计合格。

④ 各项善后工作已经与企业部门协商一致，并办理有关手续。

（2）项目经理部解体后的善后工作

① 项目经理部剩余材料的处理。

② 由于工作需要项目经理部自购的通讯、办公等小型固定资产的处理。

③ 项目经理部的工程结算、价款回收及加工订货等债权债务的处理。

④ 项目的回访和保修。

⑤ 整个工程项目的盈亏评估、奖励和处罚等。

项目经理部解体、善后工作结束后，必须做到人走场清、账清、物清。

复习思考题

一、名词解释

1. 项目

2. 建筑装饰装修工程项目

3. 项目经理部

二、填空题

1. 任何两个项目都具有不同特点，这反映了项目的____性，某项目的投资限额为300万元，反映了项目的______性。

2. 施工项目的控制目标主要包括__________________________。

3. 项目组织的职能主要指____________________。

三、简答题

1. 简述项目的特征。

2. 简述工程项目管理的特征。

3. 简述建筑装饰装修工程项目的主要内容。

第二章

建筑装饰装修工程项目管理相关法规

提要

本章讲述了《建筑法》、《招标投标法》、《合同法》、《安全生产法》、《建设工程项目管理规范》以及《民用建筑工程室内环境污染控制规范》等法规。

第一节 《建筑法》概述

一、《建筑法》的立法目的

《建筑法》是建筑活动中的基本法律，全文共 8 章 85 条。包括建筑许可、建筑工程发包与承包、建筑工程监理、建筑安全生产管理、建筑工程质量管理、法律责任和附则等内容。

《建筑法》立法目的是为了加强对建筑活动的监督管理，维护建筑市场秩序，保证建筑工程的质量和安全，促进建筑业健康发展。

二、《建筑法》关于施工许可的主要内容

1. 施工许可制度

建设单位必须在建设工程立项批准后、工程发包前，向建设行政主管部门或其授权的部门办理工程报建登记手续。未办理报建登记手续的工程，不得发包，不得签订工程合同。新建、扩建、改建的建设工程，建设单位必须在开工前向建设行政主管部门或其授权的部门申请领取建设工程施工许可证。未领取施工许可证的不得开工。

2. 申请建筑工程许可证的条件

① 已经办理该建筑工程用地批准手续。

② 在城市规划区的建筑工程，已经取得规划许可证。

③ 需要拆迁的，其拆迁进度符合施工要求。

④ 已经确定建筑施工企业。

⑤ 有满足施工需要的施工图纸及技术资料。

⑥ 有保证工程质量和安全的具体措施。

⑦ 建设资金已经落实。

⑧ 法律、行政法规规定的其他条件。

建设单位应当自领取施工许可证之日起 3 个月内开工。因故不能按期开工的，应当向发证机关申请延期。延期以两次为限，每次不超过 3 个月。既不能开工，又不申请延期或者超过延期时限的，施工许可证自行废止。

三、《建筑法》关于建筑工程发承包的主要内容

1. 禁止肢解工程发包的有关规定

《建筑法》第24条规定："提倡对建筑工程实行总承包，禁止将建筑工程肢解发包。"

2. 承揽工程的有关规定

① 承包建筑工程的单位应当持有依法取得的资格证书，并在其资质等级许可的业务范围内承揽工程。

② 大型建筑工程或者结构复杂的建筑工程，可以由两个以上的承包单位联合共同承包。共同承包的各方对承包合同的履行承担连带责任。两个以上不同资质等级的单位实行联合共同承包的，应当按照资质等级低的单位的业务许可范围承揽工程。

3. 分包的有关规定

① 禁止承包单位将其承包的全部建筑工程转包给他人，禁止承包单位将其承包的全部建筑工程肢解以后以分包的名义分别转包给他人。

② 建筑工程总承包单位可以将承包工程中的部分工程发包给具有相应资质条件的分包单位。但是，除总承包合同中约定的分包外，必须经建设单位认可。施工总承包的，建筑工程主体结构的施工必须由总承包单位自行完成。建筑工程总承包单位按照总承包合同的约定对建设单位负责；分包单位按照分包合同的约定对总承包单位负责。总承包单位和分包单位就分包工程对建设单位承担连带责任。禁止总承包单位将工程分包给不具备相应资质条件的单位。禁止分包单位将其承包的工程再分包。

四、《建筑法》关于建设监理的主要内容

1. 建设工程监理的法律规定

国家推行建筑工程监理制度。国务院可以规定实行强制监理的建筑工程的范围。实行监理的建筑工程，由建设单位委托具有相应资质条件的工程监理企业监理。建设单位与其委托的工程监理企业应当订立书面委托监理合同。

建筑工程监理应当依照法律、行政法规及有关的技术标准、设计文件和建筑工程承包合同，对承包单位在施工质量、建设工期和建设资金使用等方面，代表建设单位实施监督。工程监理人员认为工程施工不符合工程设计要求、施工技术标准和合同约定的，有权要求建筑施工企业改正。工程监理人员发现工程设计不符合建筑工程质量标准或者合同约定的质量要求的，应当报告建设单位，要求设计单位改正。

2. 建设工程监理企业的法律责任

实施建设工程监理前，建设单位应当将委托的建设工程监理企业、监理的内容及监理权限书面通知被监理的建筑施工企业。建设工程监理企业应当在其资质等级许可的监理范围内承担工程监理业务。建设工程监理企业应当根据建设单位的委托，客观、公正地执行监理任务。建设工程监理企业与被监理工程的承包单位以及建筑材料、建筑构配件和设备供应单位不得有隶属关系或者其他利害关系。建设工程监理企业不得转让工程监理业务。

五、《建筑法》关于安全生产管理

国家队建设活动实行建筑安全生产活动制度。建筑工程安全生产管理应当坚持"安全第一，预防为主"的方针。《建筑法》规定了安全责任制度，安全教育制度，安全检查制度，伤亡事故的报告、调查和处理制度。

六、《建筑法》关于建筑工程质量管理

建筑工程质量管理包括纵向和横向两个方面的管理。纵向方面的管理主要是指建设行政主管部门及其授权机构对建筑工程质量管理的监督管理。横向方面的管理主要指建设工程各方，如建设单位、设计单位、施工单位等的质量责任和义务。

第二节 《招标投标法》概述

《招标投标法》是调整在招标投标活动中产生的社会关系的法律规范。

一、必须招标的建设工程项目

1. 工程建设项目招标范围

① 大型基础设施、公共事业等关系社会公共利益、公共安全的项目。

② 全部或者部分使用国有资金或者国家融资的项目。

③ 使用国际组织或者外国政府资金的项目。

2. 工程建设项目招标规模标准

《工程建设项目招标范围和规模标准规定》规定的上述各类工程建设项目，包括项目的勘察、设计、施工、监理以及与工程建设有关的重要设备、材料等采购，达到下列标准之一的，必须进行招标。

① 施工单项合同估算价在200万元人民币以上的。

② 重要设备、材料等货物的采购，单项合同估算价在100万元人民币以上的。

③ 勘察、设计、监理等服务的采购，单项合同估算价在50万元人民币以上的。

④ 单项合同估算价低于第①、②、③项规定的标准，但项目投资总额在3000万元人民币以上的。

二、招投标活动的基本原则

1. 公开原则

首先要求进行招标活动的信息要公开。采用公开招标方式，应当发布招标公告。依法必须进行招标的项目的招标公告必须通过国家指定的报刊、信息网络或者其他公共媒介发布。无论是招标公告、资质预审公告，还是投标邀请书，都应当载明能大体满足潜在投标人决定是否参加投标竞争所需要的信息。另外，开标的程序、评标的标准和程序、中标的结果等都应当公开。

2. 公平原则

要求招标人严格按照规定的条件和程序办事，同等地对待每一个投标竞争者，不得对不同的投标竞争者采用不同的标准。招标人不得以任何方式限制或者排斥本地区、本系统以外的法人或者其他组织参加投标。

3. 公正原则

在招标投标活动中，招标人行为应当公正，对所有的投标竞争者都应平等对待，不能有特殊。特别是在评标时，评标标准应当明确、严格，对所有在投标截止日期以后送到的投标书都应拒收，与投标人有利害关系的人员都不得作为评标委员会的成员。招标人和投标人双方在招标投标活动中的地位平等，任何一方不得向另一方提出不合理的要求，不得将自己的意志强加给对方。

4. 诚实信用原则

诚实信用是民事活动的一项原则，招标投标活动是以订立采购合同为目的的民事活动，当然也适用这一原则。诚实信用原则要求招标投标各方诚实守信，不得有欺骗、背信的行为。

三、《招标投标法》关于招标的主要规定

1. 招标程序

根据《招标投标法》和《工程建设项目施工招标投标办法》的规定，招标程序如下。

① 成立招标组织，由招标人自行招标或委托招标。

② 编制招标文件和标底。

③ 发布招标公告或发出投标邀请书。

④ 对潜在投标人进行资质审查，并将审查结果通知各潜在投标人。

⑤ 发售招标文件。

⑥ 组织投标人踏勘现场，并对招标文件答疑。

⑦ 确定投标人编制投标文件所需要的合理时间。

⑧ 接受投标书。

⑨ 开标。

⑩ 评标。

⑪ 定标、签发中标通知书。

⑫ 签订合同。

2. 招标代理

招标人有权自行选择招标代理机构，委托其办理招标事宜。招标代理机构应具备下列条件。

① 有从事招标代理业务的营业场所和相应的资金。

② 有能够编制招标文件和组织评标的相应专业力量。

③ 有可以作为评标委员会成员人选的技术、经济等方面的专家库。

招标代理机构应当在招标人委托的范围内办理招标事宜，并遵守本法关于招标人的规定。

四、《招标投标法》关于投标的主要规定

1. 投标的要求和程序

(1) 投标的要求　《招标投标法》第26条规定："投标人应当具备承担招标项目的能力；国家有关规定对投标人资格条件或者招标文件对投标人资格条件有规定的，投标人应当具备规定的资格条件。"

根据《建筑法》的有关规定，承包建筑工程的单位应当持有依法取得的资质证书，并在其资质等级许可的范围内承揽工程。禁止建筑施工企业超越本企业资质登记许可的业务范围或以任何形式用其他施工企业的名义承揽工程。《建筑业企业资质管理规定》和《建设工程勘察设计企业资质管理规定》规定的各等级具有不同的承担工程项目的能力，各企业应当在其资质等级范围内承担工程。

(2) 投标的程序

① 组织投标机构。

② 编制投标文件。

③ 投标文件的送达。

2. 投标的禁止规定

(1) 投标人之间串通投标　《招标投标法》第32条第1款规定："投标人不得相互串通投标报价，不得排挤其他投标人的公平竞争，损害招标人或者其他投标人的合法权益。"

（2）投标人与招标人之间串通招标投标 《招标投标法》第32条第2款规定：“投标人不得与招标人串通投标，损害国家利益、社会公共利益或者他人的合法权益。”

（3）投标人以行贿的手段谋取中标 《招标投标法》第32条第3款规定：“禁止投标人以向招标人或者评标委员会成员行贿的手段谋取中标。”投标人以行贿的手段谋取中标是违背招标投标法基本原则的行为，对其他投标人是不公平的。投标人以行贿手段谋取中标的法律后果是中标无效，有关责任人和单位应当承担相应的行政责任或刑事责任，给他人造成损失的，还应承担民事赔偿责任。

（4）投标人以低于成本的报价竞标 《招标投标法》第33条规定：“投标人不得以低于成本的报价竞标。”这里的成本应指个别企业的成本。投标人的报价一般由成本、税金和利润3部分组成。当报价为成本价时，企业利润为零。如果投标以低于成本的报价竞标，就很难保证工程的质量，各种偷工减料、以次充好等现象也随之产生。因此，投标人低于成本的报价竞标的手段是法律所不允许的。

（5）投标人以非法手段骗取中标 《招标投标法》第33条规定：“投标人不得以他人名义投标或者以其他方式弄虚作假，骗取中标。”

五、《招标投标法》关于开标、评标和中标的主要规定

1. 开标程序

开标应当在招标文件确定的提交投标文件截止时间的同一时间公开进行；开标地点应当为招标文件中预先确定的地点。

开标由招标人主持，邀请所有投标人参加。开标时，由投标人或者其推选的代表检查投标文件的密封情况，也可以由招标人委托的公证机构检查并公证。经确认无误后，由工作人员当众拆封，宣读投标人名称、投标价格和投标文件的其他主要内容。

招标人在招标文件要求提交投标文件的截止时间前收到的所有投标文件，开标时都应当众予以拆封、宣读。

开标过程应当记录，并存档备查。

2. 评标委员会和评标程序

（1）评标委员会组成

① 评标由招标人依法组建的评标委员会负责。

② 评标委员会由招标人的法人代表和有关技术、经济等方面的专家组成，成员人数为5人以上单数，其中技术、经济等方面的专家不得少于成员总数的2/3。

③ 评标委员会专家应从事相关领域工作满8年并具有高级职称或者具有同等专业水平，由招标人从国务院有关部门或者省、自治区、直辖市人民政府有关部门提供的专家名册或者招标代理机构的专家库内的相关专业的专家名单确定。一般招标项目可以采取随机抽取方式，特殊招标项目可以由招标人直接确定。与投标人有利害关系的人不得进入相关项目的评标委员会，已经进入的应当更换。

④ 评标委员会成员的名单在中标结果确定前应当保密。

（2）评标程序

① 招标人应当采取必要的措施，保证评标在严格保密的情况下进行，任何单位和个人不得非法干预，影响评标的过程和结果。

② 评标委员会可以要求投标人对投标文件中含义不明确的内容做必要的澄清或者说明，但是澄清或者说明不得超出投标文件的范围或者改变投标文件的实质性内容。

③ 评标委员会应当按照招标文件确定的评标标准和方法，对投标文件进行评审和比较。设有标底的，应当参考标底。评标委员会完成评标后，应当向招标人提出书面评标报告，并推荐合格的中标候选人。

④ 招标人根据评标委员会提出的书面评标报告和推荐的中标候选人确定中标人。招标人也可以授权评标委员会直接确定中标人。

⑤ 评标委员会经评审，认为所有投标都不符合招标文件要求的，可以否决所有投标。

依法必须进行招标项目的所有投标被否决，招标人应当依照本法重新招标。

⑥ 在确定中标人前，招标人不得与投标人就投标价格、投标方案等实质性内容进行谈判。

3. 中标条件

① 能够最大限度地满足招标文件中规定的各项综合评价标准。

② 能够满足招标文件的实质性要求，并且经评审的投标价格最低，但是投标价格低于成本的除外。

4. 中标通知书

中标人确定后，招标人应当向中标人发出中标通知书，并同时将中标结果通知所有未中标的投标人。中标通知书对招标人和中标人具有法律效力。中标通知书发出后，招标人改变中标结果的，或者中标人放弃中标项目的，应当依法承担法律责任。招标人和中标人应当自中标通知书发出之日起30日内，按照招标文件和中标人的投标文件订立书面合同。招标人和中标人不得再行订立背离合同实质性内容的其他协议。招标文件要求中标人提交履约保证金的，中标人应当提交。依法必须进行招标的项目，招标人应当自确定中标人之日起15日内，向有关行政监督部门提交招标投标情况的书面报告。

第三节 《合同法》概述

一、《合同法》的基本概念、适用范围与基本原则

1.《合同法》的基本概念

《合同法》是调整平等主体的自然人、法人、其他组织之间设立、变更、终止民事权利、义务关系的法律规范，是民法的重要组成部分。

中华人民共和国第九届全国人民代表大会第二次会议于1999年3月15日审议通过了《中华人民共和国合同法》（简称《合同法》）。该法分为总则、分则和附则，共23章428条，自1999年10月1日起施行。

《合同法》的颁布，有利于完善社会主义市场法制体系，对规范各类合同的订立、履行和违约责任，保护合同当事人的合法权益，维护社会主义市场经济秩序，促进社会主义现代化建设，具有十分重要的意义。

2.《合同法》的适用范围

《合同法》调整平等主体的自然人、法人、其他组织之间的合同关系，即民事权利义务关系。民事权利义务关系可以分为财产关系和人身关系。财产关系是指因财产的所有和财产的流转而形成的具有直接的财产内容的民事关系。

我国《合同法》分则部分将合同分为15类，即买卖合同，供用电、水、气、热力合同，赠与合同，借款合同，租赁合同，融资租赁合同，承揽合同，建设工程合同，运输合同，技

术合同，保管合同，仓储合同，委托合同，行纪合同，居间合同。

3.《合同法》的基本原则

(1) 平等原则　合同当事人的法律地位平等。不论是自然人、法人，还是其他组织，不论所有制性质和经济实力，不论有无上下级隶属关系，一方不得将自己的意志强加给另一方，实施不平等竞争和不平等交换。

(2) 自愿原则　当事人依法享有自愿订立合同的权利，任何单位和个人不得非法干预。该原则体现了民事活动的基本特征，是合同关系不同于行政法律、刑事法律关系的重要标志。

(3) 公平原则　当事人应当遵循公平原则确定各方的权利和义务。公平原则是道德规范的法律化，反映了合同当事人之间的利益关系符合当事人的要求。

(4) 诚实信用原则　当事人行使权利、履行义务应当遵循诚实信用原则。讲诚实、守信用有助于协调各方当事人的利益，减少合同纠纷和合同欺诈，促进市场有序运行。

(5) 遵守法律法规，尊重社会公德原则　当事人订立、履行合同应当遵守法律、行政法规，尊重社会公德，不得扰乱社会经济秩序，损害社会公共利益。

二、合同的订立

合同的订立，是两个或两个以上当事人在平等自愿的基础上，就合同的主要条款经过协商取得一致意见，最终建立起合同关系的法律行为。

1. 合同的形式

当事人订立合同，有书面形式、口头形式和其他形式。法律法规规定采用书面形式的，或当事人约定采用书面形式的，应当采用书面形式。

(1) 口头合同形式　指当事人双方只是通过语言进行意思表示，而不用文字等书面表达合同内容而订立合同的形式。一般运用于标的数额较小和即时结清的合同。例如，到商店、集贸市场购买商品，基本上都是采用口头合同。采用口头形式，当事人建立合同关系简便、迅速，缔约成本低，但这类合同在发生纠纷时，当事人不易举证，不易分清责任。

《合同法》在合同形式的规定方面，承认多种合同形式的合法性，将选择合同形式的权利交给当事人，对当事人自愿选择口头形式订立合同的行为予以保护，体现了合同形式自由的原则。

(2) 书面合同形式　指合同采用合同书、信件和数据电文（包括电报、电传、传真、电子数据交换和电子邮件）等可以有形地表现所载内容的形式。人们只要看到书面载体，即合同书、信件和数据电文，就会了解合同的内容。书面合同的优点在于有据可查，权利、义务记载清楚，便于履行，发生纠纷时容易举证和分清责任。书面合同是实践中广泛采用的一种合同形式。建设工程合同应当采用书面形式。

(3) 其他合同形式　指除了口头合同与书面合同以外的其他形式。主要包括默示形式和推定形式。默示形式是指当事人既不用口头形式、书面形式，也不用实施任何行为，而是以消极的不作为的方式进行的意思表示。默示形式只有在法律有特别规定的情况下才能运用。推定形式是指当事人不用语言、文字，而是通过某种有目的的行为表达自己意思的一种形式。从当事人的积极行为中，可以推定当事人已做了意思表示。

2. 要约与承诺

合同的成立，需要经过要约和承诺两个阶段。

（1）要约　指希望和他人订立合同的意思表示。提出要约的一方为要约人，接受要约的一方为受要约人。要约应当符合如下规定。

① 内容具体确定。

② 表明经受要约人承诺，要约人即受该意思表示约束。也就是说，要约必须是特定人的意思表示，必须是以缔结合同为目的，必须具备合同的主要条款。

（2）承诺　指受要约人同意要约的意思表示。除根据交易习惯或者要约表明可以通过行为作出承诺以外，承诺应当以通知的方式作出。

三、合同的内容

合同的内容由当事人约定，一般包括以下条款。

① 当事人的名称或姓名以及住所。合同当事人包括自然人、法人、其他组织。

② 标的。合同的标的是指合同双方当事人的权利和义务共同指向的对象。

③ 数量。合同的标的确定以后，还需进一步明确标的的数量。标的数量是用数字或其他计量单位表示的衡量标的物多少的尺度。在买卖合同中，即供方的交货数量。

④ 质量。质量是标的的内在素质和外观形态优劣的标志，是标的物性质差异的具体特征，决定着标的物的经济效益和社会效益。合同对质量标准的约定应当是准确而具体的，对容易引起歧义和可操作性差的用词、标准，应当加以解释和澄清。

⑤ 价款或报酬。价款是合同一方当事人交付产品或智力成果后，另一方当事人支付的款项。报酬是合同一方当事人完成工作、提供劳务后，另一方当事人以货币形式给付的报酬。合同条款中应写明有关支付方法和结算的条款。

⑥ 履行的期限、地点和方式。合同的履行期限，指双方当事人履行义务的时间范围。合同的履行地点，指当事人完成所承担义务的具体地方。合同的履行方式，指采用什么样的方法来履行合同规定的义务。例如，标的的交付方式是一次履行，还是分期分批履行；是用汽车送达，还是代办托运；价款或酬金的结算方式等。

⑦ 违约责任。指合同当事人约定一方或双方不履行或不全面履行合同义务时，按照法律和合同的规定必须承担的法律责任。违约责任包括支付违约金、偿付赔偿金，以及发生意外事故的处理等其他责任。

⑧ 解决争议的方法。是指合同当事人选择解决合同纠纷的方式、地点等。解决合同争议有和解、调解、仲裁、诉讼 4 种方法。当事人应在合同中约定解决合同争议所采用的方法。

四、合同的成立

合同就是合同双方当事人依照订立合同的程序，经过要约和承诺，形成对双方当事人都具有法律效力的协议。合同成立，确定了双方当事人的权利和义务关系，是区别合同责任和其他责任的重要标志，是合同生效的前提条件。《合同法》规定，承诺生效时合同成立。承诺生效的地点为合同成立地点。

五、合同的履行

1. 合同履行的基本原则

合同履行的基本原则是全面履行、诚实信用。

2. 合同的担保形式

合同担保形式有保证、抵押、质押、留置、定金。

第四节 《安全生产法》概述

一、《安全生产法》的适用范围、方针与原则

1.《安全生产法》的适用范围

在中华人民共和国领域内从事生产经营活动的单位的安全生产适用本法；有关法律、行政法规对消防安全的道路交通安全、铁路交通安全、水上交通安全、民用航空安全另有规定的除外。

2.《安全生产法》的方针

安全生产管理坚持安全第一，预防为主的方针。

3.《安全生产法》的原则

加强安全生产监督管理，防止和减少生产安全事故，保障人民群众生命和财产安全，促进经济发展。

二、生产经营单位的安全生产保证

1. 生产经营单位保障安全生产的必备条件

生产经营单位只有具备《安全生产法》和有关法律、行政法规和国家标准或者行业标准规定的安全生产条件，才能从事生产经营活动。

2. 生产经营单位主要负责人的安全生产职责

① 建立、健全本单位的安全生产责任制。

② 组织制定本单位安全生产规章制度和操作规程。

③ 保证本单位安全生产投入的有效实施。

④ 督促、检查本单位的安全生产工作，及时消除生产安全事故隐患。

⑤ 组织制定并实施本单位的生产安全事故应急救援预案。

⑥ 及时、如实报告生产安全事故。

三、安全生产中从业人员的权利和义务

1. 安全生产中从业人员的权利

① 知情权，即有权了解其作业场所和工作岗位存在的危险因素、防范措施和事故应急措施。

② 建议权，即有权对本单位的安全生产工作提出建议。

③ 批评权和检举、控告权，即有权对本单位安全生产管理工作中存在的问题提出批评、检举、控告。

④ 拒绝权，即有权拒绝违章作业指挥和强令冒险作业。

⑤ 紧急避险权，即发现直接危及人身安全的紧急情况时，有权停止作业或者在采取可能的应急措施后撤离作业场所。

⑥ 依法向本单位提出要求赔偿的权利。

⑦ 获得符合国家标准或者行业标准劳动防护用品的权利。

⑧ 获得安全生产教育和培训的权利。

2. 安全生产中从业人员的义务

（1）自律遵规的义务　即从业人员在作业过程中，应当遵守本单位的安全生产规章制度和操作规程，服从管理，正确佩戴和使用劳动防护用品。

(2) 自觉学习安全生产知识的义务 要求掌握本职工作所需的安全生产知识，提高安全生产技能，增加事故预防和应急处理能力。

(3) 危险报告义务 即发现事故隐患或者其他不安全因素时，应当立即向现场安全生产管理人员或者本单位负责人报告。

四、安全生产的监督管理

1. 安全生产的监督方式

① 工会民主监督，即工会有权对建设项目的安全设施与主体工程同时设计、同时施工、同时投入和使用的情况进行监督，提出意见。

② 社会舆论监督，即新闻、出版、广播、电影、电视等单位有对违反安全生产法律、法规的行为进行舆论监督的权利。

③ 公众举报监督，即任何单位或者个人对事故隐患或者安全生产违法行为，均有权向负有安全生产监督管理职责的部门报告或者举报。

④ 社区报告监督，即居民委员会、村民委员会发现其所在区域的生产经营单位存在事故隐患或者安全生产违反行为时，有权向当地人民政府或者有关部门报告。

2. 安全监督检查人员职权

① 现场调查取证权，即安全生产监督检查人员可以进入生产经营单位进行现场调查，单位不得拒绝，有权向被检查单位调阅资料，向有关人员（负责人、管理人员、技术人员）了解情况。

② 现场处理权，即对安全生产违法作业当场纠正权；对现场检查出的隐患责令限期改正，停产、停业或停止使用的职权；责令紧急避险权和依法行政处罚权。

③ 查封、扣押行政强制措施权。其对象是安全设施、设备、器材、仪表等。依据是不符合国家或行业安全标准；条件是必须按程序办事、有足够证据、经部门负责人批准、通知被查单位负责人到场、登记记录等，并必须在5日内做出决定。

3. 安全监督检查人员的义务

① 禁止以审查、验收的名义收取费用。

② 禁止要求被审查、验收的单位购买指定产品。

③ 必须遵循忠于职守、坚持原则、秉公执法。

④ 监督检查时须出示有效的监督执法证件。

⑤ 对涉及被检查单位的技术秘密和业务秘密，应当为其保密。

五、安全生产责任事故处理

1. 安全生产责任事故应急救援

① 县级以上地方各级人民政府应当组织有关部门制定本行政区域内特大生产安全事故应急救援预案，建立应急救援体系。

② 危险物品的生产、经营、储存单位以及矿山、建筑施工单位应当建立应急救援组织。生产经营规模较小，可以不建立应急救援组织的，应当指定兼职的应急救援人员。

③ 危险物品的生产、经营、储存单位以及矿山、建筑施工单位应当配备必要的应急救援器材、设备，并进行经常性维护、保养，保证正常运转。

2. 安全生产责任事故报告

① 生产经营单位发生生产安全事故后，事故现场有关人员应当立即报告本单位负责人。

② 负有安全生产监督管理职责的部门接到事故报告后，应当立即按照国家有关规定上

报事故情况。负有安全生产监督管理职责的部门和有关地方人民政府对事故情况不得隐瞒不报、谎报或者拖延不报。

③ 有关地方人民政府和负有安全生产监督管理职责部门的负责人接到重大安全事故报告后，应当立即赶到事故现场，组织事故抢救。

3. 安全生产责任事故调查处理

① 事故调查处理应当按照实事求是、尊重科学的原则，及时、准确地查清事故原因，查明事故性质和责任，总结事故教训，提出整改措施，并对事故责任者提出处理意见。事故调查和处理的具体办法由国务院制定。

② 生产经营单位发生生产安全事故，经调查确定为责任事故的，除了应当查明事故单位的责任并依法予以追究外，还应当查明对安全生产的有关事项负有审查批准和监督职责的行政部门的责任，对有失职、渎职行为的，追究法律责任。

③ 任何单位和个人不得阻挠和干涉对事故的依法调查处理。

④ 县级以上地方各级人民政府负责安全监督管理的部门应当定期统计分析本行政区域内发生生产安全事故的情况，并定期向社会公布。

第五节 《建设工程项目管理规范》简介

一、《建设工程项目管理规范》制定的目的

《建设工程项目管理规范》（GB/T 50326—2001）的制定是为了提高建设工程施工项目管理水平，促进施工项目管理的科学化、规范化和法制化，适应市场经济发展的需要，与国际管理接轨。

二、《建设工程项目管理规范》适用范围

《建设工程项目管理规范》适用于新建、扩建、改建等建设工程的施工项目管理。

三、《建设工程项目管理规范》的基本内容

《建设工程项目管理规范》的基本内容共包括18章：总则、术语、项目管理内容与程序、项目管理规划、项目经理责任制、项目经理部、项目进度控制、项目质量控制、项目安全控制、项目成本控制、项目现场管理、项目合同管理、项目信息管理、项目生产要素管理、项目组织协调、项目竣工验收阶段管理、项目考核评价、项目回访保修管理。

第六节 建筑装饰装修工程项目管理法规

一、《民用建筑工程室内环境污染控制规范》（GB 50235—2001）

为控制建筑材料和装修材料产生的室内环境污染，对建筑材料和装修材料选择以及工程勘察、设计、施工、验收等工作任务及工程检测提出了具体的技术要求，2002年1月1日开始实施《民用建筑工程室内环境污染控制规范》。同时，国家质量监督检验检疫总局发布的《装饰材料有害物质限量十项标准》明确规定自2002年7月1日起，市场上停止销售不符合该国家标准的产品。

① 民用建筑工程验收时，必须进行室内环境污染物浓度检测。检测结果应符合表2.1的规定。

表 2.1　民用建筑工程室内环境污染物浓度限量

污染物	Ⅰ类民用建筑	Ⅱ类民用建筑	污染物	Ⅰ类民用建筑	Ⅱ类民用建筑
氡/(Bq/m^3)	≤200	≤400	氨/(mg/m^3)	≤0.2	≤0.5
游离甲醛/(g/m^3)	≤0.08	≤0.12	TVOC/(mg/m^3)	≤0.50	≤0.6
苯/(mg/m^3)	≤0.09	≤0.09			

注：表中污染物浓度限量，除氡外均以测定的室外空气相应值为空白值。

② 民用建筑工程验收时，应抽检有代表性的房间室内环境污染浓度，抽检数量不得少于5%，并不得少于3间。房间总数少于3间时，应全数检测。

③ 民用建筑工程验收时，凡进行了样板间室内环境污染物浓度检测且检测结果合格的，抽检数量减半，并不得少于3间。

④ 民用建筑工程验收时，室内环境污染检测点应按房间面积设置。

a. 房间使用面积小于 $50m^2$ 时，设1个检测点。

b. 房间使用面积小于 $50\sim100m^2$ 时，设2个检测点。

c. 房间使用面积大于 $100m^2$ 时，设3～5个检测点。

⑤ 当房间内有2个以上检测点时，应取各点检测结果的平均值作为该房间的检测值。

⑥ 民用建筑工程验收时，环境污染物浓度现场检测点距内墙面应不小于0.5m，距楼地面高度0.8～1.5m。检测点均匀分布，避开通风道和通风口。

⑦ 对民用建筑工程室内环境中游离甲醛、苯、氨、总挥发性有机化合物（TVOC）浓度进行检测时，对于采用集中空调的民用建筑工程，应在空调正常运转的条件下进行；对于采用自然通风的民用建筑工程，检测应在对外门窗关闭1h后进行。

⑧ 对民用建筑室内环境中氡浓度进行检测时，对于采用集中空调的民用建筑工程，应在空调正常运转的条件下进行；对于采用自然通风的民用建筑工程，检测应在对外门窗关闭24h后进行。

⑨ 当室内环境污染物浓度的全部检测结果符合《民用建筑工程室内环境污染控制规范》的规定时，可判定该工程定内环境质量合格。

⑩ 当室内环境污染物浓度的检测结果不符合《民用建筑工程室内环境污染控制规范》的规定时，应查找原因并采取措施进行处理，并可进行再次检测。再次检测时，抽检数量应增加1倍。室内环境污染物浓度再次检测结果全部符合规范的规定时，可判定为室内环境质量合格。

⑪ 室内环境质量验收不合格的民用建筑工程，严禁投入使用。

二、《建筑装饰装修工程质量验收规范》（GB 50210—2001）

《建筑装饰装修工程质量验收规范》（以下简称《质量验收规范》）是决定装饰装修工程能否交付使用的质量验收规范，建筑装饰装修工程按施工工艺和装修部位划分10个子分部工程。地面子分部工程单独成册按照《建筑地面工程质量验收规范》进行验收，其他9个子分部工程的质量验收均由该《质量验收规范》做出规定。该规范共13章，主要介绍子分部工程的质量验收。每章第一节为一般规定，第二节及以后的各节为分项工程的质量验收，由主控项目、一般项目及允许偏差和检验方法组成。

以下是《质量验收规范》中强制性条文的内容。

① 建筑装饰装修工程必须进行设计，并出具完整的施工图设计文件。

② 建筑装饰装修工程设计必须保证建筑物的结构安全和主要使用功能。当涉及主体和承重结构改动或增加荷载时，必须由原结构设计单位或具备相当资质的设计单位核对有关原始资料，对既有建筑结构的安全性进行核验、确认。

③ 建筑装饰装修工程所用材料应符合国家有关建筑装饰装修材料有害物资限量标准的规定。

④ 建筑装饰装修工程所使用的材料应按设计要求进行防火、防腐和防虫处理。

⑤ 建筑装饰装修工程施工中，严禁违反设计文件擅自改动建筑主体，承重结构或主要使用功能；严禁未经设计确认和有关部门批准擅自拆改水、暖、电、燃气、通讯灯配套设施。

⑥ 施工单位应遵守有关环境保护的法律法规，并应采取有效措施控制施工现场的各种粉尘、废气、废弃物、噪声、振动等对周围环境造成的污染和危害。

⑦ 外墙和顶棚的抹灰层与基层之间必须黏结牢固。

⑧ 建筑外门窗的安装必须牢固。门窗严禁使用射钉固定。

⑨ 饰面板安装工程的预埋件、连接件的数量、规格、位置、连接方法和防腐处理必须符合设计要求。后置埋件的现场拉拔强度必须符合设计要求。

⑩ 饰面砖黏结必须牢固。

⑪ 隐框、隐框幕墙所采用的结构黏结材料必须使用硅酮结构密胶，其性能必须符合《建筑硅酮结构密胶封胶》(GB 16776) 的规定。硅酮密封胶必须在有效时间内使用。

⑫ 主体结构与幕墙连接的各种埋件，其数量、规格、位置和防腐处理必须符合设计要求。

⑬ 幕墙的金属框架与主体结构埋件的连接、立柱与横梁的连接及幕墙面板的安装必须符合设计要求，安装必须牢固。

⑭ 护栏高度、栏杆间距、安装位置必须符合设计要求。护栏安装必须牢固。

三、《建筑地面工程施工质量验收规范》(GB 20209—2002)

1. 地面工程施工中基本规定的强制性条文

① 建筑地面工程采用的材料应按设计要求和本规范的规定选用，并应符合国家标准的规定。进场材料应有中文质量合格证明文件、规格、型号及性能检测报告，对重要材料应有复验报告。

② 厕浴间和有防滑要求的建筑地面的板块材料应符合设计要求。

③ 厕浴间、厨房和有排水（或其他液体）要求的建筑地面面层与相连接各类面层的标高差应符合设计要求。

2. 地面工程基层铺设的强制性条文

① 有防水要求的建筑地面工程，铺设前必须对立管、套管和地漏与楼板节点之间进行密封处理，排水坡度应符合设计要求。

② 厕浴间和有防水要求的建筑地面必须设置防水隔离层。楼层结构必须采用现浇混凝土或整块预制混凝土板，混凝土强度等级不应小于 C20。楼板四周除门洞外，应作混凝土翻边，其高度不应小于 120mm。施工时，结构层标高和预留孔洞位置应准确，严禁乱凿洞。

③ 防水隔离层严禁渗漏，坡向应正确、排水通畅。

3. 地面工程整体面层铺设的强制性条文

不发火（防爆的）面层采用的碎石应选用大理石、白云石或其他石料加工而成，并以金属或石料撞击时不发生火花为合格。砂应质地坚硬、表面粗糙，其粒径以 0.15～5mm 为宜。水泥应采用普通硅酸盐水泥，其强度等级不应小于 32.5。面层分格的嵌条应采用不发生火花的材料配制。配制时，应随时检查，不得混入金属或其他易发生火花的杂质。

四、《建筑内部装修设计防火规范》（GB 50222—1995）

1. 装饰装修材料使用部位、功能分类的规定

装饰装修材料按其使用部位和功能，可划分为顶棚装修材料、墙面装修材料、地面装修材料、隔断装修材料、固定家具、装饰织物、其他装饰材料 7 类。其中，装饰织物系指窗帘、帷幕、床罩、家具包布等。其他装饰材料系指楼梯扶手、挂镜线、踢脚板、窗帘盒、暖气罩等。

2. 装饰装修材料的燃烧性能等级的规定

装饰装修材料的燃烧性能划分为 4 级，应符合表 2.2 的规定。

表 2.2 装饰装修材料燃烧性能等级

等　级	装饰装修材料的燃烧性能	等　级	装饰装修材料的燃烧性能
A	不燃性	B_2	可燃性
B_1	难燃性	B_3	易燃性

3. 防火设计的一般性规定中的强制性条文

① 除地下建筑外，无窗房间的内部装修材料的燃烧性能等级，除 A 级外，应在本规范规定的基础上提高一级。

② 消防水泵房、排烟机房、固定灭火系统钢瓶间、配电室、变压器室、通风和空调机房等，其内部所有装修材料均应采用 A 级装修材料。

③ 无自然采光楼梯间、封闭楼梯间、防烟楼梯间的顶棚、墙面和地面均应采用 A 级装修材料。

④ 地上建筑的水平疏散走道和安全出口的门厅，其顶棚装修材料应采用 A 级装修材料，其他部位应采用不低于 B_1 级的装修材料。

⑤ 建筑内部装修不应减少安全出口、疏散出口或疏散走道的设计、疏散所需净宽度和数量。

⑥ 当歌舞厅、卡拉 OK 厅（含具有卡拉 OK 功能的餐厅）、夜总会、录像厅、放映厅、桑拿浴（除洗浴部分外）、游艺厅、网吧等歌舞娱乐放映游艺场所设置在一、二级耐火等级建筑的 4 层及 4 层以上时，室内装修的顶棚材料应采用 A 级装修材料，其他部位应采用不低于 B_1 级的装修材料；设置在地下一层时，室内装修的顶棚、墙面材料应采用 A 级装修材料，其他部位应采用不低于 B_1 级的装修材料。

4. 单层、多层、地下民用建筑装饰装修设计防火的强制性条文

① 当单层、多层民用建筑需作内部装修的空间内装有自动灭火系统时，除顶棚外，其内部装修材料的燃烧性能等级按规定降低一级；当同时装有火灾自动报警装置和自动灭火系统时，其顶棚装修材料的燃烧等级可在规定的基础上降低一级；其他装修材料的燃烧性能等级可不限制。

② 地下民用建筑的疏散走道和安全出口的门厅，其顶棚、墙面和地面的装饰装修材料应采用 A 级装饰装修材料。

复习思考题

一、名词解释

1. 违约责任
2. 要约
3. 承诺

二、填空题

1. 合同的成立，要经过__________和__________两个阶段。
2. 安全生产管理坚持____________________的方针。
3. 《合同法》基本原则是____。

三、简答题

1. 简述《建设工程项目管理规范》的基本内容。
2. 简述申请建筑工程许可证的条件。
3. 简述《建筑法》的立法目的。

第三章

建筑装饰装修工程项目招标与投标

提要

本章主要讲述了建筑装饰装修工程项目招标与投标的有关指示，深刻认识招标与投标在建筑装饰装修工程项目中的重要性，掌握招标与投标程序、招标与投标文件的编制以及报价技巧、投标竞争策略。

第一节　建筑装饰装修工程项目招标投标概述

一、建筑装饰装修工程项目招标投标的基本概念

1999 年 8 月 30 日第九届全国人民代表大会常务委员会第十一次会议通过了《中华人民共和国招标投标法》，并于 2000 年 1 月 1 日起施行。这标志着我国招标投标活动从此走上法制化的轨道，我国招标投标制进入了全面实施的新阶段。

1. 招标投标

招标投标是市场经济的一种交易方式，通常用于大宗的商品交易。其特点是由惟一的买主（或卖主）设定标的，招请若干卖主（或买主）通过报价进行竞争，从中选择优胜者与之达成交易协议，随后按协议实现标的。

“标”或“标的”是指招标单位标明的项目内容、条件、工程量、质量、工期、规模、标准等的要求以及不公开的工程价格（标底）。

2. 建筑装饰装修工程项目招标

建筑装饰装修工程项目招标是指由建筑装饰装修工程项目招标人将建筑装饰装修工程项目的内容和要求以文件形式标明，招引项目承包单位来报价，经比较选择理想承包单位并达成协议的活动。

3. 建筑装饰装修工程项目投标

建筑装饰装修工程项目投标是指承包商向招标单位提出承包该建筑装饰装修工程项目的价格和条件，供招标单位选择以获得承包权的活动。

二、实行建筑装饰装修工程项目招标投标制度的作用

① 有利于打破垄断，开展竞争。

② 促进建设单位做好工程前期工作。

③ 有利于节约造价。

④ 有利于缩短工期。

⑤ 有利于保证质量。

⑥ 有利于管理体系的法律化。

三、建筑装饰装修工程项目招标内容

建筑装饰装修工程项目招标可以是全过程的招标，其工作内容包括设计、施工和使用后的维修，也可以是阶段性的招标，如设计、施工、材料供应等。

四、建筑装饰装修工程项目招标方式

1. 公开招标

公开招标又叫无限竞争性招标。是指招标人以招标公告的方式邀请不特定的法人或者其他组织投标。即招标人在指定的报刊、电子网络或其他媒体上发布招标公告，吸引众多的单位参加投标竞争，招标人从中择优选择中标单位的招标方式。

（1）公开招标的优点

① 可以广泛地吸引投标人，投标单位的数量不受限制，凡通过资格预审的单位都可参加投标。

② 公开招标的透明度高，能赢得投标人的信赖，而且招标单位有较大的选择范围，可在众多的投标单位之间选择报价合理、工期较短，信誉良好的承包者。

③ 体现了公平竞争，打破了垄断，能促使承包者努力提高工程质量，缩短工期和降低成本。

（2）公开招标的缺点

① 投标单位多，招标单位审查投标人资格及投标文件的工作量大，付出的时间多，且为准备招标文件也要支付许多费用。

② 由于参加竞争的投标人多，投标费用开支大，投标人为避免这种风险，必然将投标的费用反映到标价上，最终还是由建设单位负担。

③ 公开招标也存在其他的不利因素，如一些不诚实、信誉又不好的承包者为了“抢标”往往采用故意压低报价的手段，以挤掉那些信誉好、技术先进而报价较高的承包者。另外，从招标实践来看，公开招标中出现串通投标并不少见。

2. 邀请招标

邀请招标也称选择性招标。是指招标人以投标邀请书的方式邀请特定的法人或者其他组织投标。即由招标人根据承包者资信和业绩，选择一定数目的法人或其他组织，向其发出投标邀请书，邀请他们参加投标竞争。

《招标投标法》规定，招标人采用邀请招标方式的，应当向 3 个以上具备承担招标项目能力、资信良好的特定的法人或者其他组织发出投标邀请书。

采用邀请招标是为了克服公开招标的缺陷，防止串通投标。通过这种方式，业主可以选择经验丰富、信誉可靠、有实力、有能力的承包者完成自己的项目。采用邀请招标方式，由于被邀请参加竞争的投标人有限，可以节省招标费用和时间，提高投标单位的中标概率，降低标价，所以这种方式在一定程度上对招标投标双方都是有利的。当然，邀请招标也有不足之处。由于竞争的对手少，招标人获得的报价可能并不十分理想，而且由于招标人对承包者的行情了解不够，在邀请时可能漏掉一些在技术、报价上有竞争能力的承包者。

3. 两阶段招标

两阶段招标也称两步法招标。是无限竞争性招标和有限竞争性招标相结合的一种招标方式。适用于内容复杂的大型工程项目或交钥匙工程。一般地，先通过公开招标，邀请投标人提交根据概念设计或性能规格编制的不带报价的技术建议书，进行资格预审和技术方案比较。经过开标、评标，淘汰不合格者。合格的承包者提交最终的技术建议书和带报价的投标文件。然后，从中选择业主认为理想的投标人与之签订合同。第一阶段不涉及报价问题，称为非价格竞争；第二阶段才进入关键性的价格竞争。

4. 议标

议标亦称非竞争性招标。这种招标方式的做法是业主邀请一家自己认为理想的承包者直接进行协商谈判。通常不进行资格预审，不需开标。严格说来，这并不是一种招标方式，而是一种合同谈判。

议标常用于总价较低、工期较紧、专业性较强或由于保密不宜招标的项目。

五、政府行政主管部门对招标投标的管理

1. 依法核查必须采用招标方式选择承包单位的建设项目

各类工程项目的建设活动，达到下列标准之一者，必须进行招标。

① 施工单项合同估算价在200万元人民币以上。

② 重要设备、材料等货物的采购，单项合同估算价在100万元人民币以上。

③ 勘察、设计、监理等服务的采购，单项合同估算价在50万元人民币以上。

④ 项合同估算价低于第①、②、③的规定，但项目总投资额在3000万元人民币以上。

2. 对建筑装饰装修工程招标方式的规定

根据《建筑装饰装修管理规定》，下列大中型装饰装修工程应采取公开招标或邀请招标的方式发包。

① 政府投资的工程。

② 行政事业单位投资的工程。

③ 国有企业投资的工程。

④ 国有企业控股的企业投资的工程。

3. 对招标人招标能力的要求

① 有与招标工作相适应的经济、法律、技术管理人员。

② 有组织编制招标文件的能力。

③ 有审查投标单位资质的能力。

④ 有组织开标、评标、定标的能力。

4. 建筑装饰装修工程项目施工招标条件

① 具有法人资格。

② 项目已列入国家或地方计划。

③ 建筑装饰装修资金已落实。

④ 具备施工条件，装饰装修施工图纸已完成。

⑤ 有当地建设行政主管部门颁发的有关证件。

六、建筑装饰装修工程项目招标投标程序

招标投标要遵循一定的程序，工程建设已经形成了一套相对固定的招标投标程序。

招标投标过程按工作特点的不同，可划分成以下3个阶段。

1. 招标准备阶段

在这个阶段，建设单位要组建招标工作机构（或委托招标代理机构），决定要采取的招标方式和工程承包方式，准备招标文件编制标底，并向有关工程主管部门申请批准。对投标单位来说，主要是对招标信息的调研，决定是否投标。

2. 招标投标阶段

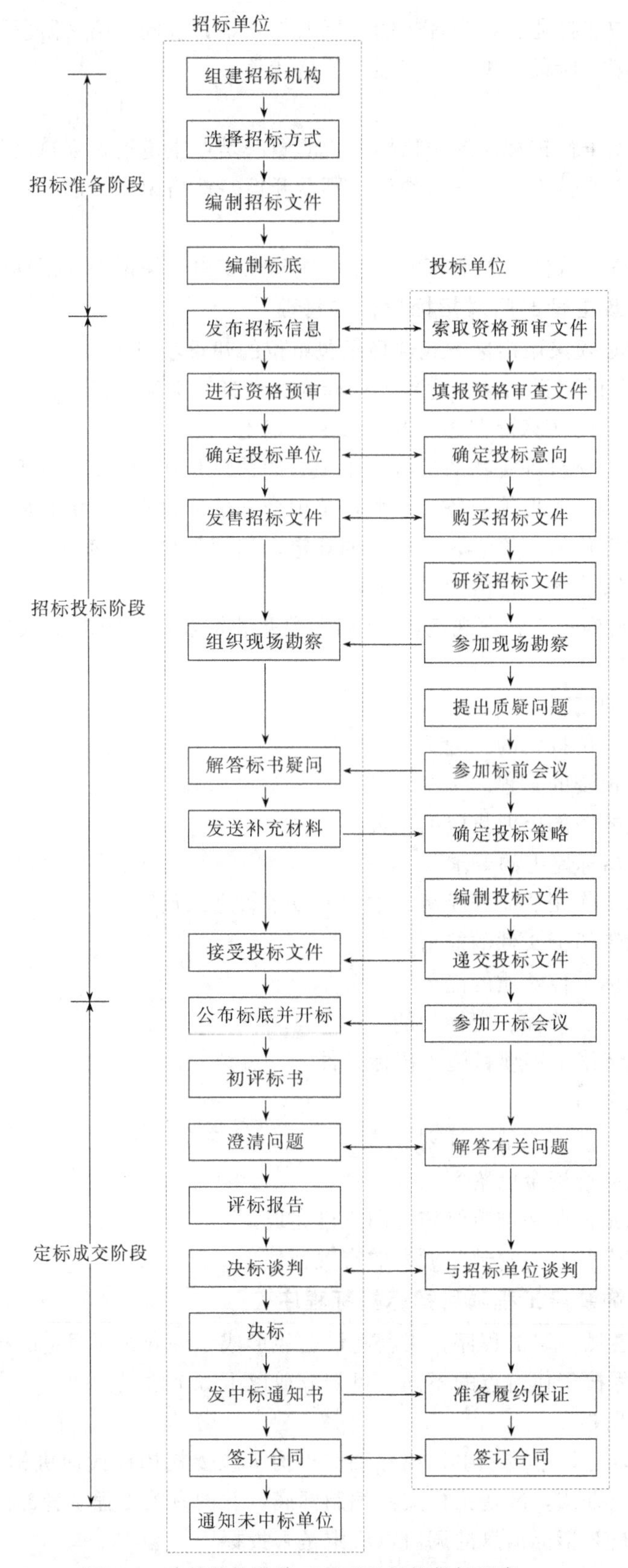

图 3.1　建筑装饰装修工程项目招标投标程序

在这个阶段，对于招标单位来说，其主要任务包括发布招标信息（公告或邀请书）、对投标者进行资格预审、确定投标单位名单、发售招标文件、组织现场勘察、解答标书疑问、发送补充材料、接受投标文件。对投标单位来说，其主要任务包括索取资格预审文件、填报资格审查文件、确定投标意向、购买招标文件、研究招标文件、参加现场勘察、提出质疑问题、参加标前会议、确定投标策略、编织投标文件。

3. 定标成交阶段

在这个阶段，招标单位要开标评标、澄清标书中的问题，并得出评标报告、进行决标谈判、决标、发中标通知书、签订合同，并通知未中标者。投标单位要参加开标会议、提出标书中的疑问，与招标单位进行谈判、准备履约保证，最后签订合同。

建筑装饰装修工程项目招标投标程序见图 3.1。

第二节　建筑装饰装修工程项目招标基本内容

一、建筑装饰装修工程项目施工招标

1. 施工招标文件的编制

招标文件的内容如下。

① 投标须知（包括前附表、总则、投标文件的编制与递交、开标与评标、授予合同等）。

② 合同条件。

③ 合同格式（包括合同协议书格式、银行履约保函格式）。

④ 技术规范。

⑤ 图纸和技术资料。

⑥ 投标文件格式。

⑦ 工程量清单。

2. 标底的编制

(1) 标底文件的主要内容　标底是招标工程的预期价格，标底文件的主要内容如下。

① 标底综合编制说明。

② 标底价格审定书、标度价格计算书、带有价格的工程量清单等。

③ 主材用量。

④ 标底附件（如各种材料及设备的价格来源，现场的地址、水文，地上情况的有关资料，编制标底所依据的施工组织设计）。

(2) 标底的计价方法

① 工料单价法（以施工图预算为基础的标底编制方法）。先编制施工图预算，加上材料价差和不可预见费，得出标底价格。

② 综合单价法（工程量清单计价法）。先确定综合单价，再与各分部分项工程量相乘，得到标底价格。

二、建筑装饰装修工程项目监理招标

以招标的方式选择监理单位是业主获得高质量监理服务的方式之一。建筑装饰装修工程项目监理招标的标的是投标单位对建筑装饰装修工程项目提供的监理服务。

1. 监理招标文件的编制

为了指导投标者正确编制投标书，监理招标文件建筑装饰装修工程项目监理招标文件应包括以下内容。

① 工程项目的概况，包括投资者、地点、规模、投资额、工期等。

② 所委托的监理工作的范围和建立大纲。

③ 拟采用的监理合同条件。

④ 招标阶段的时间计划和工作安排。

⑤ 投标书的编制格式、内容及报送等方面的要求。

⑥ 投标有效期。

2. 监理投标文件的编制

投标文件是监理单位向建设单位提出自己的监理计划，竞争监理合同的主要书面材料。投标单位应该按照招标文件的规定进行投标书的编制、封装和报送。建筑装饰装修工程项目监理投标文件一般包括技术建议书和财务建议书。

(1) 技术建议书的主要内容

① 监理单位简介，包括监理单位的技术、管理力量。

② 用监理大纲的形式表达监理工作的计划。

③ 监理组织机构的设置。

④ 总监理工程师、专业监理工程师履历表。

(2) 财务建议书的主要内容

① 监理人员酬金表。

② 仪器设备的使用费。

③ 办公费用、税金、保险费的汇总。

④ 要求业主提供的监理工作所需的设备、设施清单。

3. 评标

装饰装修工程监理招标评标时的首要依据是对监理单位能力的选择，报价居于次要地位。评标应分技术建议书评审和财务建议书评审两个阶段进行。只有在技术评审合格的前提下，才进行第二阶段的财务评审。为了使竞争客观、公正、全面，标书的评比应该采用量化的方法，以选择信誉可靠、技术和管理能力强而且报价合理的监理单位。一般情况下，技术评审的成绩占70%～90%，财务评审的成绩占10%～30%。

4. 决标

在评标完成后，建设单位选定综合评分最高的监理单位进行合同谈判。合同谈判包括监理大纲的内容、人员配备方案和监理费用报价等方面的内容。若双方达成了协议，则签订监理合同。否则，与第二备选中标人谈判。

三、建筑装饰装修工程项目设计招标

目前，大多数建筑装饰装修工程项目设计和施工都是由施工单位来完成的。建筑装饰装修工程项目设计招标的标的是招标单位对建筑装饰装修工程项目提供能够把项目的设想转变为现实的蓝图的智力服务。

1. 招标文件的编制

建筑装饰装修工程项目设计招标文件包括以下内容。

① 设计任务书及有关文件的复印件。

② 项目说明书，包括项目内容、设计范围、图纸内容、设计进度要求等。

③ 设计依据、工程项目应达到的技术指标、项目范围及项目所在地的基本资料。

④ 合同的主要条件。

⑤ 提供设计资料的内容、方式和时间，以及文件的审查方式。

⑥ 投标须知。

2. 投标文件的编制

投标人应在规定的时间内，按照规定的格式报送投标书。建筑装饰装修工程项目设计投标文件包括以下内容。

① 设计单位的名称、性质。

② 单位概况，包括成立时间、近期设计成果、技术人员情况、项目的效果图和施工图、文字说明、预计工期、主要技术要求、施工组织设计、投资估算、设计进度和设计费的报价。

3. 评标

评标小组要根据记述是否先进、工艺是否合理、功能是否符合使用要求来去决定设计方案的优劣，并根据设计进度快慢和设计费的报价高低、设计资历和设计信誉等条件，提出综合评标报告，推出候选的中标单位。

4. 决标

在决标前，建设单位要和候选中标单位救援方案的改进与补充等方面的内容进行谈判。建设单位应该根据评标报告和谈判的结果自主地决定中标单位，向中标单位发出中标通知书，并规定在一个月内由双方签订设计合同。

第三节　建筑装饰装修工程施工项目投标及其策略

建筑装饰装修工程施工项目特指建筑装饰装修工程的施工阶段。投标实施过程是从填写资格预审表开始，到将正式投标文件送交招标人为止所进行的全部工作，与招标实施过程实质上是一个过程的两个方面。它们的具体程序和步骤通常是互相衔接和对应的。投标实施的主要过程是：组织投标机构、编制投标文件、投标文件的送达。

一、投标准备

参与投标竞争是一件十分复杂并且充满风险的工作，因而承包者正式参加投标之前要进行一系列的准备工作。只有准备工作做得充分和完备，投标的失误才会降到最低。投标准备主要包括：有关投标信息的调研、投标资料的准备、办理投标担保等。

1. 投标信息的调研

投标信息的调研就是承包者对市场进行详细的调查研究，广泛收集项目信息并进行认真分析，从而选择适合本单位投标的项目。主要调查项目的规模、性质等。承包者通过以上准备工作，根据掌握的项目招标信息，并结合自己的实际情况和需要，便可确定是否参与资格预审。如果决定参与资格预审，则准备资格预审材料，开始进入下一步工作。

2. 投标的组织

在招标投标活动中，投标人参加投标就面临一场竞争，不仅比报价的高低、技术方案的优劣，而且比人员、管理、经验、实力和信誉。因此，建立一个专业的、优秀的投标班子是投标获得成功的根本保证。

3. 准备投标资料

要做到在较短时间内报出高质量的投标资料，特别是资格预审资料，平时要做好本单位在财务、人员、设备、经验、业绩等各方面原始资料的积累与整理工作，分门别类地存在计算机中，并不断充实、更新。这也反映出单位信息管理的水平。参与投标经常用到的资料包括：营业执照，资质证书，单位主要成员名单及简历，法定代表人身份证明，委托代理人授权书，项目负责人的委任证书，主要技术人员的资格证书及简历，主要设备、仪器明细情况，质量保证体系情况，合作伙伴的资料，经验与业绩及正在实施项目的名录，经审计的财务报表。

4. 填写资格预审表

资格预审表一般包括5个方面的内容：投标申请人概况、经验与信誉、财务能力、人员能力和设备。

项目性质不同，招标范围不同，资格预审表的样式和内容也有所区别。一般应包括以下内容。

① 投标人身份证明、组织机构和业务范围表。

② 投标人在以往若干年内从事过的类似项目经历。

③ 投标人的财务能力说明表。

④ 投标人各类人员表以及拟派往项目的主要技术、管理人员表。

⑤ 投标人所拥有的设备以及为拟投标项目所投入的设备表。

⑥ 项目分包及分包人表。

⑦ 与本项目资格预审有关的其他资料。

资格预审文件的目的在于向愿意参加前期资格审查的投标人提供有关招标项目的介绍，并审查由投标人提供的与能否完成本项目有关的资料。

对该项目感兴趣的投标人只要按照资格预审文件的要求填写好各种调查表格并提交全部所需的资料，均可被接受，参加投标前期的资格预审。否则，将会失去资格预审资格。

在不泄露商业秘密的前提下，投标人应向招标人提交能证明上述有关资质和业绩情况的法定证明文件或其他资料。

无论是资格预审，还是资格后审，都是主要审查投标人是否符合下列条件。

① 独立订立合同的权利。

② 圆满履行合同的能力，包括专业、技术资格和能力，设备和其他物质设施状况，管理能力，经验、信誉和相应的工作人员。

③ 以往承担类似项目的业绩情况。

④ 没有处于被责令停业，财产被接管、冻结、破产状态。

⑤ 在最近几年内（如两年内）没有与骗取合同有关的犯罪或质量责任和重大安全责任事故及其他违法、违规行为。

二、投标前的调查与现场勘察

建筑装饰装修工程项目施工是在土建、设备等工程的基础上进行的。因此，现场勘察对投标书的影响很大。现场勘察包括以下内容。

① 各专业配套工程的施工进度、配合协调情况。

② 土建、给排水、暖通、防水等工程的施工质量情况。

③ 材料的存放情况。

④ 施工所需的水电供应情况。

⑤ 当地的建筑装饰装修材料和设备的供应情况。

⑥ 当地的建筑装饰装修公认的技术操作水平和工价。

⑦ 当地气候条件和运输情况。

三、分析招标文件并参加答疑

招标文件是投标的主要依据。投标单位应仔细研究招标文件，明确其要求，熟悉投标须知，明确了解表述的要求，避免废标。

1. 研究合同条件，明确双方的权利、义务

① 工程承包方式。

② 工期及工期惩罚。

③ 材料供应及价款结算办法。

④ 预付款的支付和工程款的结算办法。

⑤ 工程变更及停工、窝工损失的处理办法。

2. 详细研究设计图纸、技术说明书

① 明确整个装饰装修工程设计及其各部分详图的尺寸、各图纸之间的关系。

② 弄清工程的技术细节和具体要求，详细了解设计规定的各部委的材料和工艺做法。

③ 了解工程对建筑装饰装修材料有无特殊要求。

四、建筑装饰装修工程施工项目投标报价

建筑装饰装修工程施工项目投标报价是建筑装饰装修工程施工项目投标工作的重要环节。报价的合适与否对投标的成败和将来实施工程的盈亏起着决定性的作用。

1. 投标报价的依据

① 招标文件及有关情况。

② 价格及费用的各项规定。

③ 施工方案及有关技术资料。

2. 投标报价的计算

投标人应当根据招标文件的要求和招标项目的特点，结合市场情况和自身竞争实力自主报价，但不得以低于成本的报价竞标。

投标报价计算是投标人对承揽招标项目所要发生的各种费用的计算。包括单价分析、计算成本、确定利润方针，确定标价。在进行标价计算时，必须首先根据招标文件复核或计算工作量，同时要结合现场踏勘情况考虑相应的费用。标价计算必须与采用的合同形式相协调。

按照建设部《建筑工程施工发包与承包计价管理办法》中规定，建筑工程施工发包与承包价在政府宏观调控下，由市场竞争形成。投标报价由成本（直接费、间接费）、利润和税金构成。其编制可以采用工程量清单计价方法。

3. 标价的组成

投标价格应该是项目投标范围内，支付投标人为完成承包工作应付的总金额。工程招标文件一般都规定投标价格，除非合同中另有规定。具有标价的工程量清单中所报的单价和合价，以及报价汇总表中的价格应包括施工设备、劳务、管理、材料、安装、维护、保险、利润、税金、政策性文件规定及合同包含的所有风险、责任等各项应有费用。工程量清单中的每一单项均需计算填写单价和合价。投标单位没有填写出单价和合价的项目将不予支付，并认为此项费用已包括在工程量清单的其他单价和合价中。

五、建筑装饰装修工程投标策略与报价决策及其技巧

1. 投标策略

投标策略是指承包者在投标竞争中的指导思想与系统工作部署及其参与投标竞争的方式和手段。承包者要想在投标中获胜，既要中标得到承包项目，又要从项目中赢利，就需要研究投标策略，以指导其投标全过程。在投标和报价中，选择有效的报价技巧和策略，往往能取得较好的效果。正确的策略来自承包者的经验积累、对客观规律的认识和对实际情况的了解，同时也少不了决策者的能力和魄力。

在激烈的投标竞争中，如何战胜对手，这是所有投标人所要研究的问题。遗憾的是，至今还没有一个完整或可操作的答案。事实上，也不可能有答案，因为建筑市场的投标竞争多种多样，无统一的模式可循。投标人及其对手们不可能用同一手段或策略来参加竞争，可以说各有各的“招术”，不同项目有不同的“招术”。在当今的投标竞争中，面对变幻莫测的投标策略，掌握了一些信息和资料，估计可能发生的一些情况并认真分析，找出一些规律加以研究，对投标人的决策是十分有益的，起码从中能得到启发或提示。

由于招标内容不同、投标人性质不同，所采取的投标策略也不相同。下面仅就工程投标的策略进行简要介绍。工程投标策略的内容主要有以下几方面。

(1) 以信取胜　这是依靠单位长期形成的良好社会信誉、技术和管理上的优势、优良的工程质量和服务措施、合理的价格和工期等因素争取中标。

(2) 以快取胜　通过采取有效措施缩短施工工期，并能保证进度计划的合理性和可行性，从而使招标工程早投产、早收益，以吸引业主。

(3) 以廉取胜　其前提是保证施工质量，这对业主一般都具有较强的吸引力。从投标人的角度出发，采取这一策略也可能有长远的考虑，即通过降价扩大任务来源，从而降低固定成本在各个工程上的摊销比例，既降低工程成本，又为降低新投标工程的承包价格创造了条件。

(4) 靠改进设计取胜　仔细研究原设计图纸，若发现明显不合理之处，可提出改进设计的建议和能切实降低造价的措施。在这种情况下，一般仍然要按原设计报价，再按建议的方案报价。

(5) 采用以退为进的策略　当发现招标文件中有不明确之处并有可能据此索赔时，可报低价先争取中标，再寻找索赔机会。例如，香港某些大的承包企业就常用这种方法，有时报价甚至低于成本。然后，以高薪聘请1～2名索赔专家，千方百计地从设计图纸、标书、合同中寻找索赔机会。一般索赔金额可达10%～20%。采用这种策略一般要在索赔事务方面具有相当成熟的经验。

(6) 采用长远发展的策略　其目的不是在当前的招标工程上获利，而是着眼于发展，争取将来的优势。例如，为了开辟新市场、掌握某种有发展前途的工程施工技术等，宁可在当前招标工程上以微利，甚至无利的价格参与竞争。

2. 报价决策

报价决策是指投标人召集算标人和决策人、咨询顾问人员共同研究，就标价计算结果进行讨论，做出调整计算标价的最后决定，形成最终报价的过程。

报价决策之前应先计算基础标价，即根据招标文件的工作内容和工作量以及报价项目单价表进行初步测算，形成基础标价。其次，做风险预测和盈亏分析，即充分估计实施过程中的各种有关因素和可能出现的风险，预测对报价的影响程度。然后，测算可能的最高标价和

最低标价，也就是测定基础标价可以上下浮动的界限，使决策人心中有数，避免凭主观愿望盲目压价或加大保险系数。完成这些工作后，决策人就可以靠自己的经验和智慧做出报价决策。

决策者只有对报价计算的准确度，期望利润是否合适，报价风险及本单位的承受能力，当地的报价水平，竞争对手优势、劣势的分析等进行综合考虑，才能决定最后的报价金额。

在工程报价决策中应当注意以下问题。

(1) 报价决策的依据　决策的主要资料依据应当是自己的算标人员的计算书和分析指标。至于其他途径获得的所谓的“标底价格”或竞争对手的“标价信息”等，只能作为参考。参加投标的承包商当然希望自己中标，但是，更为重要的是中标价格应当基本合理，不应导致亏损。以自己的报价计算为依据进行科学分析，而后做出恰当的报价决策，至少不会落入竞争的陷阱。

(2) 在最小预期利润和最大风险内做出决策　由于投标情况纷繁复杂，投标中碰到的情况并不相同，很难界定需要决策的问题和范围。一般说来，报价决策并不仅限于具体计算，而是应当由决策人与算标人员一起，对各种影响报价的因素进行恰当的分析，并做出果断的决策。除了对算标时提出的各种方案、基价、费用摊入系数等予以审定和进行必要的修正外，更重要的是决策人应全面考虑期望的利润和承担风险的能力。承包商应当尽可能避免较大的风险，采取措施转移、防范风险，并获得一定利润。决策者应当在风险和利润之间进行权衡并做出选择。

(3) 低报价不是中标的惟一因素　招标文件中一般明确申明“本标不一定授给最低报价者或其他任何投标人”，所以决策者可以在其他方面战胜对手。例如，可以提出某些合理的建议，使业主能够降低成本、缩短工期。如果可能的话，还可以提出对业主优惠的支付条件等。低报价是得标的重要因素，但不是惟一因素。

3. 报价技巧

也称投标技巧。是指在投标报价中采用一定的手法或技巧使业主可以接受，而中标后又能获得更多的利润。常用的工程投标报价技巧主要有以下几种。

(1) 灵活报价法　指根据招标工程的不同特点采用不同报价。投标报价时，既要考虑自身的优势和劣势，也要分析招标项目的特点。按照工程的不同特点、类别、施工条件等来选择报价策略。

以下情况报价可高一些。①施工条件差的工程；②专业要求高的技术密集型工程，而本单位在这方面又有专长，声望也较高；③总价低的小工程，以及自己不愿做，又不方便不投标的工程；④特殊的工程；⑤工期要求急的工程；⑥投标对手少的工程；⑦支付条件不理想的工程。

以下情况报价可低一些。①施工条件好的工程；②工作简单、工程量大，而一般单位都可以做的工程；③本单位目前急于打入某一市场、某一地区，或在该地区面临工程结束，机械设备等无工地转移时；④本单位在附近有工程，而本项目又可利用该工程的设备、劳务，或有条件短期内突击完成的工程；⑤投标对手多，竞争激烈的工程；⑥非急需工程；⑦支付条件好的工程。

(2) 不平衡报价法　亦称前重后轻法。是指一个工程总报价基本确定后，通过调整内部各个项目的报价，以期既不提高总报价、不影响中标，又能在结算时得到更理想的经济效益。

一般可以考虑在以下几方面，采用不平衡报价。

① 能够早日结账收款的项目可适当提高。

② 预计今后工程量会增加的项目，单价适当提高，这样在最终结算时可多赚钱；将工程量可能减少的项目单价降低，工程结算时损失不大。

上述两种情况要统筹考虑，即对于工程量有错误的早期工程，如果实际工程量可能小于工程量表中的数量，则不能盲目抬高单价，要具体分析后再定。

③ 设计图纸不明确，估计修改后工程量要增加的，可以提高单价；工程内容解说不清楚的，则可适当降低一些单价，待澄清后再要求提价。

④ 暂定项目，又叫任意项目或选择项目。对这类项目要具体分析，因为这类项目要在开工后再由业主研究决定是否实施以及由哪家承包商实施。如果工程不分标，则其中肯定要做的单价可高些，不一定做的应低些。如果工程分标，该暂定项目也可能由其他承包商施工时，则不宜报高价，以免抬高总报价。

(3) 零星用工（计日工）单价的报价　如果是单纯报计日工单价，而且不计入总价中，可以报高些，以便在业主额外用工或使用施工机械时多盈利。但如果计日工单价要计入总报价，则需具体分析是否报高价，以免抬高总报价。总之，要分析业主在开工后可能使用的计日工数量，再确定报价方针。

(4) 可供选择的项目的报价　有些工程的分项工程，业主可能要求按某一方案报价，而后再提供几种可供选择方案的比较报价。例如，某住房工程的地面水磨石砖，工程量表中要求按 25cm×25cm×2cm 的规格报价，另外还要求投标人用更小规格砖 20cm×20cm×2cm 和更大规格砖 30cm×30cm×3cm 作为可供选择项目报价。投标时，除对几种水磨石地面砖调查询价外，还应对当地习惯用砖情况进行调查。对于将来有可能被选择使用的地面砖铺砌应适当提高其报价；对于当地难以供货的某些规格地面砖，可将价格有意抬高得更多一些，以阻挠业主选用。但是，所谓“可供选择的项目”并非由承包商任意选择，只有业主才有权进行选择。因此，提高报价并不意味能取得好的利润，只是提供了一种可能性。

(5) 增加建议方案　有时招标文件中规定，可以提一个建议方案，即可以修改原设计方案，提出投标人的方案。投标人这时应抓住机会，组织一批有经验的设计和施工工程师对原招标文件的设计和施工方案仔细研究，提出更为合理的方案以吸引业主，促成自己的方案中标。这种新建议方案可以降低总造价或是缩短工期，或使工程运用更为合理。但要注意，对原招标方案一定也要报价。建议方案不要写得太具体，要保留方案的技术关键，防止业主将此方案交给其他承包商。同时要强调的是，建议方案一定要比较成熟，有很好的操作性。

(6) 分包商报价的采用　由于现代工程的综合性和复杂性，总承包商不可能将全部工程内容完全独家包揽，特别是有些专业性较强的工程内容，须分包给其他专业工程公司施工，还有些招标项目，业主规定某些工程内容必须由其指定的几家分包商承担。因此，总承包商通常应在投标前先取得分包商的报价，并增加总承包商摊入的一定的管理费，而后作为自己投标总价的一个组成部分一并列入报价单中。应当注意，分包商在投标前可能同意接受总承包商压低其报价的要求，但等到总承包商得标后，他们常以种种理由要求提高分包价格，这将使总承包商处于十分被动的地位。解决的办法是，总承包商在投标前找两三家分包商分别报价，而后选择其中一家信誉较好、实力较强和报价合理的分包商签订协议，同意该分包商作为本分包工程的惟一合作者，并将分包商的姓名列到投标文件中，但要求该分包商相应地提交投标保函。如果该分包商认为这家总承包商确实有可能得标，他也许愿意接受这一条件。这种把分包商的利益同投标人捆在一起的做法，不但可以防止分包商事后反悔和涨价，还可能迫使分包时报出较合理的价格，以便共同争取得标。

（7）无利润算标　缺乏竞争优势的承包商在不得已的情况下，只有在算标中根本不考虑利润去夺标。这种办法一般是处于以下条件时采用。

① 有可能在得标后，将大部分工程分包给索价较低的一些分包商。

② 对于分期建设的项目，先以低价获得首期工程，而后赢得机会创造第二期工程中的竞争优势，并在以后的实施中取得利润。

③ 较长时期内，承包商没有在建的工程项目，如果再不得标，就难以维持生存。因此，虽然本工程无利可图，但只要能有一定的管理费维持公司的日常运转，就可设法度过暂时的困难，以图将来东山再起。

（8）突然降价法　投标报价是一件保密的工作，但是对手往往通过各种渠道、手段来刺探情况，因此在报价时可以采取迷惑对手的方法，即先按一般情况报价或表现出自己对该工程兴趣不大，投标截止时间快到时，再突然降价。

采用这种方法时，一定要在准备投标报价的过程中考虑好降价的幅度，在临近投标截止日期前，根据信息与分析判断，再做最后决策。

如果因采用突然降价法而中标，由于开标只降总价，在签订合同后可采用不平衡报价的设想调整工程量表内的各项单价或价格，以期取得更高的效益。

六、投标文件的编制与递交

1. 投标文件的编制

投标文件应完全按照招标文件的各项要求编制，主要包括：投标书、投标书附录、投标保证金、法定投标人资格证明文件、授权委托书、具有标价的工程量清单、资格审查表、招标文件规定提交的其他材料。

2. 投标文件的递交

投标单位应在规定的投标截止日期前，将投标文件密封送到招标单位。招标单位在接到投标文件后，应签收或通知投标单位已收到投标文件。

第四节　建筑装饰装修工程施工项目开标、评标、定标与合同的签订

一、开标

开标是招标机构在预先规定的时间和地点将各投标人的投标文件正式启封揭晓的行为。开标由招标机构组织进行，但须邀请各投标人代表参加。在这一环节，招标人要按有关要求，逐一揭开每份投标文件的封套，公开宣布投标人的名称、投标价格及投标文件中的其他主要内容。公开开标结束后，还应由开标组织者整理一份开标会纪要。

按照惯例，公开开标一般按以下程序进行。

① 主持人在招标文件确定的时间停止接收投标文件。

② 宣布开标人员名单。

③ 确认投标人法定代表人或授权代表人是否在场。

④ 宣布投标文件开启顺序。

⑤ 依开标顺序，先检查投标文件密封是否完好，再启封投标文件。

⑥ 宣布投标要素，并作记录，同时由投标人代表签字确认。

⑦ 对上述工作进行记录，存档备查。

二、评标

评标是招标机构确定的评标委员会根据招标文件的要求，对所有投标文件进行评估一般程序排序，并推荐出中标候选人的行为。评标是招标人的单独行为，由招标机构组织进行。在这一环节，招标人所要经历的步骤主要有：审查标书是否符合招标文件的要求和有关惯例、组织人员对所有标书按照一定方法进行比较和评审、就初评阶段被选出的几份标书中存在的某些问题要求投标人加以澄清、最终评定并写出评标报告等。

评标是审查确定中标人的必经程序，是一项关键性的、十分细致的工作，关系到招标人能否得到最有利的投标，是保证招标成功的重要环节。

（一）组建评标委员会

评标是依据招标文件的规定和要求，对投标文件所进行的审查、评审和比较。评标由招标人依法组建的评标委员会负责。评标委员会成员名单一般在开标前确定。

《招标投标法》规定，依法必须进行招标的项目，其评标委员会由招标人的有关技术、经济等方面的专家组成。成员人数为5人以上单数，其中技术、经济等方面的专家不得少于成员总数的2/3。

为了保证评标公正性，防止招标人左右评标结果，评标不能由招标人或其代理机构独自承担，而应组成一个由招标人或其代理机构的必要的代表、有关专家和人员参加的委员会，负责依据招标文件规定的评标标准和方法对所有投标文件进行评审，向招标人推荐中标候选人或者依据授权直接确定中标人。评标是一种复杂的专业活动，在专家成员中技术专家主要负责对投标中的技术部分进行评审；经济专家主要负责对投标中的报价等经济部分进行评审；法律专家则主要负责对投标中的商务和法律事务进行评审。

评标委员会由招标人负责组织。为了防止招标人在选定评标专家时的主观随意性，我国法规规定招标人应从省级以上人民政府有关部门提供的专家名册或者招标代理机构的专家库中确定评标委员会的专家成员（不含招标人代表）。专家可以采取随机抽取或者直接确定的方式确定。对于一般项目，可以采取随机抽取的方式；技术特别复杂、专业性要求特别高或者国家有特殊要求的招标项目，采取随机抽取方式确定的专家难以胜任的，可以由招标人直接确定。

评标工作的重要性决定了必须对参加评标委员会的专家的资格进行一定的限制，并非所有的专业技术人员都可进入评标委员会。法律规定的专家资格条件是：从事相关领域工作满8年，并具有高级职称或者具有同等专业水平。法律同时规定，评标委员会的成员与投标人有利害关系的人应当回避，不得进入评标委员会；已经进入的，应予以更换。

评标委员会设负责人（如主任委员）的，评标委员会负责人由评标委员会成员推举产生或者由招标人确定。评标委员会负责人与评标委员会的其他成员有同等的表决权。

评标委员会成员的名单，在中标结果确定前属于保密的内容，不得泄露。

（二）评标程序

评标工作一般按以下程序进行。

① 招标人宣布评标委员会成员名单并确定主任委员。

② 招标人宣布有关评标纪律。

③ 在主任委员主持下，根据需要，讨论通过成立有关专业组和工作组。

④ 听取招标人介绍招标文件。

⑤ 组织评标人员学习评标标准和方法。

⑥ 提出需澄清的问题。经委员会讨论，并经 1/2 以上委员同意，提出需投标人澄清的问题，以书面形式送达投标人。

⑦ 澄清问题。对需要文字澄清的问题，投标人应当以书面形式送达评标委员会。

⑧ 评审、确定中标候选人。评标委员会按招标文件确定的评标标准和方法对投标文件进行评审，确定中标候选人推荐顺序。

⑨ 提出评标工作报告。在经委员会讨论，并经 2/3 以上委员同意并签字的情况下，通过评标委员会工作报告，并报招标人。

（三）评标准备

1. 准备评标场所

2. 评标委员会成员知悉招标情况

3. 制定评标细则

大型复杂项目的评标，通常分两步进行。先进行初步评审（简称初审），也称符合性审查，然后进行详细评审（简称详评或终评），也称商务和技术评审。中小型项目的评标也可合并为一次进行，但评标的标准和内容基本相同。

在开标前，招标人一般要按照招标文件规定并结合项目特点，制定评标细则，并经评标委员会审定。在评标细则中，对影响质量、工期和投资的主要因素，一般还要制定具体的评定标准和评分办法，以及编制供评标使用的相应表格。

评标委员会应当根据招标文件规定的评标标准和方法，对投标文件进行系统的评审和比较。这些事先列明的标准和方法在评标时能否真正得到采用，是衡量评标是否公正、公平的标尺。为了保证评标的这种公正和公平性，评标不得采用招标文件未列明的任何标准和方法，也不得改变（包括修改、补充）招标文件确定的评标标准和方法。这一点，也是世界各国通常的做法。

招标人设有标底的，在评标时作为参考。

4. 初步评审

在正式评标前，招标人要对所有投标文件进行初步审查，也就是初步筛选。有些项目会在开标时对投标文件进行一般性符合检查，在评标阶段对投标文件的实质性内容进行符合性审查，判定是否满足招标文件要求。

初审的目的在于确定每一份投标文件是否完整、有效，在主要方面是否符合要求，以从所有投标文件中筛选出符合最低标准要求的投标人，淘汰那些基本不合格的投标文件，以免在详评时浪费时间和精力。

评标委虽会通常按照投标报价的高低或者招标文件规定的其他方法对投标文件排序。

初审的主要项目如下。

（1）投标人是否符合投标条件　未经资格预审的项目，在评标前须进行资格审查。如果投标人已通过资格预审，那么正式投标时投标的单位或组成联合体的各合伙人必须被列入预审合格的名单且投标申请人未发生实质性改变，联合体成员未发生变化。

（2）投标文件是否完整　审查投标文件的完整性，应从以下几个方面进行。

① 投标文件是否按照规定格式和方式递送、字迹是否清晰。

② 投标文件中所有指定签字处是否均已由投标人的法定代表人或法定代表授权代理人签字。有时招标人在其招标文件中规定，如投标人授权其代表代理签字，则应附交代理委托书，这时就需检查投标文件中是否附有代理委托书。

③ 如果招标条件规定只向承包者或其正式授权的代理人招标，则应审查递送投标文件的人是否有承包者或其授权的代理人的身份证明。

④ 是否已按规定提交了一定金额和规定期限的有效保证。

⑤ 招标文件中规定应由投标人填写或提供的价格、数据、日期、图纸、资料等是否已经填写或提供以及是否符合规定。

在对投标文件做完整性检查时，通常要先拟出一份“完整性检查清单”。在对以上项目进行检查后，将检查结果以“是”或“否”填入该清单。

（3）主要方面是否符合要求　所有招标文件都规定了投标人的条件和对投标人的要求。这些要求有的是十分重要的，投标人若违反这些要求，一般会被认为是未能对招标文件作出实质性响应，属于重大偏差，该投标文件就应被拒绝。

（4）计算方面是否有差错　投标报价计算的依据是各类货物、服务和工程的单价。招标文件通常规定，如果单价与单项合计价不符，应以单价为准。所以，若在乘积或计算总数时有算术性错误，应以单价为准更正总数；如果单价显然存在着印刷或小数点的差错，则应纠正单价。如果表明金额的文字（大写金额）与数字（小写金额）不符，按惯例应以文字为准。

按招标文件规定的修正原则，对投标人报价的计算差错进行算术性修正。招标人要将相应修正通知投标人，并取得投标人对这项修改同意的确认。对于较大的错误，评标委员会视其性质，通知投标人亲自修改。如果投标人不同意更正，那么招标人就会拒绝其投标，并可没收其所提供的投标保证金。

5. 详细评审

经初步评审合格的投标文件，评标委员会应当根据招标文件确定的评标标准和方法，对其技术部分和商务部分作进一步评审、比较。其主要内容如下。

（1）商务评审内容　商务评审的目的在于从成本、财务和经济分析等方面评定投标报价的合理性和可能性，并估量投标给各投标人后的不同经济效果。商务评审的主要内容包括以下几部分。

① 将投标报价与标底价进行对比分析，评价该报价是否可靠、合理。

② 投标报价构成和水平是否合理，有无严重不平衡报价。

③ 审查所有保函是否被接受。

④ 进一步评审投标人的财务实力和资信程度。

⑤ 投标人对支付条件有何要求或给予招标人何种优惠条件。

⑥ 分析投标人提出的财务和付款方面的建议的合理性。

⑦ 是否提出与招标文件中的合同条款相悖的要求，如重新划分风险，增加招标人责任范围，减少投标人义务，提出不同的验收、计量办法和纠纷、事故处理办法，或对合同条款有重要保留等。

（2）技术评审内容　技术评审的目的在于确认备选的中标人完成本招标项目的技术能力以及其所提方案的可靠性。与资格评审不同的是，这种评审的重点在于评审投标人将怎样实施本招标项目。技术评审的主要内容包括以下几部分。

① 投标文件是否包括了招标文件所要求提交的各项技术文件，它们同招标文件中的技术说明或图纸是否一致。

② 实施进度计划是否符合招标人的时间要求，这一计划是否科学和严谨。

③ 投标人准备用哪些措施来保证实施进度。

④ 如何控制和保证质量，这些措施是否可行。

⑤ 组织机构、专业技术力量和设备配置能否满足项目需要。

⑥ 如果投标人在正式投标时已列出拟与之合作或分包的单位名称，则这些合作伙伴或分包单位是否具有足够的能力和经验保证项目的实施和顺利完成。

总之，评标内容应与招标文件中规定的条款和内容相一致。除对投标报价和主要技术方案进行比较外，还应考虑其他有关因素，经综合评审后，确定选取最符合招标文件要求的投标。

（四）评标方法

1. 专家评议法

专家评议法也称定性评议法或综合评议法。评标委员会根据预先确定的评审内容，如报价、工期、技术方案和质量等，对各投标文件共同分项进行定性分析、比较。评议后，选择投标文件在各指标都较优良者为候选中标人，也可以用表决的方式确定候选中标人。这种方法实际上是定性的优选法。由于没有对各投标文件的量化（除报价是定量指标外）比较，标准难以确切掌握，往往需要评标委员会协商，评标的随意性较大、科学性较差。其优点是评标委员会成员之间可以直接对话与交流，交换意见和讨论比较深入，评标过程简单，在较短时间内即可完成，但当成员之间评标悬殊过大时，定标较困难。

专家评议法一般适用于小型项目或无法量化投标条件的情况。

2. 价格评标法

评标委员会按预定的审查内容对各投标文件进行评审后，所有符合条件的投标文件均认为具备授标资格，此时仅以价格的合理性作为惟一尺度定标。根据所依据的价格标准，可以分成最低投标价法和接近标底法两种方法。

（1）最低投标价法　亦称合理最低投标价法，即能够满足招标文件的各项要求，投标价格最低的投标可作为中选投标。一般适用于简单商品、半成品、原材料，以及其他性能、质量相同或容易进行比较的货物招标采购。这些货物技术规格简单，技术性能和质量标准及等级通常可采用国际（国家）标准规范。

（2）接近标底法　指以标底价作为衡量标准，选报价最接近评标标底者为候选中标人的评审方法。这种方法比较简单，但要以标底详尽、正确为前提。

评标标底可采用：

① 招标人组织编制的标底 A；

② 以全部或部分投标人报价的平均值作为标底 B；

③ 以标底 A 和标底 B 的加权平均值作为标底；

④ 以标底 A 值作为确定有效的标准，以进入有效标内投标人的报价平均值作为标底；

⑤ 施工招标未设标底的，按不低于成本价的有效标进行评审。

3. 经评审的最低投标价法

这是一种以价格加其他因素评标的方法。以这种方法评标，一般做法是将报价以外的商务部分数量化，并以货币折算成价格，与报价一起计算，形成评标价，然后以此价格按高低排出次序。能够满足招标文件的实质性要求，“评标价”最低的投标应当作为中选投标。

评标价是按照招标文件的规定，对投标价进行修正、调整后计算出的标价。在评标过程中，用评标价进行标价比较。

采用经评审的最低投标价法，中标人的投标应当符合招标文件规定的技术要求和标准，但评标委员会无需对投标文件的技术部分进行价格折算。

经评审的最低投标价法一般适用于具有通用技术、性能标准或者招标人对其技术、性能没有特殊要求的招标项目。

根据经评审的最低投标价法完成详细评审后，评标委员会要拟定一份“标价比较表”，连同书面评标报告提交招标人。“标价比较表”一般要载明投标人的投标报价、对商务偏差的价格调整和说明以及经评审的最终投标价。

4. 综合评估法

在采购机械、成套设备、车辆以及其他重要固定资产（如工程等）时，如果仅仅比较各投标人的报价或报价加商务部分，则对竞争性投标之间的差别不能作出恰如其分的评价。因此，在这些情况下，必须以价格加其他因素综合评标，即应用综合评估法评标。

以综合评估法评标，一般做法是将各个评审因素在同一基础或者同一标准上进行量化。量化指标可以采取折算为货币的方法、打分的方法或者其他方法，使各投标文件具有可比性。对技术部分和商务部分的量化结果进行加权，计算出每一投标的综合评估价或者综合评估分，以此确定候选中标人。最大限度地满足招标文件中规定的各项综合评价标准的投标，应当推荐为中标候选人。

综合评估法最常用的是最低评标价法和综合评分法。

（1）最低评标价法　这是另一种以价格加其他因素评标的方法，也可以认为是扩大的经评审的最低投标价法。以这种方法评标，一般做法是以投标报价为基数，将报价以外的其他因素（既包括商务因素，也包括技术因素）数量化，并以货币折算成价格，将其加减到投标价上去，形成评标价，以评标价最低的投标作为中选投标。

（2）综合评分法　亦称打分法。是指评标委员会按预先确定的评分标准，对各投标文件需评审的要素（报价和其他非价格因素）进行量化、评审记分，以标书综合分的高低确定中标单位的评标方法。由于项目招标需要评定比较的要素较多，且各项内容的计量单位又不一致，如工期是天、报价是元等，因此综合评分法可以较全面地反映出投标人的素质。

三、定标

定标也称决标，是指招标人在评标的基础上，最终确定中标人，或者授权评标委员会直接确定中标人的行为。定标对招标人而言，是授标；对投标人而言，则是中标。定标也是招标人的单独行为。在这一环节，招标人所要经过的步骤主要有：裁定中标人；通知中标人其投标已被接受；向中标人发出中标通知书；通知所有未中标的投标人，并向他们退还投标保函等。

四、签订合同

签订合同习惯上也称授予合同，因为它实际上是由招标人将合同授予中标人并由双方签署的行为。签订合同是购货人或业主与中标的承包者双方共同的行为。在这一阶段，通常先由双方进行签订合同前的谈判，就投标文件中已有的内容再次确认，对投标文件中未涉及的一些技术性和商务性的具体问题达成一致意见。双方意见一致后，由双方授权代表在合同上签署，合同随即生效。为保证合同履行，签订合同后，中标的承包者还应向购货人或业主提交一定形式的担保书或担保金。

复习思考题

一、名词解释

1. 招标投标

2. 定标

3. 不平衡报价法

4. 标底

二、填空题

1. 评标方法有____。

2. 评标委员会由招标人的有关技术、经济等方面的专家组成，成员人数为________人以上单数，其中技术、经济等方面的专家不得少于成员总数的________。

3.《招标投标法》规定，招标人采用邀请招标方式的，应当向________个以上具备承担招标项目的能力、资信良好的特定的法人或者其他组织发出投标邀请书。

三、简答题

1. 建筑装饰装修工程项目施工招标条件有哪些？

2. 简述建筑装饰装修工程项目施工招标程序。

3. 简述建筑装饰装修工程项目监理投标文件的内容。

第四章

建筑装饰装修工程项目合同管理

提要

通过本章的学习，能够熟练掌握建筑装饰装修工程项目合同的基本概念、作用、类型等知识，明确如何进行合同谈判、履行工程合同以及风险管理、工程索赔等相关问题。

第一节　合同基础知识

一、合同的形式和内容

1. 合同概念

合同是平等主体的自然人、法人、其他社会组织之间设立、变更、终止民事权利义务的协议。

合同具有下列法律特征。

① 合同是当事人双方的合法的法律行为。

② 合同当事人双方具有平等地位。

③ 合同关系是一种法律关系。

2. 合同的订立形式

合同的形式以不要式为原则。合同的形式可以是书面形式、口头形式或其他形式。

工程项目合同的合同形式为书面形式。

3. 合同订立程序

当事人订立合同，要经过要约和承诺两个阶段。

(1) 要约　是希望和他人订立合同的意思表示。发要约之前，有时做出要约邀请，要约邀请是希望他人向自己发出要约的意思表示。

(2) 承诺　是受要约人做出的同意要约的意思表示。

对于建筑装饰装修工程招标项目，招标公告是要约邀请，投标书是要约，而中标通知书是承诺。

4. 合同的内容

合同一般包括下列条款。

① 当事人的名称或者姓名和住所。

② 标的。是当事人双方权利和义务共同指向的对象。标的的表现形式为物、劳务、行为、智力成果、工程项目等。

③ 数量。是衡量合同标的多少的尺度，以数字和计量单位表示。施工合同的数量主要

体现的是工程量的大小。

④ 质量。合同对质量标准的约定应当准确而具体。由于建设工程中的质量标准大多是强制性标准，当事人的约定不能低于这些强制性的标准。

⑤ 价款或者报酬。价款或者报酬是当事人一方交付标的另一方支付的货币。合同中应写明结算和支付方法。

⑥ 履行的期限、地点、方式。履行的期限是当事人各方依据合同规定全面完成各自义务的时间。履行的地点是当事人交付标的和支付价款或酬金的地点。施工合同的履行地点是工程所在地。履行的方式是当事人完成合同规定义务的具体方法。

⑦ 违约责任。合同的违约责任是指合同的当事人一方不履行合同义务或者履行合同义务不符合约定时，所应当承担的民事责任。

⑧ 解决争议的方法。在合同履行过程中不可避免地会发生争议，为使争议发生后能够有一个双方都能接受的解决方法，应在合同中对此做出规定。解决争议的方法从高到低有和解、调解、仲裁、诉讼。

二、合同的效力

1. 合同生效应具备的条件

① 当事人具有相应的民事权利能力和民事行为能力。

② 意思表示真实。

③ 不违反法律或者社会公众利益。

2. 无效合同

指当事人违反法律规定而签订的，国家不承认其效力，不给与保护的合同。

三、合同的履行

合同的履行是指合同依法成立后，当事人双方依据合同条款的规定，实现各自享有的权利，并承担各自负有的义务，使各方的目的得以全面实现的行为。

合同的履行是合同的核心内容，是当事人实现合同目的的必然要求。虽然建设工程合同的履行是发包人支付报酬和承包人交付成果的行为，但是其履行并不是单单指最后交付行为，而是一系列行为及其结果的总和。也就是说，建设工程合同的履行是当事人全面地、适当地完成合同义务，使当事人实现其合同权利的给付行为和给付结果的统一。

合同履行是一个过程。合同履行的这一特征的意义是：一方面，它能使当事人自合同成立、生效之时起就关注自己和对方履行合同义务的情况，确保合同义务得到全面、正确的履行；另一方面，它能使当事人尽早发现对方不能履行或不能完全履行合同义务的情况，以便采取相应的补救措施，避免使自己陷入被动和不利，防止损失的发生和扩大。

合同履行是建设工程合同法律效力的主要内容，而且是核心的内容。合同的成立是合同履行的前提，合同的法律效力既含有合同履行之意，也是合同履行的依据和动力所在。

四、合同的变更和转让

1. 合同变更的含义与特点

合同的变更是指合同成立以后，尚未履行或尚未完全履行以前，当事人就合同的内容达成的修改和补充协议。

工程合同变更有以下特点。

① 合同的变更是业主和承包者双方协商一致，并在原合同的基础上达成的新协议。合同的任何内容都是经过双方协商达成的，因此，变更合同的内容须经过双方协商同意。任何

一方未经过对方同意，无正当理由擅自变更合同内容，不仅不能对合同的另一方产生约束力，而且还会构成违约行为。

② 合同内容的变更是指合同关系的局部变更。也就是说，合同变更只是对原合同关系的内容作某些修改和补充，而不是对合同内容的全部变更，也不包括主体的变更。合同主体的变更属于广义的合同变更。合同主体的变更有时并不是双方协商一致的结果。例如，合同权利的转让，发生权利主体的变更。此时，权利人转让权利只需通知义务人，而无需义务人同意。这里所说的合同的变更，不包括合同主体的变更，是狭义的合同变更。合同主体的变更称之为合同的转让。

③ 合同的变更也会产生新的债权债务内容，变更的方式有补充和修改两种。补充是在原合同的基础上增加新的内容，从而产生新的债权债务关系。修改是对原合同的条款进行变更，抛弃原来的条款，更换成新的内容。无论修改还是补充，其中未变更的合同内容仍继续有效。所以，合同的变更是使原合同关系相对的消灭。

合同的变更可以对已完成的部分进行变更，也可以对未完成的部分进行变更。这与业主的单方变更是不同的。业主的单方变更不属于前面所说的合同的变更，它仅限于未完成部分的变更。如果想对完成部分进行变更，应取得承包者同意，一般情况下，承包者都会同意业主的变更要求。这时的变更便属于合同的变更。无论业主的单方变更，还是合同的变更，给当事人造成损失的，都应由有过错方承担赔偿责任，只不过不承担违约责任罢了。

当事人变更合同，有时是一方提出，有时是双方提出，有时是根据法律规定变更，有时是由于客观条件变化而不得不变更。无论何种原因变更。变更的内容应当是双方协商一致的结果。

2. 合同转让的含义与特点

合同的转让是指合同的当事人依法将合同的权利和义务全部地或部分地转让给第三人。承包者对工程建设合同的转让一般称为转包。

合同的转让具有以下特点。

① 合同的转让并不改变原合同的权利义务内容。一方面，合同的转让是对合法有效的合同权利或义务的转让。如果合同无效或被撤销，或者已经被解除，则不发生转让行为。另一方面，合同转让并不引起原合同内容的变化。合同转让旨在使原合同的权利、义务全部或部分地从一方当事人转移给第三人。因此，受让的权利和义务既不会超出原权利、义务的范围，也不会从实质上更改原合同权利、义务的内容。

② 合同的转让引起合同主体的变化。合同的转让通常将导致第三人代替原合同当事人一方而成为合同当事人，或者由第三人加入到合同关系之中成为合同当事人。由于主体变更不是合同非实质要素的变更，而是合同的根本变化，主体的变化将导致原合同关系的消灭，产生新的合同关系。可见，合同的转让并非在于保持原合同关系继续有效，而是通过转让终止原合同，产生新的合同关系。从这个意义上说，合同的转让与一般合同变更在性质上是不同的。

③ 合同的转让通常涉及到原合同当事人双方以及受让的第三人。合同的转让通常要涉及到两种不同的法律关系，即原合同当事人双方之间的关系、转让人与受让人之间的关系。因此，合同的转让涉及到原合同当事人双方以及受让的第三人。

3. 工程合同的转让与分包的区别

合同的转让与合同中的分包是不同的。《合同法》第 272 条规定，总承包人或者勘察、设计、施工承包人经发包人同意，可以将自己承包的部分工作交由第三人完成，称之为分包。工程合同的转让与分包的区别包括以下几点。

① 合同经合法转让后，原合同中转让人即退出原合同关系，受让人与原合同中转让人的对方当事人成为新的合同关系主体。分包合同中，分包人与承包者之间的分包合同关系对原合同并无影响，分包人并不是原合同的主体，与原合同中的发包人并无合同关系。

② 合同转让后，受让人成为合同的主体，对合同的权利、义务一起承担。分包合同中，分包人取得原合同中承包人的工作义务，它的请求报酬权利只能向承包者主张，而不能向原合同中发包人主张。

③ 合同转让后，转让人对受让人的义务不向其相对人负责。分包合同中，承包者对分包人的工作成果仍向业主承担责任。

五、合同的担保

1. 担保的定义

担保是当事人根据法律规定或双方约定，为使债务人履行债务，实现债权人权利的法律制度。

2. 担保的方式

担保的方式有保证、抵押、质押、留置、定金。其中，保证是保证人和债权人约定，当债务人不履行债务时，保证人按照约定履行债务或者承担责任的行为。在建设工程中，保证是最常用的一种担保方式，建设工程的保证人往往是银行（保函），也可以是担保公司（保证书）。如：施工投标保证、施工合同的履约保证、施工预付款保证。

六、承担违约责任的方式

承担违约责任的方式有如下几种。

1. 继续履行

继续履行是指合同当事人一方在不履行合同时，另一方有权要求法院强制违约方按合同规定的标的履行义务，并不得以支付违约金或赔偿金的方式代替履行。

2. 采取补救措施

3. 支付违约金

违约金是指合同当事人违约后，按照当事人约定或法律规定向对方当事人支付的一定数量的货币。支付违约金是合同法普遍采用的一种责任形式。

违约金是预先规定的，即基于法律规定或双方约定而产生，不论违约当事人一方的违约行为是否已给对方当事人造成经济损失，只要有违约事实且无法定或约定免责事由，就要按照法律规定或合同约定向对方支付违约金。

4. 支付赔偿金

赔偿金是指在合同当事人不履行合同或履行合同不符合约定，给对方当事人造成损失时，依照约定或法律规定应当承担的、向对方支付一定数量的货币。这里所说的赔偿金，是指违约赔偿金。实际上，当事人没有违约时，也存在支付赔偿金的问题。违约赔偿金的数额与当事人的损失一般情况下是相等的。

5. 定金罚则

第二节　建筑装饰装修工程项目施工合同

一、建筑装饰装修工程项目中的主要合同关系

建筑装饰装修工程项目是一个大的社会生产过程，参与单位形成了多种经济关系，而合

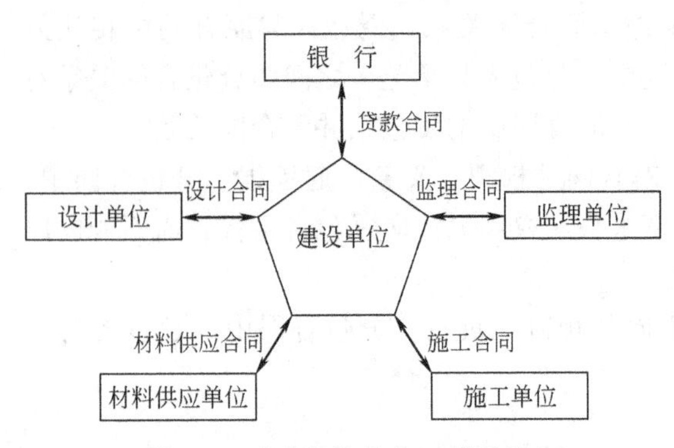

图 4.1 建筑装饰装修工程项目中建设单位的主要合同关系

同就是维系这些关系的纽带。在复杂的合同网络中，建设单位和施工单位是两个主要的节点。

1. 建设单位的主要合同关系

建设单位是建筑装饰装修工程项目的所有者，为实现建筑装饰装修工程项目的目标，它必须与有关单位签订合同。建筑装饰装修工程项目中建设单位的主要合同关系如图 4.1 所示。

2. 施工单位的主要合同关系

施工单位是建筑装饰装修工程项目施工的具体实施者，它有着复杂的合同关系。其主要合同关系如图 4.2 所示。

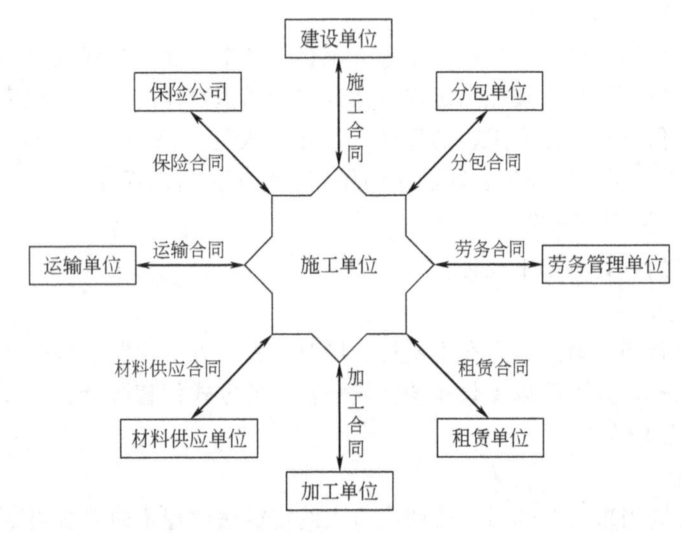

图 4.2 建筑装饰装修工程项目施工单位的主要合同关系

二、建筑装饰装修工程项目合同的作用

建筑装饰装修工程项目合同的作用如下。

① 合同确定了建筑装饰装修工程项目施工和管理的主要目标，是合同双方在建筑装饰装修工程项目中各种经济活动的依据。建筑装饰装修工程项目合同在实施前签订，确定了建筑装饰装修工程项目所要达到的进度、质量、成本方面的目的以及目标相关的所有主要细节的问题。

② 合同规定了双方的经济关系。建筑装饰装修工程项目合同一经签订，合同双方就结成一定的经济关系。合同规定了双方在合同实施过程中的经济责任、权利、利益和义务。

③ 建筑装饰装修工程项目合同是建筑装饰装修工程项目中双方的最高行为准则。建筑装饰装修工程项目实施过程中的一切活动都是为了履行合同，双方的行为都要靠合同来约束。如果任何一方不能认真履行自己的责任和义务，甚至撕毁合同，则必须接受经济的，甚至是法律的处罚。

④ 建筑装饰装修工程项目合同将建筑装饰装修工程项目的所有参与者联系起来，协调并统一其行为。合同管理必须协调和处理建筑装饰装修工程项目各参与单位的关系，使相关

的各合同和合同规定的各工程活动之间不产生矛盾，在内容、技术、组织和时间上协调一致，形成一个完整、周密、有序的体系，保证建筑装饰装修工程项目有秩序、按计划地实施。

⑤ 建筑装饰装修工程项目合同是建筑装饰装修工程项目进展过程中解决争执的依据。由于双方经济利益的不一致，在建筑装饰装修工程项目实施过程中产生争执是难免的。建筑装饰装修工程项目合同对解决争执有两个决定性的作用。争执的判定以建筑装饰装修工程项目合同作为法律依据，即以合同条文判定争执的性质，谁对争执负责、负什么样的责任等。争执的解决方法和解决程序由合同规定。

三、建筑装饰装修工程项目合同的谈判

1. 谈判的基础与准备

（1）组织谈判代表组　谈判代表在很大程度上决定了谈判成功的与否。谈判代表必须具有业务精、能力强、基本素质好、有经验等优势。

（2）分析和确定自己的谈判基础和谈判目标　谈判的目标直接关系到谈判的态度、动机和诚意，也明确了谈判的基本立场。对业主而言，有的项目侧重于工期，有的侧重于成本，有的侧重于质量。不同的侧重点使业主的立场不同。对承包商来说，也有不同的侧重点。同样，不同的目的也会使其在谈判中的立场有所不同。

（3）分清与摸清对方情况　谈判要做到“知己知彼”，才能“百战百胜”。因此，在谈判之前应当摸清对方谈判的目标和人员情况，找出关键人物和关键问题。

（4）估计谈判与签约结果　准备有关的文件和资料，包括合同稿、自己所需的资料和对方将要索取的资料。

（5）准备好会谈议程　会谈议程一般分为初步交换意见、技术性谈判、商务性谈判和文件拟定 4 个阶段。

2. 合同谈判的内容

① 明确工程范围。

② 确定质量标准以及所要遵循的技术规范和验收要求。

③ 工程价款支付方式和预付款的分期比例。

④ 总工期、开竣工日期和施工进度计划。

⑤ 明确工程变更的允许范围和变更责任。

⑥ 差价处理。

⑦ 双方的权利和义务。

⑧ 违约责任与赔偿等。

四、建筑装饰装修工程项目合同的订立与无效合同

建筑装饰装修工程项目合同的订立是指两个人及两个人以上的当事人，依法就建筑装饰装修工程项目合同的主要条款经过协商，达成协议的法律行为。

1. 签订建筑装饰装修工程项目合同的双方应具备的合法资格

① 法人资格。

② 法人的活动不能超越其职责范围或业务范围。

③ 合同必须由法人的法定代表人或法定代表人授权委托的承办人签订。

④ 委托代理人要有合法手续。

2. 无效建筑装饰装修工程合同

无效建筑装饰装修工程合同是指合同双方当事人虽然协商签订，但因违反法律规定，从签订的时候就没有法律效力，国家不予承认和保护的装饰装修工程合同。

（1）无效合同的种类

① 违反法律和国家政策、计划的合同。

② 采用欺诈、胁迫等手段签订的合同。

③ 违反法律要求的合同。

④ 违反国家利益和社会公共利益的合同。

（2）确认无效合同的依据

① 合同的主体是否具有合法依据。

② 合同的内容是否合法。

③ 合同当事人的意思表示是否真实。

④ 合同的订立是否符合法定程序。

五、建筑装饰装修工程项目合同类型

工程建设合同可以按多种方式进行分类。

1. 按签约各方的关系划分

可分为总包合同、分包合同、联合承包合同。

2. 按合同标的性质划分

可分成可行性研究合同、勘察合同、设计合同、施工合同、监理合同、材料设备供应合同、劳务合同等。合同法将勘察合同、设计合同、施工合同称为建设工程合同。

3. 按计价方法划分

可分成固定价格合同、可调价格合同及成本加酬金合同。

（1）固定价格合同　固定价格合同是指在约定的风险范围内价款不再调整的合同。这种合同的价款并不是绝对不可调整，而是在约定范围内的风险由承包者承担。双方一般要约定合同价款包括的风险费用和承担的风险范围，以及风险范围以外的合同价款的调整方法。

固定价格合同又可进一步分为固定总价合同和固定单价合同。

① 固定总价合同。是指按商定的总价承包项目。它的特点是明确承包内容、价格一笔包死。适用于规模小、技术不太复杂的项目。这种方式对业主与承包者都是有利的。对业主来说，比较简便。对承包者来说，如果计价依据相当详细，能据此比较精确地估算造价，签订合同时考察得比较周全，不致有多大的风险，也是一种比较简便的承包方式。但如果项目规模大、工作周期长、计价依据不够详细、未知数比较多，承包者须承担风险。为此，往往加大不可预见费用，或留有调价的活口，因而不利于降低造价，最终对业主不利。

② 固定单价合同。是指采用单位计量工作量价格（单价）固定，以预估工作量签订合同，按确定的单价和实际发生的工作量结算价款的合同。在没有精确计算工作量的情况下，为了避免使任何一方承担过大的风险，采用固定单价合同是比较适宜的。工程施工合同中，国内外普遍采用的以工程量清单和单价表为计算造价依据的计量估价合同就是典型的固定单价合同。这类合同的适用范围比较宽，其风险可以得到合理的分摊。这类合同能够成立的关键在于双方对单价和工作量计算方法的确认。在合同履行中需要注意的问题则是双方对实际工作量计量的确认。

（2）可调价格合同　指合同价格可以调整的合同。合同总价或者单价在合同实施期内，根据合同约定的办法调整。

（3）成本加酬金合同　由发包人向承包人支付项目的实际成本，并按事先约定的某一种方式支付酬金的合同类型。合同价款包括成本和酬金两部分，双方需要约定成本构成和酬金计算方法。

六、建筑装饰装修工程项目施工合同的内容

建设部和国家工商行政管理总局于1999年发布了《建设工程施工合同（示范文本）》（GF-1999-0201）（以下简称《示范文本》），适用于施工承包合同。该《示范文本》由《协议书》、《通用条款》和《专用条款》3部分组成。

1.《协议书》

是施工合同的总纲领性法律文件。内容有以下几个方面。

（1）工程概况　包括工程名称、工程地点、工程内容、工程立项批准文告、资金来源。

（2）工程承包范围　承包人承包的工作范围和内容。

（3）合同工期　包括开工日期、竣工日期。合同工期应填写总日历天数。

（4）质量标准　工程质量必须达到国家标准规定的合格标准，双方也可以约定达到国家标准规定的优良标准。

（5）合同价款　合同价款应填写双方确定的合同金额。

（6）组成合同的文件　合同文件应能相互解释，互为说明。除专用条款另有约定外，组成合同的文件及优先解释顺序如下。

① 本合同协议书。

② 中标通知书。

③ 投标书及其附件。

④ 本合同专用条款。

⑤ 本合同通用条款。

⑥ 标准、规范及有关技术文件。

⑦ 图纸。

⑧ 工程量清单。

⑨ 工程报价单或预算书。

（7）本协议书中有关词语含义与本合同第二部分《通用条款》中分别赋予它们的定义相同。

（8）承包人向发包人承诺按照合同约定进行施工、竣工并在质量保修期内承担工程质量保修责任。

（9）发包人向承包人承诺按照合同约定的期限和方式支付合同价款及其他应当支付的款项。

（10）合同的生效

2.《通用条款》

指通用于一切建筑工程，规范承发包双方履行合同义务的标准化条款。其内容包括词语定义及合同文件，双方一般权利和义务，施工组织设计和工期，质量与检验，安全施工，合同价款与支付，材料设备供应，工程变更，竣工验收与结算，违约、索赔和争议，其他。

3.《专用条款》

指反映具体招标工程具体特点和要求的合同条款，其解释优于《通用条款》。

七、建筑装饰装修工程项目合同的履行与变更

建筑装饰装修工程项目合同的履行是指当事人双方按照建筑装饰装修工程项目合同条款的规定全面完成各自义务的活动。建筑装饰装修工程项目合同履行的关键在于建筑装饰装修工程项目变更的处理。

合同的变更是由于设计变更、实施方案变更、发生意外风险等原因而引起的甲乙双方责任、权利、义务的变化在合同条款上的反映。适当而及时的变更可以弥补初期合同条款的不足，但频繁或失去控制的合同变更会给项目带来重大损失，甚至导致项目失败。

（一）合同变更的类型

1. 正常和必要的合同变更

建筑装饰装修工程项目甲乙双方根据项目目标的需要，对必要的设计变更或项目工作范围调整等引起的变化，经过充分协商对原订合同条款进行适当的修改，或补充新的条款。这种有益的项目变化引起的原合同条款的变更是为了保证建筑装饰装修工程项目的正常实施，是有利于实现项目目标的积极变更。

2. 失控的合同变更

如果合同变更过于频繁，或未经甲乙双方协商同意，往往会导致项目受损或使项目执行产生困难。这种项目变化引起的原合同条款的变更不利于建筑装饰装修工程项目的正常实施。

（二）合同变更的内容范围

1. 工作项目的变化

由于设计失误、变更等原因增加的工程任务应在原合同范围内，并应有利于建筑装饰装修工程项目的完成。

2. 材料的变化

为便于施工和供货，有关材料方面的变化一般由施工单位提出要求，通过现场管理机构审核，在不影响项目质量、不增加成本的条件下，双方用变更书加以确认。

3. 施工方案的变化

在建筑装饰装修工程项目实施过程中，由于设计变更、施工条件改变、工期改变等原因可能引起原施工方案的改变。如果是建设单位的原因引起的变更，应该以变更书加以确认，并给施工单位补偿因变更而增加的费用。如果是由于施工单位自身原因引起的施工方案的变更，其增加的费用由施工单位自己承担。

4. 施工条件的变化

由于施工条件变化引起的费用的增加和工期的延误应该以变更书加以确认。对不可预见的施工条件的变化，其所引起的额外费用的增加应由建设单位审核后给予补偿，所延误的工期由双方协商共同采取补救措施加以解决。施工条件变化是可预见的，应该是谁的原因谁负责。

5. 国家立法的变化

当由于国家立法发生变化导致工程成本的增减时，建设单位应该根据具体情况进行补偿和收取。

八、建筑装饰装修工程项目合同纠纷的处理

对于建筑装饰装修工程项目合同纠纷的处理，通常有协商、调解、仲裁和诉讼 4 种方式。

1. 协商

协商解决是指合同当事人在自愿互谅的基础上，按照法律和行政的规定，通过摆事实、

讲道理解决纠纷的一种方法。自愿、平等、合法是协商解决的基本原则。这是解决合同纠纷最简单的一种方式。

2. 调解

调解是在第三者主持下，通过劝说引导，在互谅互让的基础上达成协议，解决争端的一种方式。按照调解人的不同，调解可以分为民间调解、行政调解、仲裁调解和法院调解。

3. 仲裁

当合同双方的争端经过监理工程师的决定、双方协商和中间人调解等办法仍得不到解决时，可以提请仲裁机构进行仲裁，由仲裁机构作出具有法律约束力的裁决行为。根据FIDIC条约，仲裁是解决建筑装饰装修工程项目合同争端的最后一个手段。

4. 诉讼

凡是合同中没有订立仲裁条款，事后也没有达成书面仲裁协议的，当事人可以向法庭提起诉讼，由法院根据有关法律条文作出判决。

第三节　建筑装饰装修工程施工合同的风险管理

一、风险概述

（一）风险的定义与相关概念

1. 风险的定义

风险就是在给定情况下和特定时间内，可能发生的结果之间的差异。风险要具备两方面条件：一是不确定性；二是产生损失后果。

2. 与风险有关的概念

（1）风险因素　指能产生或增加损失概率和损失程度的条件或因素。可分为自然风险因素、道德风险因素、心理风险因素。

（2）风险事件　是造成损失的偶发事件，是造成损失的外在原因或直接原因。

（3）损失　指经济价值的减少，有直接损失和间接损失。

风险因素、风险事件、损失与风险之间的关系是：风险因素→风险事件→损失→风险。

（二）风险的分类

1. 按风险的后果分类

可将风险分为纯风险和投机风险。纯风险是指只会造成损失，不会带来收益的风险。投机风险则是可能造成损失，也可能创造额外受益的风险。

2. 按风险产生的原因分类

可将风险分为政治风险、社会风险、经济风险、自然风险、技术风险等。

二、建设工程项目风险与风险管理

1. 建设工程项目风险的特点

① 建设工程项目风险大。这是由建设工程项目本身的固有特性所决定的。

② 参与工程建设各方均有风险，但风险有大有小。

2. 风险管理的定义

风险管理是为了达到一个组织的既定目标，对组织所承担的各种风险进行管理的系统过程，其采取的方法应符合公众利益、人身安全、环境保护及有关法规的要求。

风险管理过程一般包括下列几个阶段。

① 风险辨识。分析存在哪些风险。

② 风险分析。衡量各种风险的风险量。

③ 风险对策决策。制定风险控制方案，以降低风险量。

④ 风险防范。采取各种处理方法，消除或降低风险。

这几个阶段综合构成了一个有机的风险管理系统，其主要目的就是帮助参与项目的各方承担合适的风险。

3. 风险管理的任务

合同风险管理的主要任务如下。

① 在招标投标过程中和合同签订前对风险作全面分析和预测。

② 对风险进行有效预防。

③ 在合同实施中对可能发生或已经发生的风险进行有效的控制。

4. 风险分析的主要内容

风险分析是风险管理系统中不可分割的一部分，其实质就是找出所有可能的选择方案，并分析任一决策所可能产生的各种结果，即可以深入了解如果项目没有按照计划实施会发生何种情况。因此，风险分析必须包括风险发生的可能性和产生后果的大小两个方面。

客观条件的变化是风险的重要成因。虽然客观状态不以人的意志为转移，但是人们可以认识和掌握其变化的规律性，对相关的因素做出科学的估计和预测。这是风险分析的重要内容。

风险分析的目标可分为损失发生前的目标和损失发生后的目标。

（1）损失发生前的目标

① 节约经营成本。通过风险分析，可以找到科学、合理的方法降低各项费用，减少损失，以获得最大的投资或承包安全保障。

② 减少忧虑心理。通过风险分析，可以使人们尤其是管理人员了解风险发生的概率及后果大小，从而做到有备无患，增强成功的信心。

③ 达到应尽的社会责任。对整个社会而言，单个组织或个人发生损失也会使社会蒙受损失，而风险分析则可以预防此种情况发生，从而达到应尽的社会责任。

（2）损失发生后的目标

① 维持组织继续生存。完善的风险分析，会产生有效的风险防范对策与措施，有助于组织摆脱困境，重获生机。

② 使组织收益稳定。损失发生后的组织，通过风险分析，使损失的资金重新回流，损失得到补偿，从而维持组织收益的稳定性。

③ 使组织继续发展。

合同风险分析主要依靠如下几方面因素。

① 对环境状况的了解程度。要精确地分析风险必须作详细的环境调查，占有第一手资料。

② 对文件分析的全面程度、详细程度和正确性依赖于文件的完备程度。

③ 对对方意图了解的深度和准确性。

④ 对引起风险的各种因素的合理预测及预测的准确性。

在分析和评价风险时，最重要的是坚持实事求是的态度，切忌偏颇之见。遇到风险不惊慌、不可怕，关键是能否在充分调查研究基础上作出正确分析和评价，从而找到避开和转移风险的措施和办法。

5. 风险的防范

(1) 风险回避 通常风险回避与签约前谈判有关，也可应用于项目实施过程中所做的决策。对于现实风险或致命风险多采取这种方式。

(2) 风险降低 亦称风险缓和，常采用3种措施：一是通过教育培训提高员工素质；二是对人员和财产提供保护措施；三是使项目实施时保持一致的系统。

(3) 风险转移 将风险因素转移给第三方，如保险转移。

(4) 风险自留 一些造成损失小、重复性高的风险适合自留。不是所有风险都可转移，或者说将某些风险转移是不经济的。在某些情况下，自留一部分风险也是合理的。

第四节 建筑装饰装修工程索赔

一、工程索赔概述

1. 索赔的定义

索赔是指在合同的实施过程中。合同一方因对方不履行或未能正确履行合同所规定的义务，或未能保证承诺的合同条件实现而遭受损失后，向对方提出的补偿要求。索赔是相互的、双向的。承包人也可以向发包人索赔，发包人也可以向承包人索赔。

2. 索赔的起因

① 发包人违约。包括发包人和工程师没有履行合同责任、没有正确地行使合同赋予的权力、工程管理失误、不按合同支付工程款等。

② 合同错误。如合同条文不全、错误、前后矛盾，设计图纸、技术规范错误等。

③ 合同变更。如双方签订新的变更协议、备忘录、修正案，发包人下达工程变更指令等。

④ 工程环境变化。包括法律、市场物价、货币兑换率、自然条件的变化等。

⑤ 不可抗力因素。如恶劣的气候条件、地震、洪水、战争状态、禁运等。

3. 索赔的分类

索赔贯穿工程项目全过程，发生范围比较广泛。一般有以下几种分类方法。

(1) 按索赔当事人分类

① 承包人与发包人之间索赔，其内容都是有关工程量计算、变更、工期、质量、价格方面的争议，也有中断或中止合同等其他行为的索赔。

② 承包人与分包人之间索赔，其内容与上一种相似，但大多数是分包人向总包人索要付款和赔偿、承包人向分包人罚款或扣留支付款。

③ 承包人与供贷人之间索赔，其内容多为产品质量、数量、交货时间、运输损坏等原因。

④ 承包人与保险人之间索赔，此类索赔多为承包人受到灾害、事故等。

(2) 按索赔事件的影响分类

① 工期拖延索赔。由于发包人未能按合同规定提供施工条件，如未及时交付设计图纸、技术资料、场地、道路等，或非承包人原因发包人指令停止工程实施，或其他不可抗力因素作用等原因，造成工程中断，或工程进度放慢，使工期拖延，承包人对此提出索赔。

② 不可预见的外部障碍或条件索赔。在施工期间，承包人在现场遇到一个有经验的承包人通常不能预见到的外界障碍或条件，如地质与预计的（与发包人提供的资料）不同，出

现未预见到的岩石、淤泥或地下水等提出的索赔。

③ 工程变更索赔。由于发包人或工程师指令修改设计、增加或减少工程量、增加或删除部分工程、修改实施计划、变更施工次序，造成工期延长和费用损失，承包人对此提出索赔。

④ 工程中止索赔。由于某种原因，如不可抗力因素影响、发包人违约，使工程被迫在竣工前停止实施并不再继续进行，使承包人蒙受经济损失，提出的索赔。

⑤ 其他索赔。如货币贬值、汇率变化、物价和工资上涨、政策法令变化、发包人推迟支付工程款等原因引起的索赔。

(3) 按索赔要求分类

① 工期索赔。要求发包人延长工期，推迟竣工日期。

② 费用索赔。要求发包人补偿费用损失，调整合同价格。

(4) 按索赔所依据的理由分类

① 合同内索赔。以合同条文作为依据，发生了合同规定给承包人以补偿的干扰事件，承包人根据合同规定提出索赔要求。这是最常见的索赔。

② 合同外索赔。指工程过程中发生的干扰事件的性质已经超过合同范围。在合同中找不出具体的依据，一般必须根据适用于合同关系的法律解决索赔问题。

③ 道义索赔。指由于承包人失误（如报价失误、环境调查失误等）或发生承包人应负责的风险而造成承包人重大的损失所进行的索赔。

(5) 按索赔的处理方式分类

① 单项索赔。单项索赔是针对某一干扰事件提出的。索赔的处理是在合同实施过程中，干扰事件发生时或发生后立即进行。它由合同管理人员处理，并在合同规定的索赔有效期内向发包人提交索赔意向书和索赔报告。

② 总索赔。又叫一揽子索赔或综合索赔。这是在国际工程中经常采用的索赔处理和解决方法。一般在工程竣工前，承包人将过程中未解决的单项索赔集中起来，提出一份总索赔报告。合同双方在工程交付前或交付后进行最终谈判，以一揽子方案解决索赔问题。

二、建设工程索赔成立的条件及施工项目索赔应具备的理由

1. 建设工程索赔成立的条件

① 与合同对照，事件已造成了承包人工程项目成本的额外支出或直接工期损失。

② 造成费用增加或工期损失的原因，按合同约定不属于承包人的行为责任或风险责任。

③ 承包人按合同规定的程序提交索赔意向通知和索赔报告。

2. 施工项目索赔应具备的理由

① 发包人违反合同，给承包人造成时间、费用的损失。

② 因工程变更（含设计变更、发包人提出的工程变更、监理工程师提出的工程变更，以及承包人提出并经监理工程师批准的变更）造成的时间、费用损失。

③ 由于监理工程师对合同文件的歧义解释、技术资料不确切，或由于不可抗力导致施工条件的改变，造成了时间、费用的增加。

④ 发包人提出提前完成项目或缩短工期而造成承包人的费用增加。

⑤ 发包人延误支付期限造成承包人的损失。

⑥ 合同规定以外的项目进行检验，且检验合格，或非承包人的原因导致项目缺陷的修复所发生的损失或费用。

⑦ 非承包人的原因导致工程暂时停工。

⑧ 物价上涨、法规变化及其他。

三、常见的建设工程索赔

1. 因合同文件引起的索赔

① 有关合同文件的组成问题引起的索赔。

② 关于合同文件有效性引起的索赔。

③ 因图纸或工程量表中的错误引起的索赔。

2. 有关工程施工的索赔

① 地质条件变化引起的索赔。

② 工程中人为障碍引起的索赔。

③ 增减工程量的索赔。

④ 各种额外的试验和检查费用偿付。

⑤ 工程质量要求的变更引起的索赔。

⑥ 关于变更命令有效期引起的索赔或拒绝。

⑦ 指定分包商违约或延误造成的索赔。

⑧ 其他有关施工的索赔。

3. 关于价款方面的索赔

① 关于价格调整方面的索赔。

② 关于货币贬值和严重经济失调导致的索赔。

③ 拖延支付工程款的索赔。

4. 关于工期的索赔

① 关于延展工期的索赔。

② 由于延误产生损失的索赔。

③ 赶工费用的索赔。

5. 特殊风险和人力不可抗拒灾害的索赔

特殊风险一般是指战争、敌对行动、入侵、核污染及冲击波破坏、叛乱、革命、暴动、军事政变或篡权、内战等；人力不可抗拒灾害主要指自然灾害。

6. 工程暂停、中止合同的索赔

① 施工过程中，工程师有权下令暂停工程或任何部分工程，只要这种暂停命令并非承包人违约或其他意外风险造成的，承包人不仅可以得到一切工期延展的权利，而且可以就其停工损失获得合理的额外费用补偿。

② 中止合同和暂停工程的意义是不同的。有些中止的合同是由于意外风险造成的损害十分严重，另一种中止合同是由“错误”引起的中止。例如，发包人认为承包人不能履约而中止合同，甚至从工地驱逐该承包人。

四、建设工程索赔的依据

1. 合同文件

合同文件是索赔的最主要依据。

2. 订立合同所依据的法律法规

(1) 适用法律和法规　建设工程合同文件适用国家的法律和行政法规。需要明示的法律、行政法规，由双方在《专用条款》中约定。

(2) 适用标准、规范　双方在《专用条款》内约定适用国家标准、规范的名称。

3. 相关证据

证据是指能证明案件事实的一切材料。在企业维护自身权利的过程中，根本的目的就是要明确对方的责任和自身的权利，减轻自己的责任，减少甚至消除对方的权利。这一切都必须依法进行。

工程索赔中的证据包括以下几种。

① 招标文件、合同文本及附件，其他的各种签约（备忘录、修正案等），发包人认可的工程实施计划，各种工程图纸（包括图纸修改指令），技术规范等。

② 来往信件，如发包人的变更指令，各种认可信、通知、对承包人问题的答复信等。

③ 各种会谈纪要。

④ 施工进度计划和实际施工进度。

⑤ 施工现场的工程文件。

⑥ 工程照片。

⑦ 气候报告。

⑧ 工程中的各种检查验收报告和各种技术鉴定报告。

⑨ 工地的交接记录、图纸和各种资料交接记录。

⑩ 建筑材料和设备的采购、订货、运输、进场，使用方面的记录、凭证和报表等。

⑪ 市场行情资料，包括市场价格、官方的物价指数、工资指数、中央银行的外汇比率等公布材料。

⑫ 各种会计核算资料。

⑬ 国家法律、法令、政策文件。

五、建设工程索赔的程序和索赔文件的编制方法

1. 索赔程序

（1）提出索赔要求　当出现索赔事项时，承包人以书面的索赔通知书形式，在索赔事项发生后的 28 天以内，向工程师正式提出索赔意向通知。

（2）报送索赔资料　在索赔通知书发出后的 28 天内，向工程师提出延长工期和（或）补偿经济损失的索赔报告及有关资料。

（3）工程师答复　工程师在收到承包送交的索赔报告有关资料后，于 28 天内给予答复，或要求承包人进一步补充索赔理由和证据。

（4）工程师逾期答复后果　工程师在收到承包人送交的索赔报告的有关资料后，28 天未予答复或未对承包人作进一步要求的，视为该项索赔已经认可。

（5）持续索赔　当索赔事件持续进行时，承包人应当阶段性地向工程师发出索赔意向，在索赔事件终了后 28 天内，向工程师送交索赔的有关资料和最终索赔报告。工程师应在 28 天内给予答复或要求承包人进一步补充索赔的理由和证据。逾期未答复，视为该项索赔成立。

（6）索赔的解决　对索赔的解决方法一般采用谈判、调解，当承包人和发包人不能接受时，即进入仲裁、诉讼程序。

2. 索赔文件的编制方法

（1）总述部分　概要论述索赔事项发生的日期和过程、承包人为该索赔事项付出的努力和附加开支、承包人的具体索赔要求。

（2）论证部分　论证部分是索赔报告的关键部分，其目的是说明自己有索赔权，是索赔能否成立的关键。

(3) 索赔款项（或工期）计算部分　如果说合同论证部分的任务是解决索赔权能否成立，那么款项计算则是为了解决能得多少款项。前者定性，后者定量。

(4) 证据部分　要注意引用的每个证据的效力或可信程度，对重要的证据资料最好附以文字说明或附以确认件。

六、建设工程的反索赔

1. 建设工程反索赔的概念

反索赔是相对索赔而言的，是对提出索赔的一方的反驳。发包人可以针对承包人的索赔进行反索赔，承包人也可以针对发包人的索赔进行反索赔。通常的反索赔主要是指发包人向承包人的反索赔。

2. 建设工程反索赔的特点

① 索赔与反索赔同时性。

② 技巧性强，处理不当将会引起诉讼。

③ 在反索赔时，发包人处于主动的、有利的地位，发包人在经工程师证明承包人违约后，可以直接从应付工程款中扣回款项，或从银行保函中得以补偿。

3. 发包人对承包人反索赔的内容

① 工程质量缺陷反索赔。

② 拖延工期反索赔。

③ 保留金的反索赔。

④ 发包人其他损失的反索赔。

复习思考题

一、名词解释

1. 索赔

2. 违约责任

3. 合同

4. 保证

二、填空题

1.《建设工程施工合同（示范文本）》(GF-1999-0201) 包括____________。

2. 承担违约责任的方式有____。

3. 担保的方式主要有____。

三、简答题

1. 按优先顺序写出组成合同的文件。

2. 简述风险管理的一般过程。

3. 简述建设工程索赔的一般程序。

第五章

建筑装饰装修工程项目施工组织设计

提要

本章讲述了建筑装饰装修工程项目施工组织设计的基本内容，重点掌握横道计划、网络计划的编排。

第一节　建筑装饰装修工程项目施工组织设计概述

一、建筑装饰装修工程项目施工组织设计的分类

施工组织设计是用来指导建筑装饰装修工程施工全过程中各项活动的技术、经济和组织的综合性文件。

施工组织设计是以施工项目为对象进行编制的。按承包工程的范围不同，施工组织设计可分为完整施工组织设计和阶段性施工组织设计。建筑装饰装修工程施工组织设计即为阶段性施工组织设计。若按照用途的不同，可分为投标用施工组织设计和施工用施工组织设计。两类施工组织设计的特点见表 5.1。

表 5.1　两类施工组织设计的特点

种　类	服务范围	编制时间	编　制　者	主要特性	主要目标
投标用施工组织设计	投标签约	投标书编制前	经营管理层	规划性	中标、经济效益
施工用施工组织设计	施工准备至验收	签约后，开工前	项目管理层	作业性	施工效率和效益

按照工程对象不同，又可分为施工组织总设计、单项（单位）工程施工组织设计和分部（分项）工程施工组织设计。

1. 施工组织总设计

施工组织总设计是以一个建设项目或建筑群为编制对象，用以指导其全过程各项施工活动的技术、经济、组织、协调和控制的综合性文件。它的编制范围广、内容概括性强，是对整个项目的施工进行战略部署。它是在项目初步设计或技术设计被批准并明确承包范围后，由施工总包单位的总工程师主持，会同业主、设计及施工分包单位的负责人共同编制。它是编制单项（单位）工程施工组织设计及年度施工计划的依据。

2. 单项（单位）工程施工组织设计

单项（单位）工程施工组织设计是以一个建筑物或其一个单位工程为对象进行编制，用以指导施工全过程各项施工活动的技术、经济、组织、协调和控制的综合性文件。它是施工组织总设计或年度施工计划的具体化。它的编制内容较详细，是对整个工程施工进行战术安

排。它是在签订工程合同后，由项目经理部的工程师负责组织有关技术、管理人员进行编制。它是编制分部（分项）工程施工组织设计和季（月）施工计划的依据。

3. 分部（分项）工程施工组织设计

分部（分项）工程施工组织设计是以一个较大的、难的、新的、复杂的分部工程或分项工程为对象进行编制，用以指导其各项施工活动的技术、经济、组织、协调和控制的综合性文件。它是单项（单位）工程施工组织设计的具体化，其编制内容更具体、针对性强。它是在编制单项（单位）工程施工组织设计的同时或之后，由分部或分项工程的主管技术人员或其分包单位负责编制。

二、施工组织设计的内容

由于施工组织设计的用途、类型不同，其内容也有所差异。

1. 指导工程施工用的施工组织设计的基本内容

（1）工程概况及特点分析　施工组织设计应首先对拟装工程的概况及特点进行调查分析并加以简述，以便明确工程任务的基本情况。其目的是使施工组织设计的编制者能“对症下药”，使审批者了解情况，使实施者心中有数。因此，这部分内容具有多方面的作用，不可忽视。

工程概况包括拟装工程的建筑、结构特点，工程规模及用途，建筑装饰装修的内容与特点，工程施工条件，施工力量，施工期限，资源供应情况，业主的具体要求等。

（2）施工方案　是根据对工程概况的分析，将人力、材料、机具、资金和施工方法等可变因素与时间、空间进行的优化组合。包括全面布置施工任务、安排施工顺序和施工流向、确定施工方法和施工机具。其选择过程是通过逐步逐项地比较、分析、评价，最后确定出最佳方案。

（3）施工进度计划　它是施工组织设计在时间上的体现。进度计划是组织与控制整个工程进展的依据，是施工组织设计中关键的内容。因此，施工进度计划的编制要采用先进的组织方法（如流水施工）、计划理论（如网络计划）以及计算方法（如各项时间参数、资源量、评价指标计算等），综合平衡进度设计，规定施工的步骤和时间，以期达到各项资源在时间上和空间上的合理使用，并满足既定的目标。

施工进度计划的编制包括划分施工过程、计算工程量、计算劳动量、确定人员配备和工作延续时间、编排进度计划及检查调整等工作。

（4）资源需要量计划　当进度计划确定后，可根据各施工过程的持续时间及所需资源量编制出劳动力、材料、加工品、机具等需要量计划。它是施工进度计划实现的保证，也是有关职能部门进行资源调配和供应的依据。

（5）施工平面布置图　它是施工组织设计在空间上的体现。它是本着合理利用现场空间的原则，以方便生产、有利生活、文明施工为目的，对投入的各项资源与工人生产、生活的活动场地进行合理安排。

（6）技术措施和主要技术经济指标　一项工程的完成，除了施工方案要选择得合理、进度计划要安排得科学之外，还必须采取各种有效的措施，以确保质量、安全并降低成本。所以，在施工组织设计中，应加强各种保证措施的制定，以便在贯彻施工组织设计时，目标明确、措施得当。

主要技术经济指标是对确定的施工方案、施工进度计划及施工平面图的技术经济效益进行全面的分析和评价，用以衡量组织施工的水平。一般用施工工期、全员劳动生产率、资源利用系数、质量、成本、安全、材料节约率等指标表示。

2. 投标用施工组织设计的内容

① 工程概况及招标要求。

② 施工部署（队伍状况、协作单位选择、施工顺序与流水组织）。

③ 施工方案及主要项目施工方法（方案选定过程与合理性、备用方案、施工机械选择、主要项目施工方法、关键部位的技术措施、季节性施工措施）。

④ 施工进度计划（工期对比分析、缩短措施、控制性施工进度表）。

⑤ 施工平面布置图（分阶段）。

⑥ 施工准备工作计划（障碍拆除、测量放线、临建搭设）。

⑦ 施工管理目标（工期目标，质量目标，安全、消防、节能、环保目标及措施）。

⑧ 其他（编制说明、需业主解决事项、对工程的建议以及资质、荣誉证书等）。

施工组织设计的内容，要根据施工组织设计的类型和工程的具体情况确定完整编写还是简单编写。对于工程规模大，构造复杂，技术要求高，采用新构造、新技术、新材料和新工艺的拟装工程项目，必须编制内容详尽的完整施工组织设计。对于工程规模小、构造简单、技术要求和工艺方法不复杂的拟装工程项目，则可以编制内容粗略的简单施工组织设计。一般仅包括施工方案、施工进度计划和施工总平面布置图等。

三、施工组织设计的作用

施工组织设计是建筑装饰装修工程施工前的必要准备工作之一，是合理组织施工和加强施工管理的一项重要措施。它对保质、保量、按时完成整个建筑装饰装修工程具有决定性的作用。

具体而言，建筑装饰装修工程施工组织设计的作用主要表现在以下几个方面。

① 实现科学管理的依据和保证。通过施工组织设计的编制，可以全面考虑拟装工程的各种具体施工条件，扬长避短地拟定合理的施工方案，确定施工顺序、施工方法、劳动组织，制定有效的技术组织措施，进行统筹安排并合理地拟定施工进度计划，保证工程按期投产或交付使用。

② 可检验、充实装饰装修设计方案。施工组织设计的编制为对拟装工程的设计方案在经济上的合理性、技术上的科学性和实施上的可能性进行论证提供了依据。

③ 编制施工计划的依据和实现施工计划的保证。施工计划是根据企业对装饰装修市场进行科学预测和获得工程的标的，结合本企业的具体情况，制定出的本企业不同时期应完成的生产计划和各项技术经济指标。施工组织设计是按具体的拟装工程对象编制的具有开竣工时间和进度安排及各项技术经济指标的文件。因此，施工组织设计与装饰装修企业的施工计划两者之间有着极为密切、不可分割的关系。施工组织设计是编制企业施工计划的基础，反过来，制定施工组织设计又应服从企业的施工计划。两者相辅相成、互为依据。同时，施工组织设计又是施工计划实现的重要保证。

④ 确定资源的供应与配置。施工组织设计所提出的各项资源需要量计划，直接为采购、供应工作提供了数据。施工企业可以提前掌握人力、材料和机具使用上的先后顺序，全面安排资源的供应与消耗。

⑤ 合理规划施工场地。施工组织设计对现场所作的规划与布置，可以合理地确定临时设施的数量、规模和用途以及临时设施、材料和机具在施工场地上的布置方案。为现场的文明施工创造了条件，并为现场管理提供了依据。

⑥ 保证施工准备的完成。通过施工组织设计的编制，可以预计施工过程中可能发生的各种情况，事先做好准备工作和预防工作，为施工企业实施施工准备工作计划提供依据。

⑦ 协调施工中的各种关系。通过对工程的部署、确定开展程序以及对进度、资源、现场的安排，可有效地协调各施工单位间、各工种间、各种资源间、空间布置与时间安排间的关系，使工程有条不紊地进行。

⑧ 进行生产管理的基础。建筑装饰装修产品的生产和其他工业产品的生产一样，都是按要求投入生产要素，通过一定的生产过程生产出成品。中间转换的过程离不开管理。装饰装修施工企业也是如此，从承担装饰装修工程任务开始，到竣工验收交付使用为止的全部施工过程的计划、组织和控制的投入与产出过程的管理，基础就是科学的施工组织设计。

⑨ 工程顺利实施的重要保证。通过编制施工组织设计，可充分考虑施工中可能遇到的困难与障碍，主动调整施工中的薄弱环节，事先予以解决或排除，从而提高施工的预见性，减少盲目性，使管理者和生产者做到心中有数，为实现最终目标提供了技术保证。

第二节　建筑装饰装修工程项目施工部署与施工方案

一、建筑装饰装修工程项目施工部署

施工部署是对整个项目的施工全局做出统筹规划和全面安排，主要解决影响整个项目全局的组织问题和技术问题。

施工部署由于项目的性质、规模、施工条件等不同，其内容也有所区别。主要包括项目经理部的组织结构和人员配备、确定项目开展程序、拟定主要项目施工方案、明确施工任务划分与组织安排、编制施工准备工作计划等。

1. 确定项目开展程序

根据建设项目总目标及项目总开展程序的要求，确定装饰装修工程分期分批施工的合理开展程序。在确定开展程序时，应主要考虑以下要点。

① 根据工期要求及结构施工进展状况，对各个单项工程实行分期分批施工。既有利于保证项目的总工期，又可在全局上实现施工的连续性和均衡性，减少暂设工程数量，降低工程成本。至于分几批施工，还应根据其使用功能、业主要求、装饰装修规模、资金情况，由甲、乙双方共同研究确定。

② 统筹安排各类施工项目，保证重点，兼顾其他，确保按期交付使用。按照各工程项目的重要程度和装饰装修复杂程度，优先安排的项目包括：甲方要求先期交付使用的项目，工程量大、构造复杂、施工难度大、所需工期长的项目，未被施工单位临时使用的项目。

③ 各个项目均应按照先结构管线，后装饰装修；先湿作业，后干作业的原则安排。

④ 要考虑季节对施工的影响。室外湿作业应避开冬季，油漆、裱糊要尽量避开冬雨季施工。

2. 拟定主要项目施工方案

主要项目通常是指工程量大、施工难度大、工期长，对整个建设项目的完成起关键作用的工程项目，或对全局有较大影响的分项工程。拟定主要工程项目施工方案的目的是为了进行技术和资源的准备工作，并利于对施工现场进行合理布局。其内容包括：对原有建筑物或新建结构基层的检验和处理方法，不同装饰装修部位的施工顺序、施工方法、施工机具及质量目标等。在确定施工方法时，要尽量扩大工厂化施工范围，努力提高机械施工程度，减轻

劳动强度，提高劳动生产率，保证项目质量，降低项目成本。

3. 施工任务划分与组织安排

在明确施工项目管理体制、机构的条件下，划分各参与施工单位的任务，明确总包与分包的关系，建立以装饰装修项目经理为核心的组织领导机构及职能部门，确定综合的和专业化的施工组织，明确各单位之间分工与协作关系，划分施工阶段，确定各分包单位分期分批的主攻项目和穿插项目。

4. 编制施工准备工作计划

施工准备工作是顺利完成装饰装修施工任务的保证和前提。应根据施工开展程序和主要项目施工方案，编制好全场性的施工准备工作计划。其主要内容包括以下几个方面。

① 确定场内外运输及施工用干道，水、电来源及其引入方案。

② 安排好生产和生活基地建设。

③ 落实装饰装修材料、加工品、构配件的货源和运输储存方式。

④ 组织新材料、新技术、新工艺试验和人员培训。

⑤ 编制各单位工程施工组织设计和研究制定施工技术措施等。

二、建筑装饰装修工程项目施工方案

施工方案是施工组织设计的核心部分。施工方案的设计包括确定施工开展程序、划分施工段、确定施工起点和流向、确定施工顺序、选择施工方法与施工机械等5方面内容。其合理与否直接关系到施工效率、质量、工期和技术经济效果，所以必须给予足够重视。

第三节 建筑装饰装修工程项目施工进度计划

一、单位工程施工进度计划的作用

单位工程施工进度计划是在既定施工方案的基础上，根据工期要求和资源供应条件，按照合理的施工顺序和组织施工的原则，对单位工程从开始施工到工程竣工的全部施工过程在时间上和空间上进行的合理安排。单位工程施工进度计划的作用是指导现场施工的安排、控制施工进度，以确保工程的工期，同时也是编制劳动力、机械及各种物资需要量计划和施工准备工作计划的依据。

根据工程规模大小、结构的复杂程度、工期长短及工程的实际需要，单位工程施工进度计划一般可分为控制性进度计划和指导性进度计划。

(1) 控制性进度计划　以单位工程或分部工程作为施工项目划分对象，用以控制各单位工程或分部工程的施工时间及它们之间互相配合、搭接关系的一种进度计划。常用于工程结构较为复杂、规模较大、工期较长或资源供应不落实、工程设计可能变化的工程。

(2) 指导性进度计划　以分部分项工程作为施工项目划分对象，具体确定各主要施工过程的施工时间及相互间搭接、配合的关系。对于任务具体而明确、施工条件基本落实、各种资源供应基本满足、施工工期不太长的工程均应编制指导性进度计划。对编制了控制性进度计划的单位工程，当各单位工程或分部工程及施工条件基本落实后，也应在施工前编制出指导性进度计划，不能以“控制”代替“指导”。

单位工程施工进度计划通常用横道图表或网络图两种形式表达。横道图表能较为形象直观地表达各施工过程的工程量、劳动量、使用工种、人（机）数、起始时间、延续时间及各施工过程间的搭接、配合关系。网络图能表示出各施工过程之间相互制约、相互依赖的逻辑

关系，能找出关键线路，能优化进度计划，更便于用计算机管理。

二、组织施工的方式

考虑工程项目的施工特点、工艺流程、资源利用、平面或空间布置等要求，其施工可以采用依次、平行、流水等组织方式。

【例 5-1】 现设有 4 幢相同的单层房屋，其编号分别为Ⅰ、Ⅱ、Ⅲ，拟进行装饰装修施工。每幢的装饰装修施工均可分解为抹灰、安塑钢门窗和刷涂料等 3 个施工过程。每个施工过程的施工天数均为 5 天，各工作队的人数分别为 15 人、8 人和 10 人。4 幢房屋装饰装修施工的不同组织方式如图 5.1 所示。

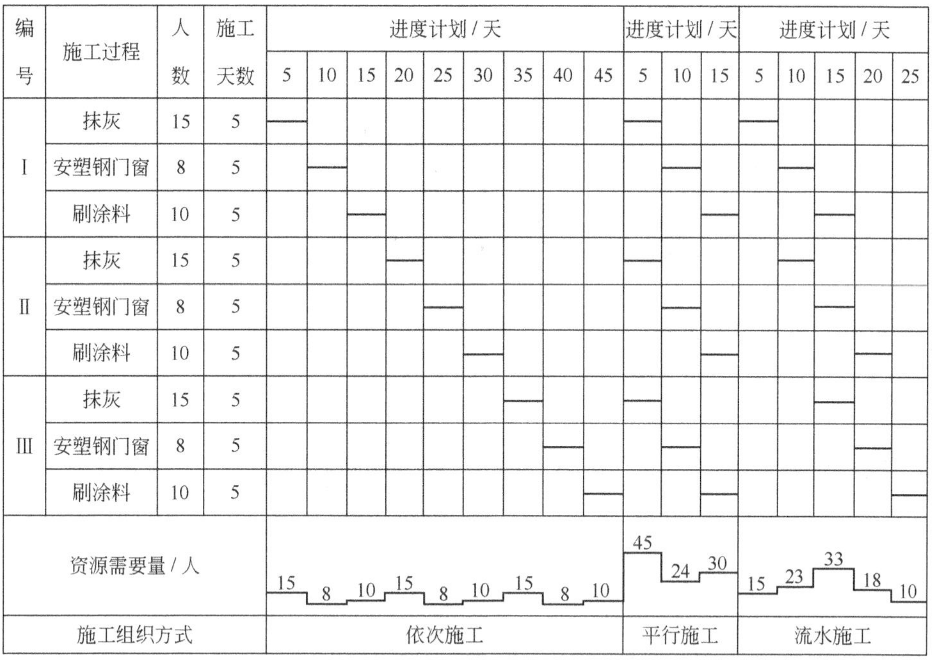

编号	施工过程	人数	施工天数	进度计划 / 天									进度计划 / 天			进度计划 / 天				
				5	10	15	20	25	30	35	40	45	5	10	15	5	10	15	20	25
Ⅰ	抹灰	15	5	—									—			—				
	安塑钢门窗	8	5		—									—			—			
	刷涂料	10	5			—									—			—		
Ⅱ	抹灰	15	5				—						—				—			
	安塑钢门窗	8	5					—						—				—		
	刷涂料	10	5						—						—				—	
Ⅲ	抹灰	15	5							—			—					—		
	安塑钢门窗	8	5								—			—					—	
	刷涂料	10	5									—			—					—
资源需要量 / 人				15	8	10	15	8	10	15	8	10	45	24	30	15	23	33	18	10
施工组织方式				依次施工									平行施工			流水施工				

图 5.1 4 幢房屋装饰装修施工组织方式

（1）依次施工 将拟建工程项目中的每一个施工对象分解为若干个施工过程，按施工工艺要求依次完成每一个施工过程。当一个施工对象完成后，再按同样的顺序完成下一个施工对象，依此类推，直至完成所有施工对象。这种方式的施工进度安排、劳动力需求曲线如图 5.1“依次施工”栏所示。

依次施工方式具有以下特点。

① 没有充分地利用工作面进行施工，工期长。

② 如果按专业成立工作队，则各专业队不能连续作业，有时间间歇，劳动力及施工机具等资源无法均衡使用。

③ 如果由一个工作队完成全部施工任务，则不能实现专业化施工，不利于提高劳动生产率和工程质量。

④ 单位时间内投入的劳动力、施工机具、材料等资源量较少，有利于资源供应的组织工作。

⑤ 施工现场的组织、管理比较简单。

（2）平行施工 是指组织几个劳动组织相同的工作队，在同一时间、不同的空间，按施工工艺要求完成各施工对象。这种方式的施工进度安排、劳动力需求曲线如图 5.1“平行施工”栏所示。

平行施工方式具有以下特点。

① 充分地利用工作面进行施工，工期短。

② 如果每一个施工对象均按专业成立工作队，则各专业队不能连续作业，劳动力及施工机具等资源无法均衡使用。

③ 如果由一个工作队完成一个施工对象的全部施工任务，则不能实现专业化施工，不利于提高劳动生产率和工程质量。

④ 单位时间内投入的劳动力、施工机具、材料等资源量成倍地增加，不利于资源供应的组织。

⑤ 施工现场的组织、管理比较复杂。

(3) 流水施工　将拟建工程项目中的每一个施工对象分解为若干个施工过程，并按照施工过程成立相应的专业工作队，各专业队按照施工顺序依次完成各个施工对象的施工过程，同时保证施工在时间和空间上连续、均衡和有节奏地进行，使相邻两专业队能最大限度地搭接作业。这种方式的施工进度安排、劳动力需求曲线如图 5.1“流水施工”栏所示。

流水施工方式具有以下特点。

① 尽可能地利用工作面进行施工，工期比较短。

② 各工作队实现了专业化施工，有利于提高技术水平和劳动生产率，也有利于提高工程质量。

③ 专业工作队能够连续施工，同时使相邻专业队的开工时间能够最大限度地搭接。

④ 单位时间内投入的劳动力、施工机具、材料等资源量较为均衡，有利于资源供应的组织工作。

⑤ 为施工现场的文明施工和科学管理创造了有利条件。

三、流水施工的技术经济效果

流水施工在工艺划分、时间排列和空间布置上统筹安排，必然会给相应的项目经理部带来显著的经济效果，具体可归纳为以下几点。

① 便于改善劳动组织，改进操作方法和施工机具，有利于提高劳动生产率。

② 专业化的生产可提高工人的技术水平，使工程质量相应提高。

③ 工人技术水平和劳动生产率的提高，可以减少用工量和施工暂设建造量，降低工程成本，提高利润水平。

④ 可以保证施工机械和劳动力得到充分、合理的利用。

⑤ 由于流水施工的连续性，减少了专业工作队的间隔时间，达到了缩短工期的目的，可使施工项目尽早竣工交付使用，实现投资效益。

⑥ 由于工期短、效率高、用人少、资源消耗均衡，可以减少现场管理费和物资消耗，实现合理储存与供应，有利于提高项目经理部的综合经济效益。

四、流水施工的分级和表达方式

(1) 流水施工的分级　根据流水施工的组织范围划分，流水施工通常可分为以下几种。

① 分项工程流水施工。分项工程流水施工也称为细部流水施工。它是指组织一个施工过程的流水施工是组织工程流水施工中范围最小的流水施工。

② 分部工程流水施工。分部工程流水施工也称为专业流水施工。它是一个分部工程内

各施工过程流水的工艺组合，是组织单位工程流水施工的基础。

③ 单位工程流水施工。单位工程流水施工也称为综合流水施工。它是分部工程流水的扩大和组合，是建立在分部工程流水基础上的。

④ 群体工程流水施工。群体工程流水施工也称为大流水施工。它是单位工程流水施工的扩大，是建立在单位工程流水施工基础上的。

(2) 流水施工的表达方式 流水施工的表达方式除网络图外，主要还有横道图和斜线图两种。

① 横道图。流水施工的横道图表达形式如图 5.1 所示，其左边列出各施工过程的名称，右边用水平线段在时间坐标上画出施工进度。

横道图表示法的优点是：绘图简单，施工过程及其先后顺序表达清楚，时间和空间状况形象直观，使用方便，因而被广泛用来表达施工进度计划。

② 斜线图。在斜线图中，左边列出各施工段，右边用斜线在时间坐标上画出施工进度，如图 5.2 所示。

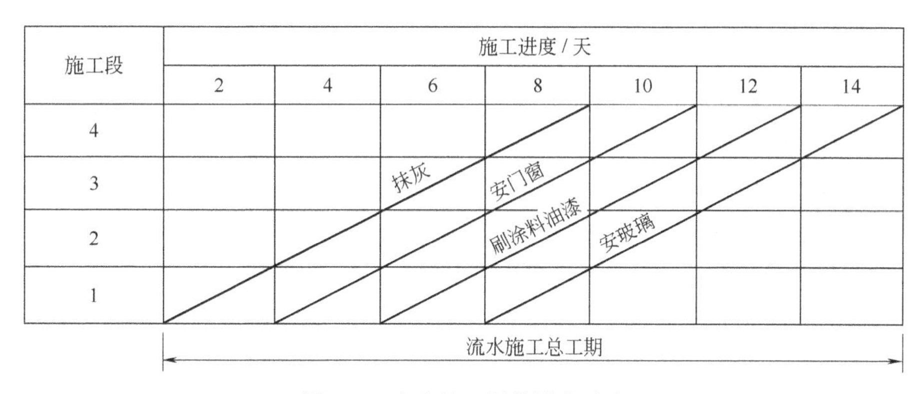

图 5.2 流水施工斜线图表示法

斜线图表示法的优点是：施工过程及其先后顺序表达清楚，时间和空间状况形象直观，斜向进度线的斜率可以直观地表示出各施工过程的进展速度。但是，编制实际工程进度计划不如横道图方便。

五、流水施工的主要参数

流水施工参数是指在组织流水施工时，为了表达流水施工在工艺流程、空间布置和时间排列等方面相互依存关系，引入一些描述施工进度计划特征的数据。按其性质不同，可分为工艺参数、空间参数和时间参数。

1. 工艺参数

工艺参数主要是指在组织流水施工时，用来表达流水施工在工艺流程、空间布置和时间排列等方面进展状态的参数。通常包括施工过程和流水强度两个参数。

(1) 施工过程 组织建设工程流水施工时，根据施工组织及计划安排需要将计划任务划分成的子项称为施工过程。施工过程划分的粗细程度由实际需要而定。当编制控制性施工进度计划时，组织流水施工的施工过程可以划分得粗一些，施工过程可以是单位工程，也可以是分部工程。当编制实施性施工进度计划时，施工过程可以划分得细一些，施工过程可以是分项工程，甚至是将分项工程按照专业工种不同分解而成的施工工序。

施工过程的数目一般用 n 表示，它是流水施工的主要参数之一。施工过程数的多少，应依据进度计划的类型、工程性质与复杂程度、施工方案、施工队（组）的组织形式等确定。在划分施工过程时，其数量不宜过多，应以主导施工过程为主，力求简洁。对于占用时间很少的施工过程可以忽略；对于工作量较小且由一个专业队组同时或连续施工的几个施工过程可合并为一项，以便于组织流水。

（2）流水强度　流水强度是指流水施工的某施工过程（专业工作队）在单位时间内所完成的工程量，也称为流水能力或生产能力。例如，抹灰施工过程的流水强度是指每工作班抹灰的平方数。流水强度可用式（5.1）计算求得。

$$V=\sum_{i=1}^{X}R_iS_i \tag{5.1}$$

式中　V——某施工过程（队）的流水强度；

R_i——投入该施工过程中的第 i 种资源量（施工机械台数或工人数）；

S_i——投入该施工过程中第 i 种资源的产量定额；

X——投入该施工过程中的资源种类数。

2. 空间参数

空间参数是指在组织流水施工时，用以表达流水施工在空间布置上开展状态的参数。通常包括工作面、施工段和施工层。

（1）工作面　指供某专业工种的工人或某种施工机械进行施工的活动空间。工作面的大小表明能安排施工人数或机械台数的多少。每个作业的工人或每台施工机械所需工作面的大小取决于单位时间内其完成的工程量和安全施工的要求。工作面确定的合理与否直接影响专业工作队的生产效率。因此，必须合理确定工作面。

（2）施工段　将施工对象在平面或空间上划分成若干个劳动量大致相等的施工段落，称为施工段或流水段。施工段的数目一般用 m 表示，它是流水施工的主要参数之一。

① 划分施工段的目的。划分施工段的目的就是为了组织流水施工。由于建设工程体形庞大，可以将其划分成若干个施工段，从而为组织流水施工提供足够的空间。在组织流水施工时，专业工作队完成一个施工段上的任务后，遵循施工组织顺序又到另一个施工段上作业，产生连续流动施工的效果。在一般情况下，一个施工段在同一时间内，只安排一个专业工作队施工，各专业工作队遵循施工工艺顺序依次投入作业，同一时间内在不同的施工段上平行施工，使流水施工均衡地进行。组织流水施工时，可以划分足够数量的施工段，充分利用工作面，避免窝工，尽可能缩短工期。

② 划分施工段的原则。施工段的数目要适当，太多则使每段的工作面过小，影响工作效率或不能充分利用人员和设备而影响工期；太少则难以流水，造成窝工。因此，为了使分段科学合理，应遵循同一专业工作队在各个施工段上的劳动量应大致相等，相差不宜超过15%，以便于组织等节奏流水。施工段的大小应使主要施工过程的工作队有足够的工作面，以保证施工效率和安全。分段的位置应有利于结构的整体性和建筑装饰装修的外观效果。分段时，应尽量利用沉降缝、伸缩缝、防震缝作为分段界线，或以独立的房间、装饰的分格、墙体的阴角等作为分段界线，以减少留搓，便于连接和修复。层段总数应不少于施工队组数。对于多层或高层建筑的装饰装修工程项目，既要划分施工层，又应在每一层划分施工段。层段数的多少应与同时进行的主要施工过程数相协调，即总的施工层段数应多于或等于同时施工的施工过程数或专业队组数，使施工能连续、均衡、有节奏地进行，并达到缩短工期的目的等。

③ 每层施工段数（m）与施工过程数（n）的关系。在多高层建筑中，装饰装修施工阶段有较多的施工空间，易于满足多个专业队组同时施工的工作面要求。有时甚至在平面上不分段，即将一个楼层作为一个施工段。如果上下层的施工过程之间相互干扰，则应使每层的施工段数多于或等于参与流水的施工过程数及施工队组数，即 $m \geqslant n$。举例如下。

【例 5-2】 一幢二层建筑的抹灰、刷涂料及楼地面工程，划分为抹灰、楼地面石材铺设两个施工过程，拟组织一个抹灰队和一个石工队进行流水施工。假设工作面足够，人员和机具数不变，现分析如下。

方案 1：　　$m=1\ (m<n)$

从图 5.3 可以看出，方案 1 由于不分段（即每个楼层为一段），在抹灰队完成二层顶板和墙面抹灰后，石工队进行该层楼面铺设。考虑到二层楼面施工的渗漏水会造成一层顶板过湿甚至滴水，使得一层顶墙不能进行抹灰施工，抹灰工只能停歇等待。当一层顶墙抹灰时，由于石工没有工作面而被迫停歇。两个队交替间歇，不但工期延长，而且出现大量的窝工现象。这在工程上一般是不允许的。

施工层	施工过程	施工进度															
		1	2	3	4	5	6	7	8	9	10	11	12	13	14	15	16
第二层	抹灰																
	铺地面																
第一层	抹灰																
	铺地面																

图 5.3　$m<n$ 时流水施工开展状况

方案 2：　　$m=2\ (m=n)$

从图 5.4 可以看出，方案 2 是将每层分为两个流水段，使得流水段数与施工过程数（或施工队组数）相等。在二层一段顶墙抹灰后，进行该段楼地面的铺设，随后进行一层一段顶墙抹灰，再进行该段地面的铺设。在工艺技术允许的情况下，既保证了每个专业工作队连续工作，又使得工作面不出现间歇，也大大缩短了工期。可见这是一个较为理想的方案。

施工层	施工过程	施工进度									
		1	2	3	4	5	6	7	8	9	10
第二层	抹灰	①		②							
	铺地面			①		②					
第一层	抹灰					①		②			
	铺地面							①		②	

图 5.4　$m=n$ 时流水施工开展状况

方案 3： $m=4\ (m>n)$

从图 5.5 可以看出，方案 3 是将每个楼层分为 4 个施工段。既满足了工艺、技术的要求，又保证了每个专业工作队连续作业。但在二层的每段楼面铺设后，都因为人员问题未能及时进行下层相应施工段的顶墙抹灰，即每段都出现了层间工作面间歇。这种工作面的间歇一般不会造成费用增加，而且在某些施工过程中可起到满足工艺要求、保证施工质量、利于成品保护的作用。因此，这种间歇不但是允许的，而且有时是必要的。

施工层	施工过程	施工进度								
		1	2	3	4	5	6	7	8	9
第二层	抹灰	①	②	③	④					
	铺地面		①	②	③	④				
第一层	抹灰					①	②	③	④	
	铺地面						①	②	③	④

图 5.5 $m>n$ 时流水施工开展状况

在本例中，方案 3（$m>n$）更有利于顶板抹灰的质量和施工的顺利进行。但应注意 m 值也不能过大，否则会造成材料、人员、机具过于集中，影响效率和效益，且易发生事故。

（3）施工层　在组织流水施工时，为了满足专业工种对施工工艺和操作高度的要求，将施工对象在竖向上划分为若干个操作层，此操作层就称为施工层，一般以 j 表示。

3. 时间参数

时间参数是指在组织流水施工时，用以表达流水施工在时间安排上所处状态的参数。主要包括流水节拍、流水步距、流水施工工期、平行搭接时间、技术间歇时间、组织间歇时间等。

（1）流水节拍　指在组织流水施工时，某个专业工作队在一个施工段上的施工时间。流水节拍一般用 t_i 来表示（$i=1,2,\cdots$）。

流水节拍是流水施工的主要参数之一，它表明流水施工的速度和节奏性。流水节拍小，其流水速度快，节奏感强。反之，则相反。流水节拍决定着单位时间的资源供应量，同时，流水节拍也是区别流水施工组织方式的特征参数。

同一施工过程的流水节拍，主要由所采用的施工方法、施工机械以及在工作面允许的前提下投入施工的工人数、机械台数和采用的工作班次等因素确定。有时，为了均衡施工和减少转移施工段时消耗的工时，可以适当调整流水节拍，其数值最好为半个班的整数倍。

流水节拍可分别按下列方法确定。

① 定额计算法。如果有定额标准，则可按式（5.2）或式（5.3）确定流水节拍。

$$t_i=\frac{Q_i}{S_iR_iN_i}=\frac{P_i}{R_iN_i} \tag{5.2}$$

或

$$t_i=\frac{Q_iH_i}{S_iR_iN_i}=\frac{P_i}{R_iN_i} \tag{5.3}$$

式中　t_i——某专业工作队在第 i 个施工段的流水节拍；

Q_i——某专业工作队在第 i 个施工段要完成的工程量或工作量；

S_i——某专业工作队的计划产量定额；

H_i——某专业工作队的计划时间定额；

P_i——某专业工作队在第 i 个施工段需要的劳动量或机械台班数量；

R_i——某专业工作队投入的人工数或机械台数；

N_i——某专业工作队的工作班次。

② 经验估算法。它是根据以往的施工经验，结合现有的施工条件进行估算。为了提高其准确程度，往往先估算出该流水节拍的最长、最短和正常（即最可能）3 种时间，然后据此求出的期望时间为某专业工作队在某施工段上的流水节拍。因此，本法也称为 3 种时间估算法。一般按式（5.4）进行计算。

$$t=\frac{a+4c+b}{6} \tag{5.4}$$

式中　t——某施工过程在某施工段上的流水节拍；

a——某施工过程在某施工段上的最短估算时间；

b——某施工过程在某施工段上的最长估算时间；

c——某施工过程在某施工段上的正常估算时间。

③ 工期计算法。对某些施工任务在规定日期内必须完成的工程项目，往往采用倒排进度法。首先，根据工期倒排进度，确定某施工过程的工作持续时间。然后，确定某施工过程在某施工段上的流水节拍。若同一施工过程的流水节拍不等，则用估算法；若流水节拍相等，则按式（5.5）进行计算。

$$t=\frac{T}{m} \tag{5.5}$$

式中　t——流水节拍；

T——某施工过程的工作持续时间；

m——某施工过程划分的施工段数。

（2）流水步距　在组织流水施工时，相邻两个专业工作队在保证施工顺序、满足连续施工、最大限度搭接保证工程质量要求的条件下，相继投入同一施工段施工的时间间隔。流水步距一般用 $K_{i,i+1}$ 表示，它是流水施工的基本参数之一。

流水步距的数目取决于参加流水的施工过程数。如果施工过程数为 n 个，则流水步距的总数为 $n-1$ 个。

流水步距的大小取决于相邻两个施工过程（或专业工作队）在各个施工段上的流水节拍及流水施工的组织方式。确定流水步距时，一般应满足以下基本要求。

① 流水步距要满足相邻两个专业工作队在施工顺序上的相互制约关系。

② 流水步距要保证各专业工作队都能连续作业。

③ 流水步距要保证相邻两个专业工作队在开工时间上最大限度地、合理地搭接。

④ 流水步距的确定要保证工程质量，满足安全生产。

根据以上基本要求，在不同的流水施工组织形式中，可以采用不同的方法确定流水步距。

（3）流水施工工期　指从第一个专业工作队投入流水施工开始，到最后一个专业工作队完成流水施工为止的整个持续时间。由于一项建设工程往往包含有许多流水组，故流水施工工期一般均不是整个工程的总工期，一般用 T 表示。

（4）平行搭接时间　在组织流水施工时，有时为了缩短工期，在工作面允许的条件下，如果前一个专业工作队完成部分施工任务后，能够提前为后一个专业工作队提供工作面，使后者提前进入前一个施工段，两者在同一施工段上平行搭接施工，则这个搭接的时间称为平行搭接时间，通常以 $C_{i,i+1}$ 表示。

(5) 技术间歇时间　在组织流水施工时，除要考虑相邻专业工作队之间的流水步距外，有时根据建筑材料或现浇构件等的工艺性质，还要考虑合理的工艺等待间歇时间，这个等待时间称为技术间歇时间，如楼地面湿作业后的养护时间、砂浆抹面和油漆面的干燥时间等。技术间歇时间以 $Z_{i,i+1}$ 表示。

(6) 组织间歇时间　在流水施工中，由于施工技术或施工组织的原因，造成的在流水步距以外增加的间歇时间，称为组织间歇时间。例如，墙体砌筑前的墙身位置弹线，施工人员、机械转移，回填土前地下管道检查验收等。组织间歇时间以 $G_{i,i+1}$ 表示。

六、流水施工的基本方式

流水施工方式根据流水施工节拍特征的不同，可分为有节奏流水施工、无节奏流水施工。有节奏流水施工又分为等节拍流水施工、异节拍流水施工。

1. 等节拍流水施工

等节拍流水施工是指同一施工过程在各施工段上的流水节拍都相等，并且不同施工过程之间的流水节拍也相等的一种流水施工方式，也称为全等节拍流水施工或同步距流水施工，其主要特点如下。

① 所有施工过程在各个施工段上的流水节拍均相等。

② 相邻施工过程的流水步距相等，且等于流水节拍，即

$$K_{1,2}=K_{2,3}=\cdots=K_{n-1,n}=K=t\text{（常数）}$$

③ 专业工作队数等于施工过程数。

④ 每个专业工作队都能够连续施工，施工段没有空闲。

计算步骤如下。

① 确定项目施工起点流向，分解施工过程。

② 确定施工顺序，划分施工段，$m=n$（无层间关系或无施工层时）。

③ 根据等节拍专业流水要求计算流水节拍数值。

④ 确定流水步距，$K=t$。

⑤ 计算流水施工的工期（不分施工层时），即

$$T=(m+n-1)t+\sum Z_{i,i+1}+\sum G_{i,i+1}-\sum C_{i,i+1} \tag{5.6}$$

式中　T——流水施工总工期；

m——施工段数；

n——施工过程数；

t——流水节拍；

i——施工过程编号，$1\leqslant i\leqslant n$；

$Z_{i,i+1}$——i 与 $i+1$ 两施工过程间的技术间歇时间；

$G_{i,i+1}$——i 与 $i+1$ 两施工过程间的组织间歇时间；

$C_{i,i+1}$——i 与 $i+1$ 两施工过程间的平行搭接时间。

⑥ 绘制流水施工进度计划。

【例 5-3】 某工程划分为 A、B、C、D 4 个施工过程，每个施工过程分为 4 个施工段，流水节拍均为 3 天，试组织全等节拍流水施工。

解：（1）确定流水步距

$$K=t=3\text{（天）}$$

（2）计算流水施工工期

$$T=(m+n-1)\ t=(4+4-1)\times 3=21\text{（天）}$$

（3）用横线图绘制流水施工进度计划，如图 5.6 所示。

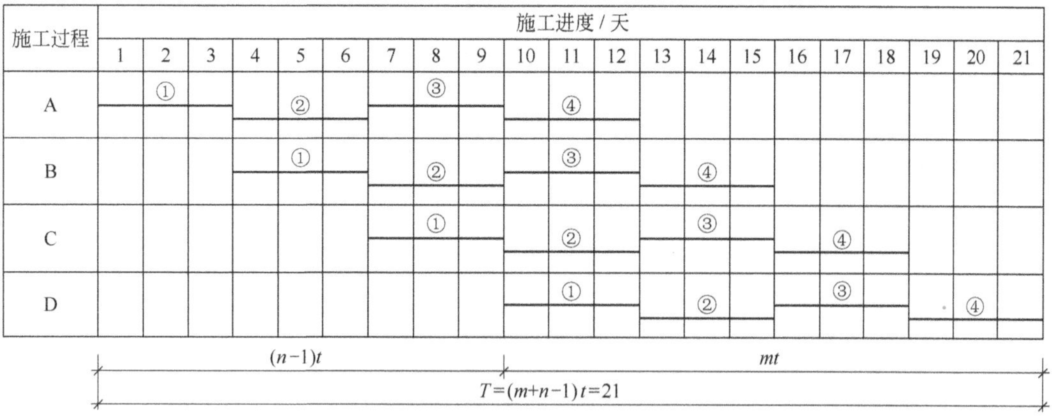

施工过程	施工进度/天																				
	1	2	3	4	5	6	7	8	9	10	11	12	13	14	15	16	17	18	19	20	21
A		①			②			③			④										
B					①			②			③			④							
C								①			②			③			④				
D											①			②			③			④	

$(n-1)t$　　mt

$T=(m+n-1)t=21$

图 5.6　全等节拍流水施工进度计划（横线图）

2. 异节拍流水施工

异节拍流水施工是指同一施工过程在各个施工段的流水节拍相等，不同施工过程之间的流水节拍不一定相等的流水施工方式。异节拍流水施工又可分为成倍节拍流水施工和不等节拍流水施工。

（1）成倍节拍流水施工　指同一施工过程在各个施工段的流水节拍相等，不同施工过程之间的流水节拍不完全相等，但各个施工过程的流水节拍均为其中最小流水节拍的整数倍的流水施工方式。其主要特点如下。

① 同一施工过程流水节拍相等，不同施工过程流水节拍等于或为其中最小流水节拍的整数倍。

② 各个施工段的流水步距等于其中最小的流水节拍。

③ 专业工作队数大于施工过程数。

④ 各个专业工作队在施工段上能够连续作业，施工段之间没有空闲时间。

计算步骤如下。

① 确定项目施工起点流向，分解施工过程。

② 确定施工顺序，划分施工段。

③ 根据成倍节拍专业流水要求计算流水节拍数值。

④ 按式（5.7）确定流水步距，即

$$K=t_{\min} \tag{5.7}$$

⑤ 按式（5.8）和式（5.9）确定专业工作队数，即

$$b_i=\frac{t_i}{t_{\min}} \tag{5.8}$$

$$n'=\sum b_i \tag{5.9}$$

式中　b_i——某施工过程所需专业工作队数；

t_{min}——所有流水节拍中最小流水节拍；

n'——专业工作队总数目。

⑥ 按式（5.10）计算流水施工的工期（不分施工层时），即

$$T=(m+n'-1)t_{min}+\sum Z_{i,i+1}+\sum G_{i,i+1}-\sum C_{i,i+1} \tag{5.10}$$

⑦ 绘制流水施工进度计划。

【例 5-4】 某分部有 A、B、C 3 个施工过程，$m=6$，流水节拍分别为：$t_A=2$ 天，$t_B=6$ 天，$t_C=4$ 天，试组织成倍节拍流水施工。

解：（1）确定流水步距

$$K=t_{min}=\min\{2,6,4\}=2(天)$$

（2）确定专业工作队数

$$b_A=\frac{t_A}{t_{min}}=\frac{2}{2}=1(个)$$

$$b_B=\frac{t_B}{t_{min}}=\frac{6}{2}=3(个)$$

$$b_C=\frac{t_C}{t_{min}}=\frac{4}{2}=2(个)$$

$$n'=\sum b_i=1+3+2=6(个)$$

（3）计算流水施工工期

$$T=(m+n'-1)t_{min}=(6+6-1)\times 2=22(天)$$

（4）用横线图绘制流水施工进度计划，如图 5.7 所示。

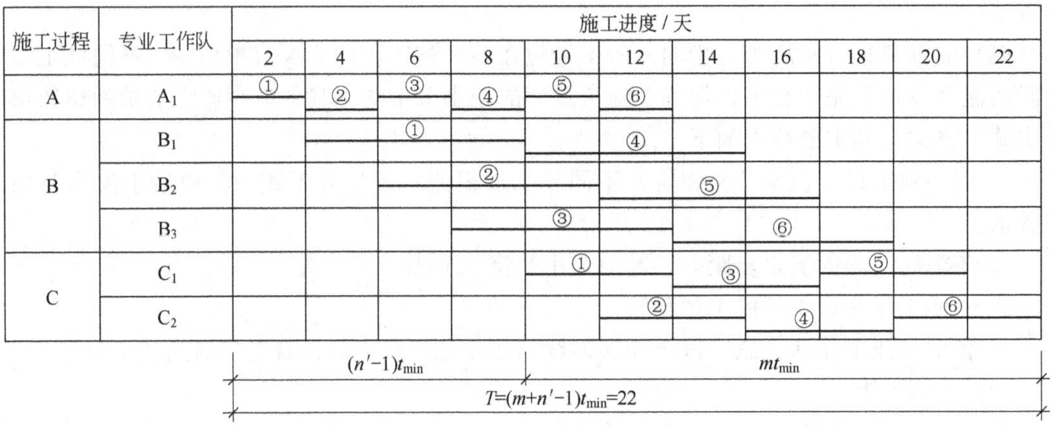

施工过程	专业工作队	施工进度 / 天										
		2	4	6	8	10	12	14	16	18	20	22
A	A_1	①	②	③	④	⑤	⑥					
B	B_1			①			④					
	B_2				②			⑤				
	B_3					③			⑥			
C	C_1					①		③		⑤		
	C_2						②		④		⑥	

$(n'-1)t_{min}$　　mt_{min}

$T=(m+n'-1)t_{min}=22$

图 5.7　成倍节拍流水施工进度计划（横线图）

（2）不等节拍流水施工　指同一施工过程在各个施工段的流水节拍相等，不同施工过程之间的流水节拍既不相等也不成倍的流水施工方式。

其主要特点如下。

① 同一施工过程流水节拍相等，不同施工过程流水节拍不相等。

② 各个施工过程之间的流水步距不一定相等。

③ 专业工作队数等于施工过程数。

计算步骤如下。

① 确定项目施工起点流向，分解施工过程。

② 确定施工顺序，划分施工段。

③ 根据不等节拍专业流水要求计算流水节拍数值。

④ 按式（5.11）确定流水步距，即

$$K_{i,i+1}=\begin{cases}t_i & (t_i \leqslant t_{i,i+1})\\ mt_i-(m-1)t_{i,i+1} & (t_i > t_{i,i+1})\end{cases} \tag{5.11}$$

式中 t_i——第 i 个施工过程的流水节拍；

$t_{i,i+1}$——第 $i+1$ 个施工过程的流水节拍。

⑤ 按式（5.12）计算流水施工工期（不分施工层时），即

$$T=\sum K_{i,i+1}+T_n+\sum Z_{i,i+1}+\sum G_{i,i+1}-\sum C_{i,i+1} \tag{5.12}$$

式中 $\sum K_{i,i+1}$——流水施工中各流水步距之和；

T_n——最后一个施工过程流水节拍的总和。

⑥ 绘制流水施工进度计划。

【例 5-5】 某工程划分为 A、B、C、D 4 个施工过程，分为 4 个施工段，各施工过程的流水节拍分别为：$t_A=3$ 天、$t_B=2$ 天、$t_C=4$ 天、$t_D=2$ 天。B 施工过程完成后需有 1 天的技术间歇时间。试求各施工过程之间的流水步距及该工程的工期。

解：（1）确定流水步距

因为 $t_A>t_B$

所以 $K_{A,B}=mt_A-(m-1)t_B=4\times3-(4-1)\times2=6$(天)

因为 $t_B<t_C$

所以 $K_{B,C}=t_B=2$（天）

因为 $t_C>t_D$

所以 $K_{C,D}=mt_C-(m-1)t_D=4\times4-(4-1)\times2=10$(天)

（2）计算流水施工工期

$$T=\sum K_{i,i+1}+T_n+\sum Z_{i,i+1}+\sum G_{i,i+1}-\sum C_{i,i+1}=(6+2+10)+(4\times2)+1=27(天)$$

（3）用横线图绘制流水施工进度计划，如图 5.8 所示。

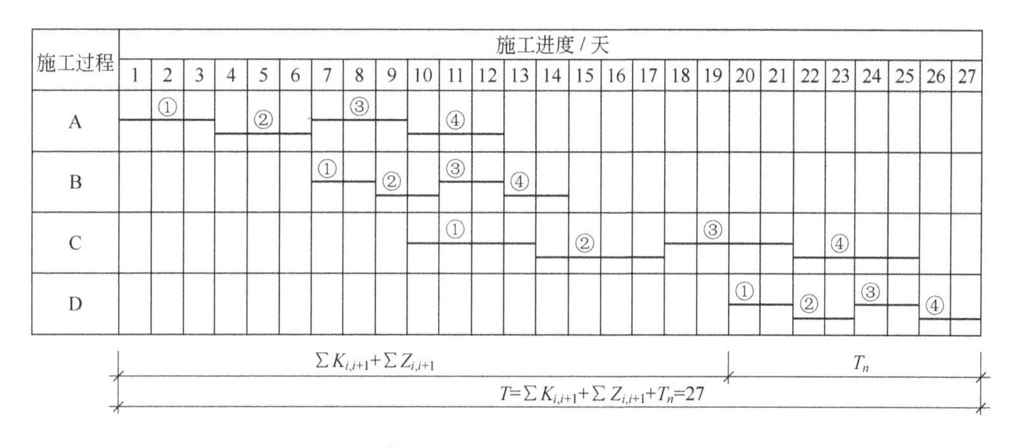

图 5.8 不等节拍流水施工进度计划（横线图）

3. 无节奏流水施工

无节奏流水施工是指各个施工过程的流水节拍均不完全相等的一种流水施工方式。在实际工程中，无节奏流水施工是较常见的一种流水施工方式，因为它不像有节奏流水那样有一

定的时间规律约束，在进度安排上比较灵活、自由。

（1）无节奏流水施工的特点

① 同一施工过程流水节拍不完全相等，不同施工过程流水节拍也不完全相等。

② 各个施工过程之间的流水步距不完全相等且差异较大。

③ 专业工作队数等于施工过程数。

④ 各专业工作队能够在施工段上连续作业，但有的施工段之间可能有空闲时间。

（2）无节奏流水施工计算步骤

① 确定项目施工起点流向，分解施工过程。

② 确定施工顺序，划分施工段。

③ 按相应的公式计算各施工过程在各个施工段上的流水节拍数值。

④ 确定流水步距。

无节奏流水施工中，通常采用累加数列错位相减取大差法计算流水步距。由于这种方法是潘特考夫斯基首先提出的，故又称为“潘特考夫斯基法”。

累加数列错位相减取大差法的基本步骤如下。

第一步：将每个施工过程的流水节拍逐段累加。

第二步：错位相减。即前一个专业工作队从加入流水起到完成该段工作止的持续时间和，减去后一个专业工作队从加入流水起到完成前一个施工段工作止的持续时间和（即相邻斜减），得到一组差数。

第三步：取上一步斜减差数中的最大值作为流水步距。

⑤ 按公式（5.13）计算流水施工工期（不分施工层时），即

$$T=\sum K_{i,i+1}+\sum t_n+\sum Z_{i,i+1}+\sum G_{i,i+1}-\sum C_{i,i+1} \tag{5.13}$$

式中 $\sum t_n$——最后一个施工过程（或专业工作队）在各施工段的流水节拍之和。

⑥ 绘制流水施工进度计划。

【例 5-6】 某分部工程流水节拍如表 5.2 所示，试计算流水步距和工期。

表 5.2 某分部工程流水节拍

施工过程	施工段			
	1	2	3	4
A	3	2	4	2
B	2	3	2	3
C	2	2	3	3
D	1	4	3	1

解：（1）确定流水步距

① $K_{A,B}$

$$\begin{array}{rrrrrr} & 3 & 5 & 9 & 11 & \\ - & & 2 & 5 & 7 & 10 \\ \hline & 3 & 3 & 4 & 4 & -10 \end{array}$$

所以 $K_{A,B}=\max\{3,3,4,4,-10\}=4$(天)

② $K_{B,C}$

$$\begin{array}{cccccc} 2 & 5 & 7 & 10 & & \\ - & & 2 & 4 & 7 & 10 \\ \hline & 2 & 3 & 3 & 3 & -10 \end{array}$$

所以 $K_{B,C}=\max\{2,3,3,3,-10\}=3$(天)

③ $K_{C,D}$

$$\begin{array}{cccccc} 2 & 4 & 7 & 10 & & \\ - & & 1 & 5 & 8 & 9 \\ \hline & 2 & 3 & 2 & 2 & -9 \end{array}$$

所以 $K_{C,D}=\max\{2,3,2,2,-9\}=3$(天)

(2) 计算流水施工工期

$$T=\sum K_{i,i+1}+\sum t_n=(4+3+3)+(1+4+3+1)=19(天)$$

(3) 用横线图绘制施工进度计划(图 5.9)

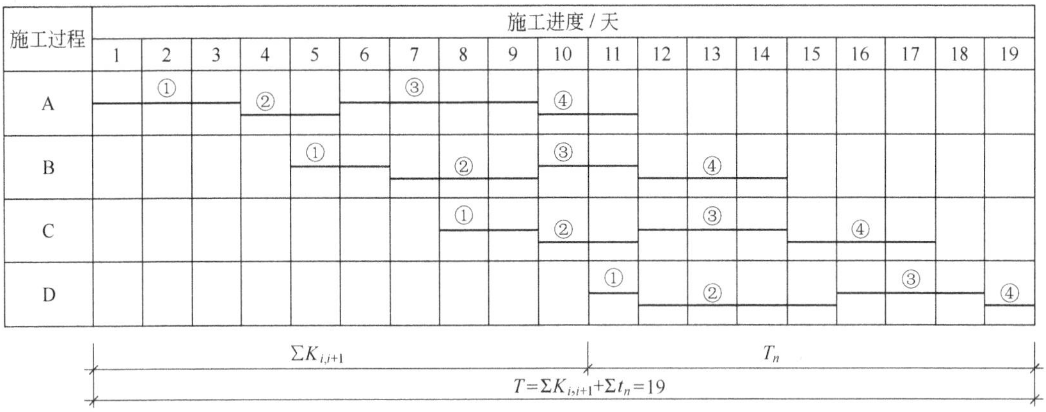

施工过程	施工进度/天																		
	1	2	3	4	5	6	7	8	9	10	11	12	13	14	15	16	17	18	19
A		①		②			③			④									
B					①			②		③			④						
C								①		②			③			④			
D											①		②				③		④

图 5.9 无节奏流水施工进度计划(横线图)

七、流水施工的具体应用

在建筑施工中,流水施工是一种行之有效的科学组织施工的计划方法。编制施工进度计划时应根据施工对象的特点,选择适当的流水施工方式组织施工,以保证施工的节奏性、均衡性和连续性。

在前面已阐述有节奏流水施工(全等节拍流水施工、成倍节拍流水施工、不等节拍流水施工)和无节奏流水施工方式。如何正确选用上述流水方式,需根据工程具体情况而定。通常的做法是将单位工程流水先分解为分部工程流水,然后根据分部工程的各施工过程劳动量的大小、专业工作队人数来选择流水施工方式。若分部工程的过程数目不多(3~5个),可以通过调整专业工作队人数使得各施工过程的流水节拍相等,从而采用全等节拍流水施工方式。这是一种最理想的流水施工方式。若分部工程的施工过程数目较多,要使其流水节拍相等较困难,因此,可考虑流水节拍的规律,分别选择成倍节拍、不等节拍、无节奏流水施工方式。

【例 5-7】 某6层教学楼建筑面积为 $2200m^2$,基础为钢筋混凝土条形基础,主体工程为现浇框架结构。装饰装修工程为铝合金窗、胶合板门,外墙用白色外墙砖贴面,内墙为中级抹灰,外加106涂料。其劳动量见表 5.3。

表 5.3 劳动量一览表

序号	项目	劳动量/工日	序号	项目	劳动量/工日
1	楼地面及楼梯水泥砂浆	720	7	卫生间瓷砖	60
2	天棚、墙面中级抹灰	960	8	油漆	72
3	天棚、墙面106涂料	72	9	玻璃	72
4	铝合金窗	120	10	室外工程	80
5	胶合板门	72	11	清理及修整	48
6	外墙面砖	578			

装饰装修工程包括楼地面、楼梯地面、天棚、内墙抹灰、106涂料、外墙面砖、铝合金窗、胶合板门、油漆等。由于装饰装修阶段施工过程多，组织固定节拍较困难。若每一层分为一段，共为6段。由于各施工过程劳动量不同，同时泥工需要量比较集中，所以采用异节拍流水施工。其流水节拍计算如下。

楼地面和楼梯地面合为一项，劳动量为720工日。施工作业队人数30人，一层为一段，$m=6$，采用一班制。其流水节拍计算如下。

$$t_{地面}=\frac{720}{30\times6}=4(天)$$

天棚和墙面抹灰合为一项，劳动量为960工日，施工作业队人数40人，一层为一段，$m=6$，采用一班制。其流水节拍计算如下。

$$t_{抹灰}=\frac{960}{40\times6}=4(天)$$

铝合金窗的劳动量为120工日，施工作业队人数10人，一层为一段，$m=6$，采用一班制。其流水节拍计算如下。

$$t_{铝合金窗}=\frac{120}{10\times6}=2(天)$$

胶合板门的劳动量为72工日，施工作业队人数6人，一层为一段，$m=6$，采用一班制。其流水节拍计算如下。

$$t_{胶合板门}=\frac{72}{6\times6}=2(天)$$

106涂料的劳动量为72工日，施工作业队人数6人，一层为一段，$m=6$，采用一班制。其流水节拍计算如下。

$$t_{涂料}=\frac{72}{6\times6}=2(天)$$

油漆的劳动量为72工日，施工作业队人数6人，一层为一段，$m=6$，采用一班制。其流水节拍计算如下。

$$t_{油漆}=\frac{72}{6\times6}=2(天)$$

玻璃的劳动量为72工日，施工作业队人数6人，一层为一段，$m=6$，采用一班制。其流水节拍计算如下。

$$t_{玻璃}=\frac{72}{6\times6}=2(天)$$

外墙面砖的劳动量为578工日，施工作业队人数25人，一层为一段，$m=6$，采用一班制。其流水节拍计算如下。

$$t_{外墙面砖}=\frac{578}{25\times6}=4(天)$$

卫生间瓷砖的劳动量为60工日，施工作业队人数5人，一层一段，$m=6$，采用一班制。其流水节拍计算如下。

$$t_{卫生间瓷砖}=\frac{60}{5\times6}=2(天)$$

劳动量、工种及人员安排、工作延续时间及节拍见表5.4。

表5.4　流水施工计算汇总表

序　号	项　　目	劳动量		人数/人	工作延续时间/天	流水节拍/天
		工种	工日			
1	楼地面、楼梯地面		720	30	24	4
2	天棚、墙面中级抹灰		960	40	24	4
3	外墙面砖		578	25	24	4
4	卫生间瓷砖		60	5	12	2
5	铝合金窗		120	10	12	2
6	胶合板门		72	6	12	2
7	天棚、墙面106涂料		72	6	12	2
8	油漆		72	6	12	2
9	玻璃		72	6	12	2
10	室外工程		80	10	8	
11	清理及修整		48	8	6	

建筑装饰装修工程采用自上而下的施工顺序。考虑技术间歇时间，在本例中，取4天。该工程流水施工进度计划如图5.10所示。

八、网络计划技术

为了适应生产发展和科技进步的要求，自20世纪50年代中期开始，国外陆续出现了一些用网络图形表达计划管理的新方法，如关键线路法（CPM）、计划评审技术（PERT）等。由于这些方法都建立在网络图的基础上，因此统称为网络计划方法。

随着计算机的普及与发展，各种项目计划管理软件如雨后春笋，网络计划方法已广泛地应用于各个部门、各个领域。特别是工程施工单位，无论是项目的招标投标，还是项目的实施与监督，在项目进度计划的编制、优化，施工进度的实施、控制、调整等各个方面都发挥着重要作用。

1. 网络计划

（1）网络计划的基本原理　首先，应用网络图形来表达一项计划中各项工作的开展顺序及其相互间的关系。然后，通过计算找出计划中的关键工作及关键线路。通过不断地改进网络计划，寻求最优方案，并付诸实施。最后，在执行过程中进行有效的控制和监督。

（2）网络计划的特点　我国长期以来一直是应用流水施工基本原理，采用横道图表的形式来编制工程项目施工进度计划。这种方式编制比较容易，绘图比较简单，排列整齐，表达形象直观，便于统计劳动力、材料及机具的需要量。但它在表现内容上有许多不足，不能全

序号	项目名称	人数/人	班制	持续天数/天
1	楼地面及楼梯水泥砂浆	30	1	24
2	天棚、墙面中级抹灰	40	1	24
3	外墙面砖	25	1	24
4	卫生间瓷砖	5	1	12
5	铝合金窗	10	1	12
6	胶合板门	6	1	12
7	天棚、墙面106涂料	6	1	12
8	油漆	6	1	12
9	玻璃	6	1	12
10	室外工程	10		8
11	清理及修正	8		6

高峰人数：84

平均人数：43

劳动力不均衡系数：1.95

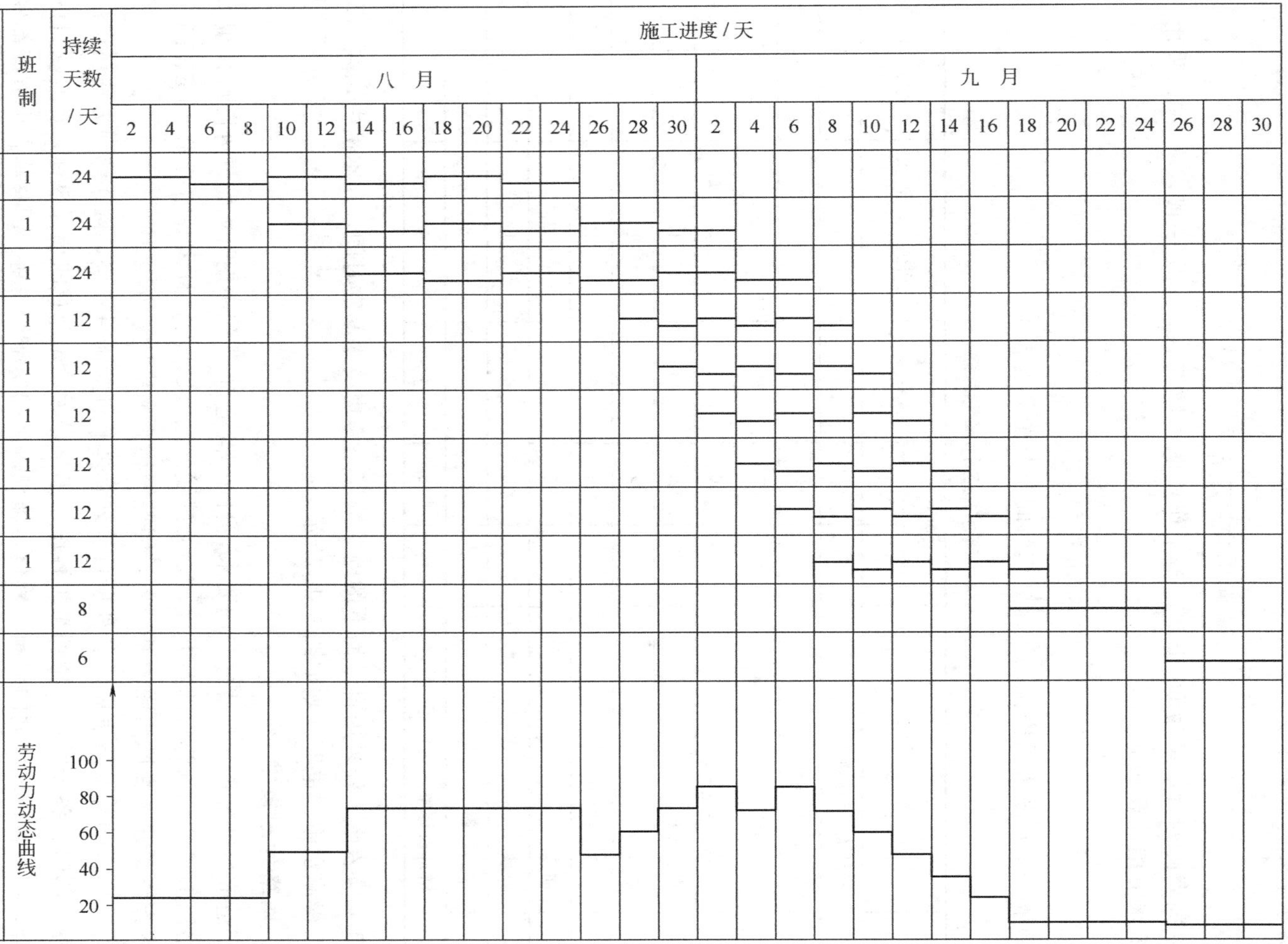

图5.10 某教学楼装饰工程流水施工进度计划

面、准确地反映出各项工作之间相互制约、相互联系、相互依赖的逻辑关系；不能反映出哪些工作是关键的，哪些工作不是关键的；难以在有限的资源下合理组织施工挖掘计划的潜力，更重要的是不能用计算机进行计算和优化。

网络计划是以箭线和节点组成的网状图形来表示的施工进度计划。其优点是：把施工过程中的各有关工作组成了一个有机的整体，能全面而明确地反映出各项工作之间的相互制约和相互依赖的关系；能进行各种时间参数的计算；能在工作繁多、错综复杂的计划中找出影响工程进度的关键工作和关键线路，便于管理人员抓住主要矛盾，确保工期，避免盲目施工；可以利用计算得出的某些工作的机动时间，更好地利用和调配物力，达到降低成本的目的；可以利用计算机对复杂的计划进行计算、调整与优化。它的缺点是：从图上很难清晰地反映出流水作业的情况；对一般的网络计划，不能利用叠加法计算各种资源需要量的变化情况。

(3) 网络计划的表达形式　网络计划的表达形式是网络图。网络图是由箭线和节点组成的有向、有序的网状图形。

(4) 网络计划的分类

① 按网络计划的时间表达划分。

根据网络计划时间的表达方法不同，网络计划可分为无时标网络计划和时标网络计划。无时标网络计划的各工作的持续时间用数字写在箭线的下面，箭线的长短与时间无关。时标网络计划是以横坐标为时间坐标，箭线的长度受时标的限制，箭线在时间坐标上的投影长度可直接反映工作的持续时间。

② 按网络计划的图形表达划分。

网络图按其所用符号的意义不同，可分为双代号网络计划图和单代号网络计划图。

a. 双代号网络计划图。

以箭线及其两端节点的编号表示工作的网络图称为双代号网络图。即用两个节点、一根箭线代表一项工作，工作名称写在箭线上面，工作持续时间写在箭线下面，在箭线的两端分别画上一个圆圈作为节点，并在节点内进行编号，用箭尾节点号码 i 和箭头节点号码 j 作为这个工作的代号，如图 5.11 所示。由双代号表示法构成的网络图称为双代号网络计划图，如图 5.12 所示。

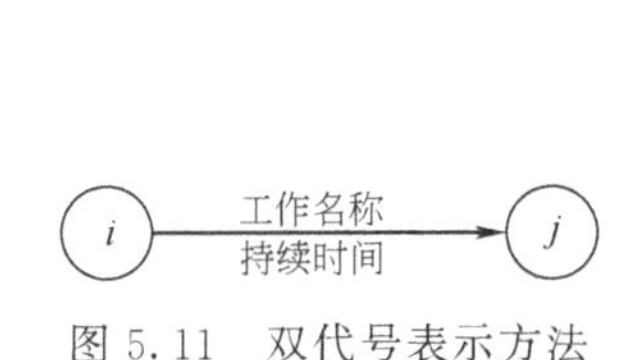

图 5.11　双代号表示方法

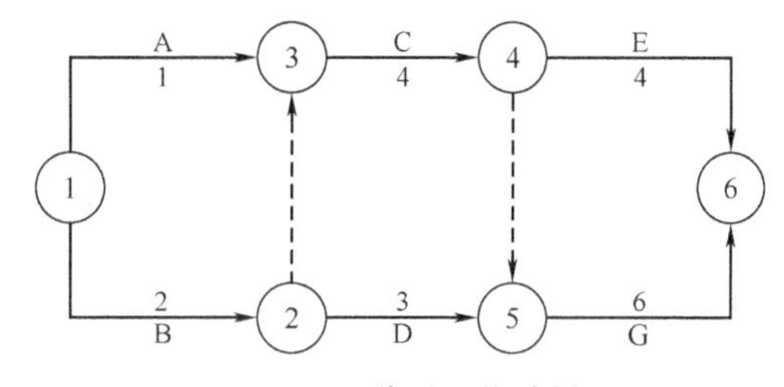

图 5.12　双代号网络计划图

b. 单代号网络计划图。

以节点及其编号表示工作，以箭线表示工作之间的逻辑关系的网络图称为单代号网络图。即每一个节点表示一项工作，节点所表示的工作名称、持续时间和工作代号等标注在节点内，如图 5.13 所示。由单代号表示法构成的网络图称为单代号网络计划图，如图 5.14 所示。

2. 双代号网络计划

图 5.13 单代号表示方法

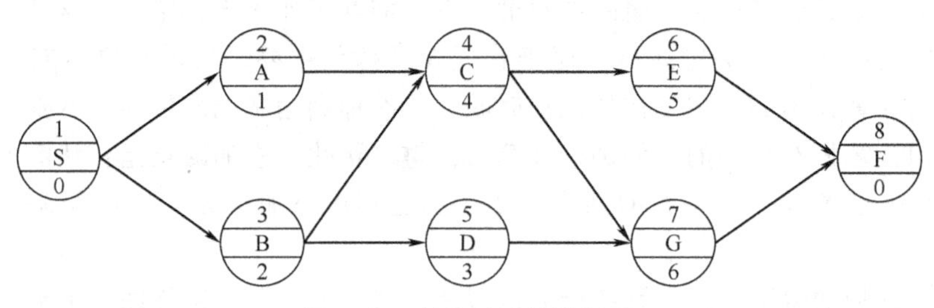

图 5.14 单代号网络计划图

(1) 双代号网络计划图的组成　双代号网络计划图由箭线、节点、线路 3 个基本要素组成。

① 箭线。

在双代号网络计划图中，一条箭线表示一项工作，又称工序、作业或活动。具体表示方法如图 5.15 所示。

图 5.15 双代号网络计划图实箭线表达内容示意图

工作可分为实际存在的工作和虚设工作。只表示相邻前后工作之间逻辑关系的工作通常称为“虚工作”，以虚箭线表示或在实箭线下标 0，如图 5.16 所示。

图 5.16 双代号网络计划图虚箭线的两种表示方法

② 节点。

在双代号网络计划图中，用圆圈表示的各箭线之间的连接点称为节点。节点表示前面工作结束和后面工作开始的瞬间。节点不需要消耗时间和资源。

根据节点在网络图中的位置不同可分为起点节点、终点节点、中间节点。起点节点是网络图中第一个节点，终点节点是网络图中最后一个节点。其余节点都称为中间节点。任何一个中间节点既是其紧前各工作的结束节点，又是其紧后各工作的开始节点，如图 5.17 所示。

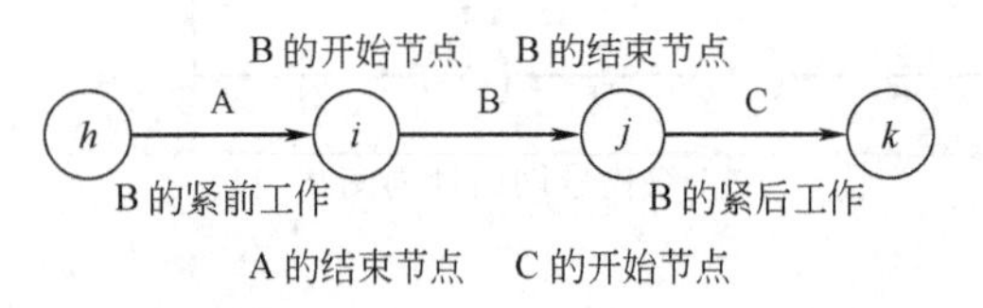

图 5.17 节点示意图

网络图中的每一个节点都要编号。编号的顺序是：从起点节点开始，依次向终点节点进行。编号的原则是：每一个箭线的箭尾节点代号 i 必须小于箭头节点代号 j（即 $i<j$）；所有节点的代号不能重复出现。

③ 线路。

线路是指从网络图的起点节点，顺着箭头所指方向，通过一系列的节点和箭线到达终点节点的通路。线路可依次用该通路上的节点代号来记述，也可以依次用该通路上的工作名称来记述。例如，图 5.12 所示网络的线路有如下几个。

第一线路：① → ③ → ④ → ⑥ (9 天)

第二线路：① → ③ → ④ → ⑤ → ⑥ (11 天)

第三线路：① → ② → ③ → ④ → ⑥ (10 天)

第四线路：① → ② → ③ → ④ → ⑤ → ⑥ (12 天)

每条线路都有自己确定的完成时间，它等于该线路上各项工作持续时间的总和，也是完成这条线路上所有工作的计划工期。其中，第四条线路耗时（12 天）最长，对整个工程的完工起着决定性的作用，称为关键线路；第二条线路（11 天）称为次关键线路；其余的线路称为非关键线路。处于关键线路上的各项工作称为关键工作。关键工作完成的快慢直接影响整个计划工期的实现。关键线路上的箭线常采用粗箭线、双箭线或彩色线表示。

在网络计划中，关键线路可能不止一条，而且在网络计划执行过程中，关键线路还会发生转移。

(2) 双代号网络计划图的绘制原则

① 网络图必须按照已定的逻辑关系绘制。由于网络图是有向、有序的网状图形，所以其必须严格按照工作之间的逻辑关系绘制，这也是为保证工程质量和资源优化配置及合理使用所必需的。这些关系是多种多样的，常见的几种表示方法见表 5.5。

表 5.5　网络图中各项工作逻辑关系表示方法

序号	工作之间的逻辑关系	网络图中表示方法	说　明
1	A、B 两项工作按照依次施工方式进行	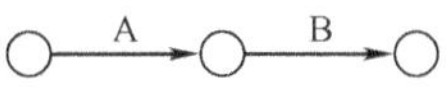 ○—A→○—B→○	B 工作依赖着 A 工作，A 工作约束着 B 工作开始
2	A、B、C 3 项工作同时开始工作	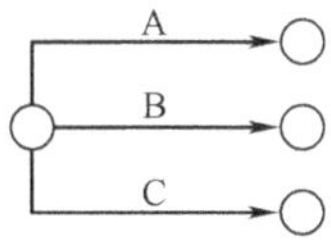 A、B、C 从同一节点出发	A、B、C 3 项工作称为平行工作
3	A、B、C 3 项工作同时结束	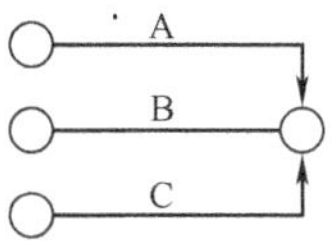 A、B、C 汇于同一节点	A、B、C 3 项工作称为平行工作
4	有 A、B、C 3 项工作。只有 A 完成后，B、C 才能开始	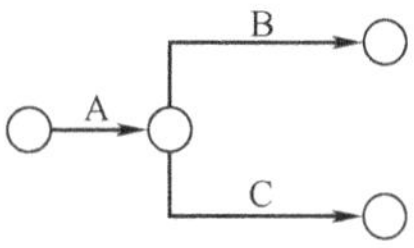 A 之后分出 B、C	A 工作制约着 B、C 工作的开始，B、C 为平行工作
5	有 A、B、C 3 项工作。C 工作只有在 A、B 完成后才能开始	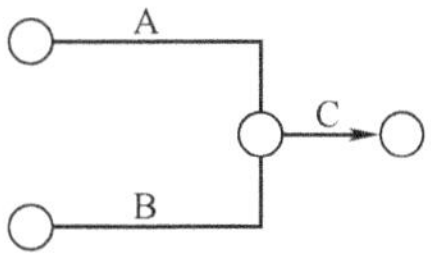 A、B 汇合后接 C	C 工作依赖着 A、B 工作，A、B 为平行工作
6	有 A、B、C、D 4 项工作。只有当 A、B 完成后，C、D 才能开始	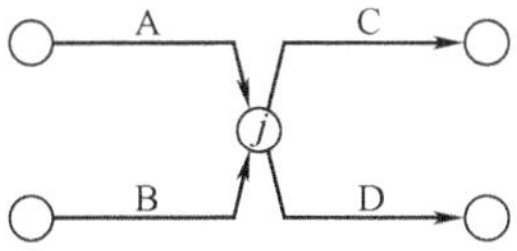 A、B 汇于节点 j 后分出 C、D	通过中间节点 j 正确地表达了 A、B、C、D 工作之间的关系

续表

序号	工作之间的逻辑关系	网络图中表示方法	说　明
7	有A、B、C、D 4项工作。A完成后C才能开始，A、B完成后D才能开始	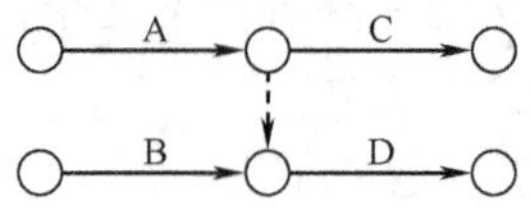	D与A之间引入了逻辑连接(虚工作)，只有这样才能正确地表达它们之间的约束关系
8	有A、B、C、D、E 5项工作。A、B完成后C才能开始，B、D完成后E才能开始	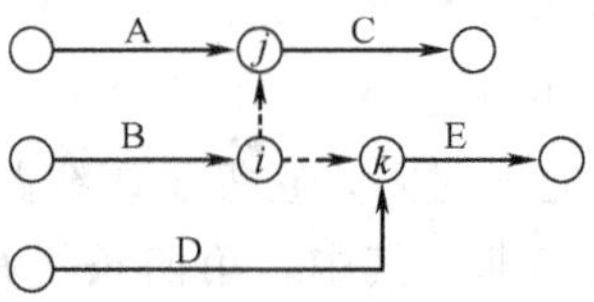	虚工作i、j反映出C工作受到B工作的约束，虚工作i、k反映出E工作受到B工作的约束
9	有A、B、C、D、E 5项工作。A、B、C完成后D才能开始，B、C完成后E才能开始	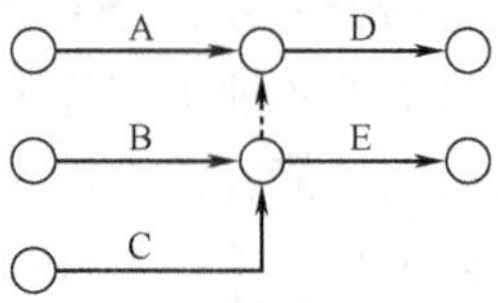	虚工作反映出D工作受到B、C工作的制约
10	A、B两项工作分3个施工段，平行施工	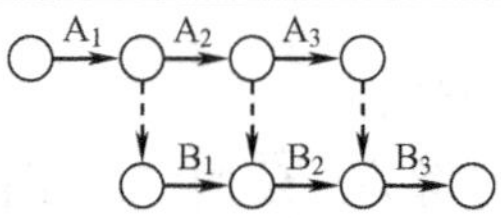	每个工种工程建立专业工作队，在每个施工段上进行流水作业，不同工种之间用逻辑搭接关系表示

② 网络图中应只有一个起点节点和一个终点节点（任务中部分工作需要分期完成的网络计划除外）。除网络图的起点节点和终点节点外，不允许出现没有外向箭线的节点和没有内向箭线的节点。图5.18所示网络图是错误的，它有两个起点节点①和②，两个终点节点⑥和⑧。

③ 网络图中严禁出现从一个节点出发，顺箭头方向又回到原出发点的循环回路。如果出现循环回路，会造成逻辑关系混乱，使工作无法按顺序进行。如图5.19所示，网络图中存在不允许出现的循环回路②→③→⑤→②。当然，此节点编号也发生错误。

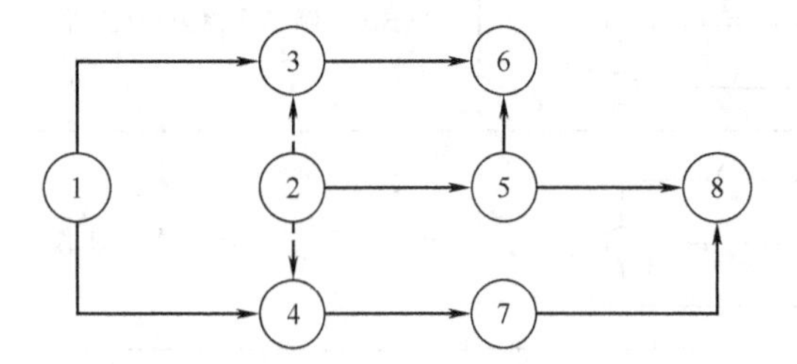

图5.18　存在多个起点节点和多个终点节点的错误网络图

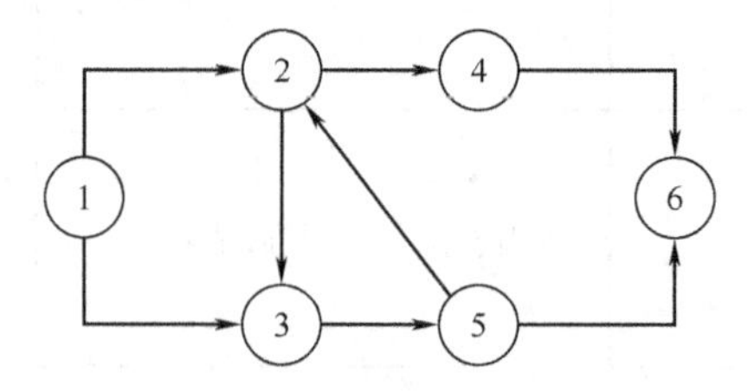

图5.19　存在循环回路的错误网络图

④ 在网络图中不允许出现重复编号的箭线。在图5.20（a）中，A、B、C 3项工作均用①→②代号表示是错误的，正确的表达如图5.20（b）或（c）所示。

⑤ 网络图中严禁出现没有箭尾节点的箭线和没有箭头节点的箭线。图5.21为错误的画法。

⑥ 网络图中严禁出现无指向箭头或有双向箭头的连线。在图5.22中，③→⑤连线无箭头，②→⑤连线有双向箭头，这些均是错误的。

⑦ 应尽量避免网络图中工作箭线的交叉。当交叉不可避免时，可以采用过桥法或指向法处理，如图5.23所示。

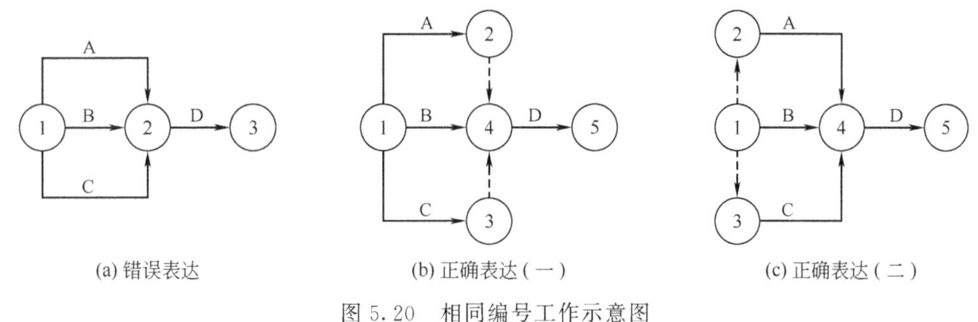

(a) 错误表达　　(b) 正确表达（一）　　(c) 正确表达（二）

图 5.20　相同编号工作示意图

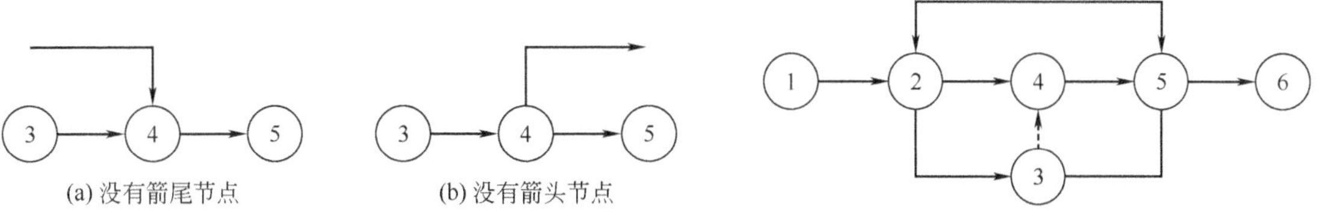

(a) 没有箭尾节点　　(b) 没有箭头节点

图 5.21　没有箭尾节点和没有箭头节点的错误网络图

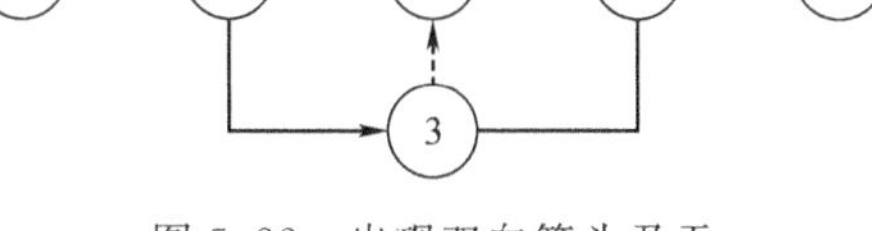

图 5.22　出现双向箭头及无箭头的错误网络图

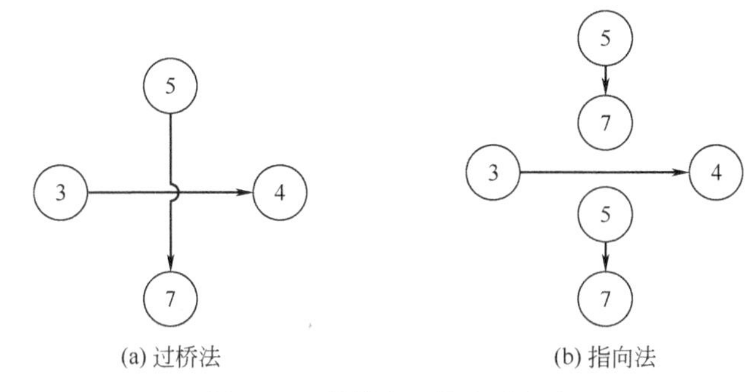

(a) 过桥法　　(b) 指向法

图 5.23　箭线交叉的表示方法

⑧ 在双代号网络计划图中，某些节点有多条外向箭线或多条内向箭线时，在保证一项工作有惟一一条箭线和对应一对节点编号的前提下，允许使用母线绘制。

以上是网络图的基本原则，在绘图时必须严格遵守。

（3）网络计划时间参数的计算　网络计划时间参数主要内容有：各个节点的最早时间和最迟时间，各项工作的最早开始时间、最早完成时间、最迟开始时间，最迟完成时间，各项工作的有关时差以及关键线路的持续时间。

设有线路 ⓗ→ⓘ→ⓙ→ⓚ，则 D_{i-j} 为 $i—j$ 工作的持续时间；ET_i 为 i 节点的最早时间；ET_j 为 j 节点的最早时间；LT_i 为 i 节点的最迟时间；LT_j 为 j 节点的最迟时间；ES_{i-j} 为 $i—j$ 工作的最早开始时间；LS_{i-j} 为 $i—j$ 工作的最迟开始时间；EF_{i-j} 为 $i—j$ 工作的最早完成时间；LF_{i-j} 为 $i—j$ 工作的最迟完成时间；TF_{i-j} 为 $i—j$ 工作的总时差；FF_{i-j} 为 $i—j$ 工作的自由时差。

时间参数的计算方法很多，本书仅介绍工作计算法和节点计算法。

① 工作计算法。

所谓工作计算法，就是以网络计划中的工作为对象，直接计算各项工作的时间参数。

下面以图 5.24 所示双代号网络计划为例，说明按工作计算法计算时间参数的过程。其

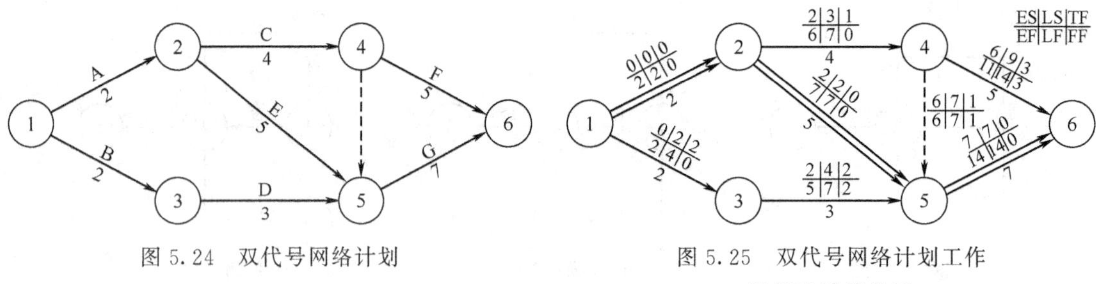

图 5.24 双代号网络计划

图 5.25 双代号网络计划工作计算法计算结果

计算结果如图 5.25 所示。

a. 计算工作的最早开始时间和最早完成时间。

工作最早开始时间是指各紧前工作全部完成后，本工作有可能开始的最早时刻。工作最早完成时间是指各紧前工作完成后，本工作有可能完成的最早时刻。

工作的最早开始时间和最早完成时间的计算应从网络计划的起点节点开始，顺着箭线方向依次进行。其计算步骤如下。

第一步：以网络计划起点节点为开始的工作，当未规定其最早开始时间时，其最早开始时间为零。例如，在本例中，工作 1—2 和工作 1—3 的最早开始时间都为零，即

$$ES_{1-2}=ES_{1-3}=0$$

第二步：工作最早完成时间可用式（5.14）进行计算。

$$EF_{i-j}=ES_{i-j}+D_{i-j} \tag{5.14}$$

例如，在本例中，工作 1—2 和 1—3 的最早完成时间分别为

$$EF_{1-2}=ES_{1-2}+D_{1-2}=0+2=2$$

$$EF_{1-3}=ES_{1-3}+D_{1-3}=0+2=2$$

第三步：其他工作最早开始时间应等于其紧前工作最早完成时间的最大值，即

$$ES_{i-j}=\max\{EF_{h-i}\}=\max\{ES_{h-i}+D_{h-i}\} \tag{5.15}$$

式中 EF_{h-i}——工作 $i-j$ 的紧前工作 $h-i$（非虚工作）的最早完成时间；

ES_{h-i}——工作 $i-j$ 的紧前工作 $h-i$（非虚工作）的最早开始时间。

例如，在本例中，工作 2—4、2—5、3—5 和 5—6 的最早开始时间分别为

$$ES_{2-4}=EF_{1-2}=2$$

$$ES_{2-5}=EF_{1-2}=2$$

$$ES_{3-5}=EF_{1-3}=2$$

$$ES_{5-6}=\max\{EF_{2-5},EF_{3-5},EF_{4-5}\}=\max\{7,5,6\}=7$$

b. 确定网络计划的计划工期。

网络计划的工期泛指完成工程任务所需的施工时间，分为计算工期、要求工期和计划工期 3 种。

(a) 计算工期是指根据网络计划时间参数计算而得到的工期，用 T_c 表示。可按式（5.16）计算。

$$T_c=\max\{EF_{i-n}\} \tag{5.16}$$

式中 EF_{i-n}——以终点节点（$j=n$）为箭头节点的工作 $i-n$ 的最早完成时间。

(b) 要求工期是指任务委托人所提出的指令性工期，用 T_r 表示。

(c) 计划工期是指按要求工期和计算工期确定的作为实施目标的工期，用 T_p 表示。可

按式（5.17）或式（5.18）计算。

当规定了要求工期时，计划工期不应超过要求工期，即

$$T_p \leqslant T_r \tag{5.17}$$

当未规定要求工期时，可令计划工期等于计算工期，即

$$T_p = T_c \tag{5.18}$$

在本例中，假设未规定要求工期，则其计划工期就等于计算工期，即

$$T_p = T_c = 14$$

c. 计算工作的最迟完成时间和最迟开始时间。

工作的最迟完成时间是指在不影响整个任务按期完成的前提下，工作必须完成的最迟时刻。工作的最迟开始时间是指在不影响整个任务按期完成的前提下，工作必须开始的最迟时刻。

工作最迟完成时间和工作的最迟开始时间的计算应从网络计划的终点节点开始，逆着箭线方向依次进行。其计算步骤如下。

第一步：以网络计划终点节点为完成节点的工作，其最迟完成时间等于网络计划的计划工期，即

$$\mathrm{LF}_{i-n} = T_p \tag{5.19}$$

式中 LF_{i-n}——以网络计划终点节点 n 为完成节点的工作的最迟完成时间。

例如，在本例中，工作 4—6 和 5—6 的最迟完成时间为

$$\mathrm{LF}_{4-6} = \mathrm{LF}_{5-6} = T_p = 14$$

第二步：工作的最迟开始时间可用式（5.20）进行计算。

$$\mathrm{LS}_{i-j} = \mathrm{LF}_{i-j} - D_{i-j} \tag{5.20}$$

例如，在本例中，工作 4—6 和 5—6 的最迟开始时间分别为

$$\mathrm{LS}_{4-6} = \mathrm{LF}_{4-6} - D_{4-6} = 14 - 5 = 9$$

$$\mathrm{LS}_{5-6} = \mathrm{LF}_{5-6} - D_{5-6} = 14 - 7 = 7$$

第三步：其他工作的最迟完成时间应等于其紧后工作最迟开始时间的最小值，即

$$\mathrm{LF}_{i-j} = \min\{\mathrm{LS}_{j-k}\} = \min\{\mathrm{LF}_{j-k} - D_{j-k}\} \tag{5.21}$$

式中 LS_{j-k}——工作 i—j 的紧后工作 j—k（非虚工作）的最迟开始时间；

LF_{j-k}——工作 i—j 的紧后工作 j—k（非虚工作）的最迟完成时间；

D_{j-k}——工作 i—j 的紧后工作 j—k（非虚工作）的持续时间。

例如，在本例中，工作 2—4 和工作 3—5 的最迟完成时间分别为

$$\mathrm{LF}_{2-4} = \min\{\mathrm{LS}_{4-6}, \mathrm{LS}_{5-6}\} = \min\{9, 7\} = 7$$

$$\mathrm{LF}_{3-5} = \mathrm{LS}_{5-6} = 7$$

d. 计算工作的总时差。

工作总时差是指在不影响总工期的前提下，本工作可以利用的机动时间。该时间应按式（5.22）或式（5.23）计算。

$$\mathrm{TF}_{i-j} = \mathrm{LF}_{i-j} - \mathrm{EF}_{i-j} \tag{5.22}$$

$$\mathrm{TF}_{i-j} = \mathrm{LS}_{i-j} - \mathrm{ES}_{i-j} \tag{5.23}$$

例如，在本例中，工作 3—5 的总时差为

$$\mathrm{TF}_{3-5} = \mathrm{LF}_{3-5} - \mathrm{EF}_{3-5} = 7 - 5 = 2$$

或

$$TF_{3-5}=LS_{3-5}-ES_{3-5}=4-2=2$$

e. 计算工作的自由时差。

工作自由时差是指在不影响其紧后工作最早开始时间的前提下，本工作可以利用的机动时间。该时间应按式（5.24）或式（5.25）计算。

对于有紧后工作的工作，其自由时差等于本工作之紧后工作最早开始时间减本工作最早完成时间所得之差的最小值，即

$$FF_{i-j}=\min\{ES_{j-k}-EF_{i-j}\}=\min\{ES_{j-k}-ES_{i-j}-D_{i-j}\} \tag{5.24}$$

式中　ES_{j-k}——工作 $i—j$ 的紧后工作 $j—k$（非虚工作）的最早开始时间。

例如，在本例中，工作 1—3 和 2—4 的自由时差分别为

$$FF_{1-3}=ES_{3-6}-EF_{1-3}=2-2=0$$

$$FF_{2-4}=\min\{ES_{5-6}-EF_{2-4},ES_{4-6}-EF_{2-4}\}$$
$$=\min\{7-6,6-6\}=0$$

对于无紧后工作的工作，也就是以网络计划终点节点为完成节点的工作，其自由时差等于计划工期与本工作最早完成时间之差，即

$$FF_{i-n}=T_p-EF_{i-n}=T_p-ES_{i-n}-D_{i-n} \tag{5.25}$$

式中　FF_{i-n}——以网络计划终点节点 n 为完成节点的工作 $i—n$ 的自由时差；

ES_{i-n}——以网络计划终点节点 n 为完成节点的工作 $i—n$ 的最早开始时间；

D_{i-n}——以网络计划终点节点 n 为完成节点的工作 $i—n$ 的持续时间。

例如，在本例中，工作 4—6 和 5—6 的自由时差分别为

$$FF_{4-6}=T_p-EF_{4-6}=14-11=3$$

$$FF_{5-6}=T_p-EF_{5-6}=14-14=0$$

f. 确定关键工作和关键线路。

在网络计划中，总时差最小的工作为关键工作。特别地，当网络计划的计划工期等于计算工期时，总时差为零的工作就是关键工作。例如，在本例中，工作 1—2，2—5 和 5—6 的总时差均为零，故它们都是关键工作。

从起点节点到终点节点全部由关键工作组成的线路为关键线路。关键线路一般用粗线、双线箭线标出，也可以用彩色箭线标出。例如，在本例中，①→②→⑤→⑥ 即为关键线路。

② 节点计算法。

所谓节点计算法，就是先计算网络计划中各个节点的最早时间和最迟时间，然后再计算各项工作的时间参数和网络计划的计算工期。

下面仍以图 5.24 所示双代号网络计划为例，说明按节点计算法计算时间参数的过程。其计算结果如图 5.26 所示。

a. 计算节点的最早时间。

节点最早时间是指双代号网络计划中，以该节点为开始节点的各项工作的最早开始时间。

节点最早时间的计算应从网络计划的起点节点开始，顺着箭线方向依次进行。其计算步骤如下。

第一步：网络计划起点节点，如未规定最早时间时，其值应等零。例如，在本例中，起

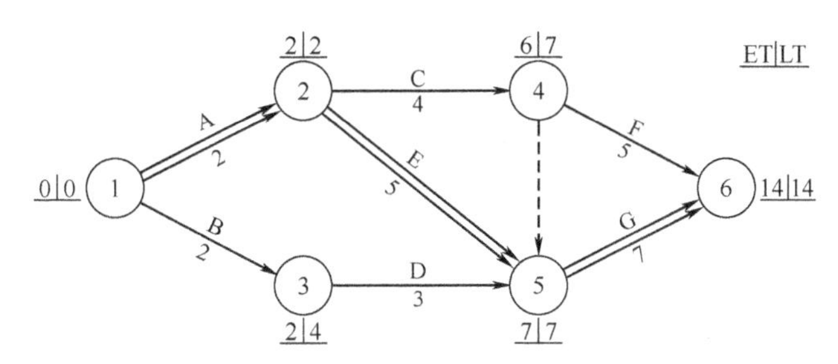

图 5.26 双代号网络计划节点计算法计算结果

点节点最早时间为零，即

$$\mathrm{ET}_1=0$$

第二步：其他节点的最早时间应按公式（5.26）进行计算。

$$\mathrm{ET}_j=\max\{\mathrm{ET}_i+D_{i-j}\} \tag{5.26}$$

例如，在本例中，节点 ② 和节点 ⑤ 的最早时间分别为

$$\mathrm{ET}_2=\mathrm{ET}_1+D_{1-2}=0+2=2$$

$$\begin{aligned}\mathrm{ET}_5&=\max\{\mathrm{ET}_2+D_{2-5},\mathrm{ET}_3+D_{3-5},\mathrm{ET}_4+D_{4-5}\}\\&=\max\{2+5,2+3,6+0\}=7\end{aligned}$$

第三步：网络计划的计算工期等于网络计划终点节点的最早时间，即

$$T_c=\mathrm{ET}_n \tag{5.27}$$

式中 ET_n——网络计划终点节点 n 的最早时间。

例如，在本例中，其计算工期为

$$T_c=\mathrm{ET}_6=14$$

b. 确定网络计划的计划工期。

网络计划工期 T_p 的确定与工作计算法相同。

c. 计算节点最迟时间。

节点最迟时间是指双代号网络计划中，以该节点为完成节点的各项工作的最迟完成时间。

节点最迟时间的计算应从网络计划的终点节点开始，逆着箭线方向依次进行。其计算步骤如下。

第一步：网络计划终点节点的最迟时间等于网络计划的计划工期，即

$$\mathrm{LT}_n=T_p \tag{5.28}$$

式中 LT_n——网络计划终点节点 n 的最迟时间。

例如，在本例中，终节点 ⑥ 的最迟时间为

$$\mathrm{LT}_6=T_p=14$$

第二步：其他节点的最迟时间应按公式（5.29）进行计算。

$$\mathrm{LT}_i=\min\{\mathrm{LT}_i-D_{i-j}\} \tag{5.29}$$

例如，在本例中，节点 ② 的最迟时间为

$$\begin{aligned}\mathrm{LT}_2&=\min\{\mathrm{LT}_4-D_{2-4},\mathrm{LT}_5-D_{2-5}\}\\&=\min\{7-4,7-5\}=2\end{aligned}$$

d. 工作时间参数的计算。

工作的最早开始时间等于该工作开始节点的最早时间，即

$$ES_{i-j}=ET_i \tag{5.30}$$

例如，在本例中，工作1—2和2—5的最早开始时间分别为

$$ES_{1-2}=ET_1=0$$

$$ES_{2-5}=ET_2=2$$

工作的最早完成时间等于该工作开始节点的最早时间与其持续时间之和，即

$$EF_{i-j}=ET_i+D_{i-j} \tag{5.31}$$

例如，在本例中，工作1—2和2—5的最早完成时间分别为

$$EF_{1-2}=ET_1+D_{1-2}=0+2=2$$

$$EF_{2-5}=ET_2+D_{2-5}=2+5=7$$

工作的最迟完成时间等于该工作完成节点的最迟时间，即

$$LF_{i-j}=LT_j \tag{5.32}$$

例如，在本例中，工作1—2和2—5的最迟完成时间分别为

$$LF_{1-2}=LT_2=2$$

$$LF_{2-5}=LT_5=7$$

工作的最迟开始时间等于该工作完成节点的最迟时间与其持续时间之差，即

$$LS_{i-j}=LT_j-D_{i-j} \tag{5.33}$$

例如，在本例中，工作1—2和2—5的最迟开始时间分别为

$$LS_{1-2}=LT_2-D_{1-2}=2-2=0$$

$$LS_{2-5}=LT_5-D_{2-5}=7-5=2$$

工作的总时差可根据式（5.22）、式（5.23）、式（5.31）和式（5.32）得到。

$$TF_{i-j}=LT_j-ET_i-D_{i-j} \tag{5.34}$$

例如，在本例中，工作1—2和3—5的总时差分别为

$$TF_{1-2}=LT_2-ET_1-D_{1-2}=2-0-2=0$$

$$TF_{3-5}=LT_5-ET_3-D_{3-5}=7-2-3=2$$

工作的自由时差可根据式（5.24）、式（5.25）和式（5.30）得到。

$$FF_{i-j}=ET_j-ET_i-D_{i-j} \tag{5.35}$$

例如，在本例中，工作1—2和3—5的总时差分别为

$$FF_{1-2}=ET_2-ET_1-D_{1-2}=2-0-2=0$$

$$FF_{3-5}=ET_5-ET_3-D_{3-5}=7-2-3=2$$

e. 确定关键工作和关键线路。

确定方法与工作计算法相同。

3. 单代号网络计划

(1) 单代号网络计划的基本要素

① 节点。单代号网络计划图中的每个节点表示一项工作，用圆圈或矩形表示。节点所表示的工作名称、持续时间和工作代号等应标注在节点内。

② 箭线。表示紧邻工作之间的逻辑关系，箭线应画成水平直线、折线或斜线。

③ 线路。单代号网络计划图的线路同双代号网络计划图的线路的含义是相同的，即从网络计划起点节点到终点节点之间持续时间最长的线路叫关键线路。

(2) 单代号网络计划图的绘图规则　单代号网络计划图的绘图规则与双代号网络计划图的绘图规则基本相同，主要区别是：当网络图中有多项开始工作时，应增设一项虚拟的工作

(S)，作为该网络图的起点节点；当网络图中有多项结束工作时，应增设一项虚拟的工作(F)，作为该网络图的终点节点。如图 5.27 所示，其中 S 和 F 为虚拟工作。

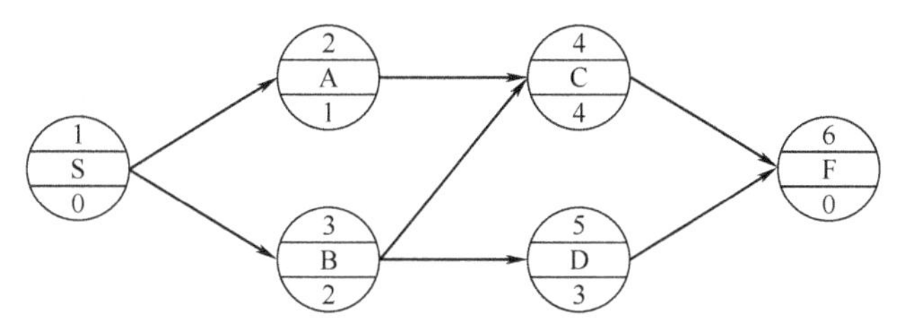

图 5.27　具有虚拟起点节点和终点节点的单代号网络计划图

(3) 单代号网络计划的时间参数计算　单代号网络计划图时间参数主要有：D_i 为 i 工作的持续时间；ES_i 为 i 工作最早开始时间；EF_i 为 i 工作最早完成时间；LS_i 为 i 工作最迟开始时间；LF_i 为 i 工作最迟完成时间；TF_i 为 i 工作的总时差；FF_i 为 i 工作的自由时差；LAG_{i-j} 为相邻两项工作 i 和 j 之间的时间间隔。

单代号网络计划与双代号网络计划只是表现形式不同，它们所表达的内容完全一样。

4. 双代号时标网络计划

时标网络计划是以时间坐标为尺度，通过箭线的长度及节点的位置，明确表达工作的持续时间及工作之间恰当时间关系的网络计划。此处仅介绍双代号时标网络计划（简称时标网络计划）。

(1) 双代号时标网络计划的特点

① 时标网络计划中，箭线的长短与时间有关。

② 可直接显示各工作的时间参数和关键线路，而不必计算。

③ 由于受到时间坐标的限制，所以时标网络计划不会产生闭合回路。

④ 可以直接在时标网络图的下方绘出资源动态曲线，便于分析，平衡调度。

⑤ 由于箭线的长度和位置受时间坐标的限制，因而调整和修改不太方便。

(2) 双代号时标网络计划的绘制要求

① 时间长度是以所有符号在时标表上的水平位置及其水平投影长度表示的，与其所代表的时间值相对应。

② 节点的中心必须对准时标的刻度线。

③ 以实箭线表示工作，以虚箭线表示虚工作，以水平波形线表示自由时差。

④ 虚工作必须以垂直虚箭线表示，有时差时加波形线表示。

⑤ 时标网络计划宜按最早时间编制，不宜按最迟时间编制。

⑥ 时标网络计划编制前，必须先绘制无时标网络计划。

⑦ 绘制时标网络计划图可以在以下两种方法中任选一种。第一种，先计算无时标网络计划的时间参数，再按该计划在时标表上进行绘制；第二种，不计算时间参数，直接根据无时标网络计划在时标表上进行绘制。

(3) 双代号时标网络计划关键线路和时间参数的判定　现以图 5.28 所示网络计划及图 5.29 双代号时标网络计划为例，说明关键线路和时间参数的判定过程。

① 关键线路的判定。

自时标网络计划的终点节点至起点节点逆箭头方向观察，自始至终不出现波形线的线路，即为关键线路，如图 5.29 中的 ①→②→④→⑤→⑥→⑦→⑨→⑩ 线路和 ①→②→

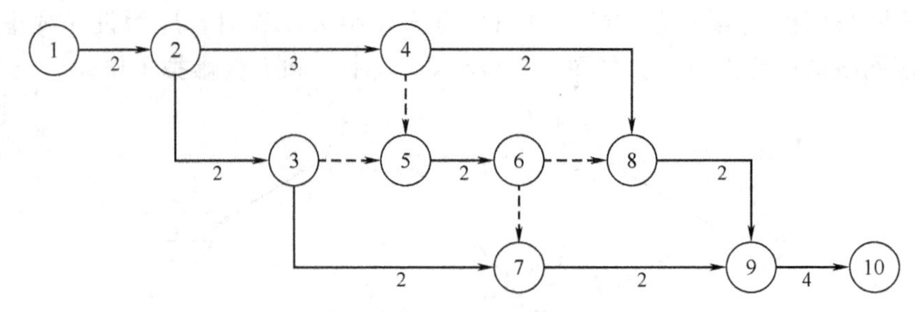

图 5.28　双代号网络计划

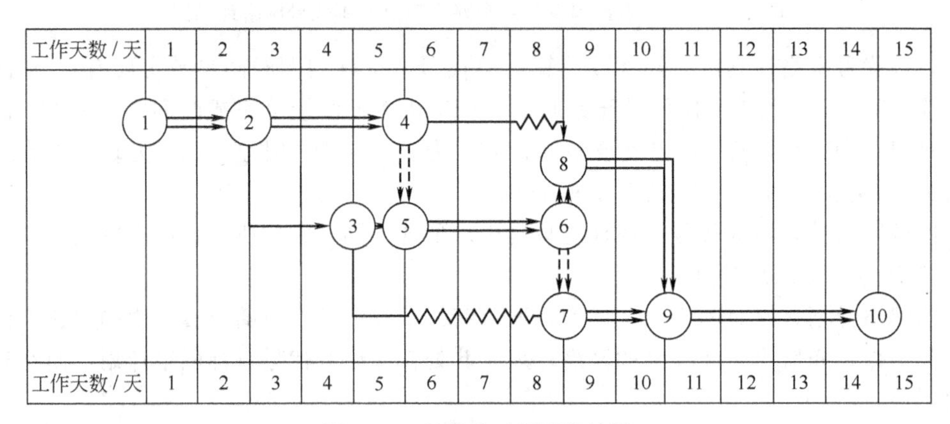

图 5.29　双代号时标网络计划

④→⑤→⑥→⑧→⑨→⑩线路。与前相同，关键线路要用粗线、双线或彩色线标注。图 5.29 是用双线表达的。

② 计算工期的判定。

网络计划的计算工期应等于终点节点所对应的时标值与起点节点所对应时的标值之差。例如，图 5.29 所示时标网络计划的计算工期为 14－0＝14。

③ 最早时间的确定。

每条箭线箭尾节点所对应的时标值是工作的最早开始时间。箭头节点中心或与波形线相连接的实箭线部分右端点所对应的时标值为该工作的最早完成时间。例如，在图 5.29 所示时标网络计划中，工作 ③→⑦ 的最早开始为第 4 天，最早完成时间为第 6 天。

④ 工作自由时差的判定。

在时标网络计划中，工作的自由时差等于其波形线在坐标轴上水平投影的长度。例如，图 5.29 中，工作 ③→⑦ 的自由时差为 2 天。

⑤ 工作总时差的判定。

工作总时差的判定应从网络计划的终点节点开始，逆着箭线方向依次进行。

以终点节点为完成节点的工作，其总时差应等于计划工期与本工作最早完成时间之差，即

$$TF_{i-n}=T_p-EF_{i-n} \tag{5.36}$$

例如，在图 5.29 所示时标网络计划中，工作 ⑨→⑩ 的总时差为

$$TF_{9-10}=T_p-EF_{9-10}=14-14=0$$

其他工作的总时差等于其紧后工作总时差的最小值与本工作的自由时差之和，即

$$TF_{i-j}=\min\{TF_{j-k}\}+FF_{i-j} \tag{5.37}$$

例如，在图5.29所示时标网络计划中，工作②→③的总时差为

$$TF_{2-3}=\min\{TF_{3-5},TF_{3-7}\}+FF_{2-3}=\min\{1,2\}+0=1$$

⑥ 工作最迟时间的判定。

由于已知最早开始时间和最早完成时间，又知道了总时差，故工作最迟完成和最迟开始时间可用以下公式进行计算。

$$LF_{i-j}=EF_{i-j}+TF_{i-j} \tag{5.38}$$

$$LS_{i-j}=ES_{i-j}+TF_{i-j} \tag{5.39}$$

例如，在图5.29中，工作②→③的最迟完成时间为4＋1＝5（天），最迟开始时间为2＋1＝3（天）。

第四节　建筑装饰装修工程项目施工组织设计编制

建筑装饰装修工程项目施工组织设计是以一个建筑物的装饰装修工程为对象进行编制，对其装饰装修工程施工的全过程进行战术性安排，用以指导各项施工活动的组织、协调和控制的综合性技术经济文件。

建筑装饰装修工程项目施工组织设计编制的内容一般包括工程概况，施工方案，施工进度计划，施工准备工作计划，各种资源需要量计划，施工平面图设计，各项技术、组织措施，主要技术经济指标等。

一、工程概况描述

1. 工程建设概况

主要介绍拟装工程的建设单位（业主），工程名称、性质、用途、作用和建设目的，资金来源及工程造价，开竣工日期，设计单位，施工单位，监理单位，施工图纸情况，施工合同，主管部门的有关文件或要求，以及组织施工的指导思想等。

2. 工程施工概况

(1) 设计特点

① 建筑、结构特征。主要介绍：拟装工程的建筑面积、平面形状、功能分区和组合情况，层数、层高、总高，建筑的风格特点；基础及主体结构的类型，墙、柱、梁、板的材料、尺寸与特点，楼梯的构造及形式，结构抗震设防等级，基础及结构的施工进展情况与质量状况等。

② 装饰装修工程的设计特点。主要介绍：装饰装修的部位与内容、档次与特色，设计的思路与要求，主要部位的材料做法。

③ 设备安装设计特点。主要介绍：各种系统组成与特点，采暖、卫生与燃气工程，建筑电气安装工程、通风与空调工程、消防与保安工程、电讯安装工程、电梯安装工程等的设计要求。

(2) 地点特征　这部分主要反映拟装工程所处的地区、位置、地形情况，施工现场周围环境，当地气温、风力、主导风向、雨量、冬雨季时间，冻层深度等。

(3) 施工条件　主要介绍：结构工程、屋面工程及设备安装工程的进展状况，能为装饰装修工程提供的条件，工程的内在质量及表面质量情况；劳动力、材料、构件、加工品、机械的供应和来源落实情况；内部承包方式、劳动组织形式及施工技术和管理水平；现场临时设施及供水供电的解决办法等。

二、施工方案制定

施工方案是施工组织设计的核心部分。施工方案的制定包括确定施工开展程序、划分施工区段、确定施工起点和流向、确定施工顺序、选择施工方法与施工机械5方面内容。其合理与否将直接关系到施工效率、质量、工期和技术经济效果，所以必须给予足够重视。

1. 确定施工开展程序

施工开展程序是指装饰装修工程中各分部工程或施工阶段之间所固有的、密不可分的先后施工次序及制约关系。确定施工开展程序一般应遵循以下原则。

(1) 先准备后开工　在工程开始施工前，应充分做好内业和现场施工准备，以保证工程开工后能够顺利地进行。内业准备工作主要包括：熟悉、会审施工图纸，编制施工预算及组织设计文件，落实机械设备与劳动力计划，落实协作单位，落实材料供应渠道及检测验收方法，进行技术和计划交底，对职工进行专业培训及安全与防火教育等。现场准备工作主要包括：场地清理、结构表面与楼层的清理、搭设临时建筑、设置附属加工设施、铺设临时水电管网、修筑临时道路、机械设备进场与试车、必要的材料进场与储备等。

(2) 先围护后装饰装修　对框架或框架剪力墙结构的建筑，应先进行围护墙及隔墙的砌筑或安装、玻璃幕墙的安装，以保证装饰装修施工的可行性与安全性。

(3) 先室外后室内　室内的装饰装修施工宜在外墙装饰装修之后进行。第一，由于外墙的施工材料一般经由室内运输，先室外后室内有利于室内成品保护；第二，先施工外墙可尽早拆除外脚手架，从而缩短外脚手架的使用时间，节约费用；第三，对使用设有连墙杆或连柱杆的外脚手架的工程，外装饰不完、脚手架不拆，室内装饰装修难以进行；第四，在冬雨季来临之前也应先抢室外的装饰装修，以利于缩短工期。

室内的装饰装修宜在屋面防水完工后进行。若屋面防水未完成，应在屋面采取有效防水措施，方可进行室内装饰装修作业，以保护室内成品。

(4) 先湿后干　抹灰、楼地面垫层、现制水磨石等湿作业项目，易于对其他装饰装修项目造成污染或破坏，应先于易被其污损的项目施工。装配式吊顶、石膏板隔墙、细木作装修、油漆、壁纸、地毯等干作业项目不宜过早施工。

(5) 先隐后面　指对各种隐蔽项目（如各种埋件、吊顶的吊杆和龙骨等）应先行施工或处理，经检查合格后再进行面层封闭处理。

(6) 先设备管线后面层装饰　在装饰装修施工阶段，有大量的设备管线安装在吊顶、隔墙内或地面垫层中。这些管线的安装，大多需要与装饰装修施工交叉进行。装饰装修工程的面层施工，必须在其内包管线与设备安装完毕并经检查验收合格后进行。

2. 划分施工区段

(1) 室内的装饰装修　可将每个楼层作为一个施工段或每个楼层分为几个施工段。

(2) 室外的装饰装修　可将每个楼层或每步架高作为一个施工层，每个施工层作为一段或每个施工层的每面墙作为一个施工段。

(3) 多高层建筑　也可将几个楼层作为一个施工区，每个区内分层分段流水施工，各区之间采用平行施工，以加快施工进度。

3. 确定施工起点和流向

施工起点和流向是指在拟装工程的平面或竖向空间上，开始施工的部位及其流动方向。起点流向的确定关系到工程质量、施工速度、经济效益及能否满足业主要求等，是组织施工的重要环节。

(1) 装饰装修工程的常用施工流向

① 室外装饰装修工程通常采用自上而下的施工流向，但个别施工过程，如底层及找平层抹灰、石材安装等，可自下而上进行。

② 室内装饰装修工程可采用自上而下、自下而上、自中而下再自上而中3种流向。

自上而下是指主体结构封顶并做完屋面防水层后，装饰装修由顶层开始逐层向下的施工流向，一般有水平向下和垂直向下两种形式。

自下而上是指结构施工完成不少于3层时，装饰装修从底层开始逐层向上的施工流向。一般与主体结构平行搭接施工，但至少应保持与主体结构施工间隔两个楼层，以确保装饰装修施工的安全。自下而上的流向也可分为水平向上和垂直向上两种形式。

自中而下再自上而中的施工流向综合了前两种流向的优点，一般用于高层建筑的装饰装修施工。

(2) 确定施工起点流向时应考虑的几个问题

① 业主的要求。生产或使用要求急的楼层或部位应优先安排施工。

② 施工的繁简程度。对于技术复杂、施工进度较慢、工期较长的楼层或部位，应先施工。

③ 施工方便，构造合理。例如，墙面石材安装应由下向上进行，以满足承载、安装或灌浆要求。重量相对较轻的墙面砖在每一施工层内可由下向上进行，但就整个外墙面而言，则为上一施工层完成后转移到下一施工层，即由上至下进行。

④ 保证质量，防止污染。楼地面垫层、抹灰等湿作业宜采取由上向下的流向，否则上层施工渗水、滴水对下层顶棚、楼地面成品将造成污损。

⑤ 考虑采用的机械、设备。当室内装饰装修的垂直运输采用井架、龙门架或施工电梯等固定式机械时，应采取水平向下的流向。外装饰采用吊篮脚手架时，黏结层及找平层抹灰可随吊篮上升自下向上进行，而面层装饰则随吊篮下降由上至下，以减少吊篮的升降次数。

4. 确定施工顺序

施工顺序是指各个分部分项工程之间的先后施工次序。施工顺序合理与否直接影响到工种间配合、工程质量、施工安全、工程成本和施工工期，必须科学合理地予以确定。

(1) 确定施工顺序的原则

① 符合施工开展程序。施工顺序必须在不违反施工开展程序的前提下确定。

② 符合构造要求。施工顺序的安排必须满足装饰装修的构造要求。例如，安木（钢）门框→墙、地抹灰。

③ 符合施工工艺。施工顺序应与施工工艺的顺序要求相一致。例如，贴面砖→勾缝；刮腻子→喷涂。

④ 考虑材料的特性。确定施工顺序应注意材料性能的差异。例如，木门窗框或钢门窗宜在抹灰前安装，而铝合金或塑料门窗则宜在大面积抹灰或石材、面砖施工之后进行。

⑤ 与施工方法及采用的机械协调。采用的施工方法不同，则施工顺序也不相同。例如，石材的干挂法与传统的挂装灌浆法的施工顺序安排不同。

⑥ 考虑工期和施工组织的要求。例如，地面灰土垫层可以随房心回填进行施工，也可以在主体结构全部完成后地面混凝土垫层施工之前进行。

⑦ 保证施工质量。例如，水泥砂浆踢脚或水泥砂浆墙裙与墙面抹灰之间的顺序，应保证“先硬后软”，即先抹水泥砂浆踢脚或墙裙，以防止强度较低的墙面砂浆进入其范围内形成隔离层造成空鼓。

⑧ 有利于成品保护。这是确定装饰装修工程施工顺序最为重要的原则之一。例如，卫生间防水施工完成并经验收合格后，方可进行下层的装饰装修，以减少保护费用和清理用工。

⑨ 考虑气候条件。例如，冬季室内装饰装修施工时，应先安装门窗及玻璃，再做其他装饰。

⑩ 符合安全施工要求。例如，幕墙安装应先于室内各种装饰装修施工；楼梯栏杆安装宜先于楼梯间其他施工过程。

5. 施工方法和施工机具的选择

施工方法和施工机具选择是施工方案中的关键问题。它直接影响施工进度、施工质量、安全以及工程成本。制定施工方案时，必须根据工程的建筑结构特征、装饰装修的施工内容及工程量大小、工期长短、资源供应情况、施工现场条件和周围环境，选择适当的施工方法和施工机具。施工方法和施工机具的选择应以文字阐述和必要的图纸表达。

（1）选择施工方法　选择施工方法时应着重于主要分部分项工程，包括：工程量大、工期长，在整个单位工程中占有重要地位的分部分项工程；采用新技术、新工艺、新做法及对工程质量起关键作用的分部分项工程；不熟悉、缺乏经验的分部分项工程；由专业施工单位施工的特殊专业工程等。对于采用常规做法和工人熟悉的分部分项工程，则只需简略地提出应特别注意的问题即可。

选择施工方法应遵循以下原则。

① 符合施工组织总设计中确定的施工方法与要求。

② 满足装饰装修施工工艺与技术的要求。例如，脚手架的形式、宽度、步距，施工的操作方法、养护保护方法等。

③ 尽量提高工厂化、机械化程度。例如，采用已做好饰面的墙板，由石材加工厂提供成品石材，门窗委托厂方制作安装等。

④ 满足先进、合理、可行、经济的要求。每一个分部分项工程的选择，都应进行定性分析、比较，或通过计算进行定量分析、比较，以寻求最佳方法。

⑤ 满足工期、质量、安全等方面的要求。

施工方法选择的主要内容有以下几个方面。

① 对原有建筑物及新建结构基体或基层的检验和处理方法。

② 垂直运输及水平运输的方法与设备。

③ 脚手架及其他防护的设施、安装方法与要求。

④ 主要分部分项工程的操作要求及方法、质量要求以及必要的图纸（如定位图、安装图、贴面排料图等)。

（2）选择主要施工机具　为了保证施工质量、加快施工进度，装饰装修施工必须配备必要的施工机械和专用工具。这些施工机具应使用方便，工作质量和效率要高于一般传统的手工施工工具。施工机具的选择主要是对机具的类型、型号或规格、数量 3 个方面进行确定。

选择施工机具时应遵循切合需要、实际可能、经济合理的原则。具体考虑以下几点。

① 技术条件。包括技术性能，工作效率，工作质量，能源耗费，劳动力的节约，使用的安全性和灵活性、通用性和专用性、耐用性，操作与维修的难易程度等。

② 经济条件。包括原始价值、使用寿命、使用费用、维修费用等。对于租赁机具，还应考虑其租赁费。

③ 要进行定性或定量的技术经济分析比较，以使机具选择最优。

选择施工机具时应注意以下问题。

① 首先选择主导施工机具。例如，垂直运输机械、搅拌机械及其他主要或特殊作业项目的施工机具。

② 各种辅助机具或运输工具应与主导机具的生产能力协调配套，以充分发挥主导机具效率。

③ 在同一施工现场，应力求施工机具的种类和型号尽可能少，以利于机械管理与维修；尽量选用多功能或通用性机具，以提高其利用率。

④ 选择时应首先考虑充分发挥本单位现有施工机具的能力。

三、施工进度计划编排

1. 施工进度计划编制的依据

包括：施工图纸、标准图及有关技术资料，施工总进度计划，已确定的施工方案，资源供应条件，预算文件，施工定额或劳动定额、机械台班定额及有关规范等。

2. 施工进度计划的表示方法

通常有两种，横道图和网络图，横道图如图 5.30 所示。

序号	分部分项工程名称	工程量		定额	劳动量		机械量		工作班制	每班人数	工作天数	施工进度							
		单位	数量		工种	数量	机械名称	台班数量				×月					×月		
												5	10	15	20	25	5	10	…
1																			
2																			
3																			
…																			

图 5.30　施工进度计划横道图

3. 编制步骤

① 划分施工过程，结合施工方法、施工条件、劳动组织等因素。

② 计算工程量，采用施工图预算的数据，但应注意有些项目的工程量应按实际情况做适当调整。

③ 确定劳动量及机械台班量。

④ 确定各施工过程的施工天数。

⑤ 编制施工进度计划初始方案。

⑥ 施工进度计划的检查与调整。

四、施工准备工作及各种资源需要量计划

施工进度计划编出后，即可着手编制施工准备工作计划及各项资源需要量计划。这些也是施工组织设计的组成部分，是施工单位安排施工准备及资源供应的主要依据。

1. 施工准备工作计划

施工准备工作是指施工前从组织、技术、资金、劳动力、物资、生活等各方面为保证工程顺利施工事先要做好的各项工作。它是工程正式开工的条件，也是贯穿施工过程始终的一项重要内容。因此，在施工组织设计中必须对其进行规划安排，以确保施工准备工作顺利进行，使其满足工程的需要。其内容一般包括技术准备、资源准备、现场准备及其他准备。通常用计划表格形式表示，如表 5.6 所示。

表 5.6　施工准备工作计划

编号	施工准备工作项目	简要内容	负责单位	负责人	起止日期		备注
					月 日	月 日	

2. 资源需要量计划

资源需要量计划是根据单位工程施工进度计划要求编制的，包括劳动力、材料、构配件、加工品、施工机具等的需要量计划。它是组织物资供应与运输、调配劳动力和机械的依据，是组织有秩序、按计划顺利施工的保证，同时也是确定现场临时设施的依据。

（1）劳动力需要量计划　主要用于调配劳动力和安排生活福利设施。其表格形式如表5.7所示。

表 5.7　劳动力需要量计划

序号	工种名称	总需要量/工日	需用人数及时间							备注
			×月			×月			…	
			上旬	中旬	下旬	上旬	中旬	下旬	…	

（2）主要材料需要量计划　用以组织备料、确定仓库或堆场面积和组织运输的依据。其表格形式如表5.8所示。

表 5.8　主要材料需要量计划

序号	材料名称	规格	需要量		供应时间	备注
			单位	数量		

（3）构配件和半成品需要量计划　主要用于落实加工订货单位，组织加工、运输和确定堆场或仓库。可根据施工图纸及进度计划、储备要求及现场条件编制。其表格形式如表5.9所示。

表 5.9　构配件和半成品需要量计划

序号	构配件、半成品名称	规格	图号、型号	需要量		使用部门	加工单位	供应日期	备注
				单位	数量				

（4）施工机械需要量计划　主要用以确定施工机具类型、规格、数量、供应日期、安排进场、工作和退场日期。可根据施工方案和进度计划进行编制。其表格形式如表5.10所示。

表 5.10　施工机械需要量计划

序号	机械名称	类型、型号	需要量		货源	使用起止时间	备注
			单位	数量			

五、施工平面图设计

单位工程施工平面图是对一个建筑物的施工现场，在平面和空间上进行的规划安排。是施工组织设计的主要组成部分，是布置施工现场，进行施工准备的重要依据，也是实现文明施工、减少占地、降低施工费用的先决条件。

1. 施工平面图设计的内容

单位工程施工平面图通常用 1∶(200～500) 的比例绘制，施工平面图上一般应设计并标明以下内容。

① 施工场地内已有的建筑物、构筑物以及其他设施、拟装工程的位置和尺寸。

② 垂直运输机械的位置及移动式起重设备的开行路线。

③ 搅拌站、各种装饰装修材料、加工半成品、构配件及施工机具的库房或堆场。

④ 场内施工道路和与场外交通的连接。

⑤ 生产和生活福利设施的布置。

⑥ 临时给排水、供电管线等的布置。

⑦ 安全及消防设施的位置，以及必要的图例、比例尺、方向及风向标志、有关说明等。

2. 设计的原则

① 在确保施工顺利进行的条件下，要尽量紧凑布置，节约用地。

② 在保证运输的条件下，最大限度地缩短场内的运输距离，尽可能避免二次搬运。

③ 尽量少建临时设施，所建临时设施应方便生产和生活使用。

④ 要符合劳动保护、安全、防火等要求。

3. 设计步骤及要求

(1) 布置垂直运输机械设备　垂直运输机械设备的布置直接影响到材料堆场、库房、构配件、搅拌站的位置及施工道路和水电管线的规划布置。因此，它的平面位置的选择是关系到施工现场全局的中心环节，必须首先考虑。

建筑装饰装修施工的垂直运输常采用井架式及门架式升降机或外用施工电梯。布置井架、门架、外用电梯等垂直运输设备，应根据机械性能、建筑平面的形状和大小、施工段划分情况、材料来向和运输道路情况而定。当建筑物各部位高度相同时，宜布置在流水段的分界线附近；当建筑物各部位高度不同时，宜布置在高低分界处，以使各段的楼面水平运输互不干扰。垂直运输设备应尽量布置在窗洞口处，以减少砌墙时留搓和拆除垂直运输设备后的修补工作。

(2) 搅拌站、加工棚、仓库和材料、构配件的布置　搅拌站、仓库和材料、构配件堆场的位置应尽量靠近使用地点或垂直运输设备，并考虑到运输和装卸的方便。布置时，应根据用量大小分出主次。现场材料的储存量应根据供应状况和现场条件而定，一般情况下应不少于两个施工段或两个星期的需要量。可依据设备、施工人员及材料、构配件的高峰需用量及相应面积定额，计算出库房或堆场面积。

(3) 布置运输道路　现场主要道路应尽可能利用已有道路，或先建好永久性道路的路基。当其均不能满足要求时，应铺设临时道路。

现场道路应按材料、构配件运输的需要，保证进出方便、行驶畅通。因此，运输路线最好能围绕拟装建筑物布置成环形，路面宽度应满足运输车辆及消防车辆通行要求，一般不小于3.5m。路基应坚实，路面要高出施工场地10～15cm，雨季还应起拱且铺设砂石或炉渣，道路两侧应结合地形设排水沟，沟深不小于0.4m，底宽不小于0.3m。

(4) 临时生产、生活设施的布置　办公室、门卫、工人休息室、食堂、开水房、厕所及医务室、浴室等非生产性临时设施，在能满足生产和生活的基本需求下，应尽可能减少，且尽量利用已有设施或正式工程，以节约临时设施费用。必须修建时，应经过计算确定面积。

布置临时房屋时，应保证使用方便、不妨碍施工，并符合防火及安全的要求。例如，办公室应靠近施工现场且距工地入口近；工人休息室、食堂等布置在作业区附近的上风向处。

(5) 水、电管网的布置

① 施工用水管网的布置。装饰装修阶段的施工用水量一般不会超过结构施工，应尽量利用已有的水源和管线。当其不能满足要求时，可通过供水计算和设计或根据经验进行安排。消防用水一般利用城市或建设单位的永久消防设施。如自行安排，消火栓宜布置在十字路口或转弯处的路边，距路不大于2m，距房屋不小于5m，也不应大于25m。管线布置应使线路长度最短，消防水管和生产、生活用水管可合并设置。管线宜暗埋，在使用点引出，并设置水龙头及阀门。管线布置不得妨碍在建或拟装工程施工。高层建筑的施工用水要设置蓄水池和高压水泵，保证各个楼层的施工用水和消防用水。

② 施工用电线路的布置。装饰装修用电一般不会超过结构施工的用电量，应尽量利用已有的供电设施。当不满足要求时，应进行临时供电设计，即进行用电量计算、电源选择，电力系统选择和配置。现场用电量包括施工用电（电动机、电焊机、电热器等）和照明用电。应根据计算出的用电量选择变压器、配置导线和配电箱等设施。

变压器应布置在现场边缘高压线接入处，四周用铁丝网围住。配电线宜布置在围墙边或路边，为了维修方便，施工现场一般采用架空配电线路，具体应根据电气施工规范的要求进行架设。

在进行施工平面图设计时，必须强调指出，装饰装修施工是一个复杂多变的生产过程，随着工程的进展，各种机械、材料、构件等陆续进场又逐渐消耗、变动。因此，施工平面图可分阶段进行设计，但各阶段的布置应彼此兼顾。施工道路、水电管线及各种临时房屋不要轻易变动，也不应影响室外工程、地下管线及后续工程的进行。

复习思考题

一、名词解释

1. 建筑装饰装修工程项目施工组织设计

2. 建筑装饰装修工程项目流水施工

3. 时差

4. 关键线路

二、填空题

1. 组织流水施工的方式有________________。

2. 网络图的三要素是________________。

3. 室内装饰装修工程可采用________________3种流向。

三、简答题

1. 试述建筑装饰装修工程项目施工组织设计的作用。

2. 简述建筑装饰装修工程项目流水施工的参数。

3. 网络计划有哪几种排列方法?

四、计算题

1. 某项目经理部承建一工程，该工程由A、B、C、D组成。施工是在平面上划分成4个施工段，流水节拍见下表。规定施工过程A完成后，其相应施工段至少要养护2天，允许D与C之间搭接1天。试编制流水施工方案。

流水节拍 单位：天

施工过程 施工段	A	B	C	D
①	3	1	2	4
②	2	3	1	2
③	2	5	3	3
④	4	3	5	3

2. 根据以下资料，绘制双代号网络计划图，并计算时间参数。

工作名称	A	B	C	D	E	F	G	H	I	J
紧前工序	—	—	A	B、E	A	B、E	C、D、F	C、F	G、H	C、F
紧后工序	C、F	F、D	G、J、H	G	F、D	G、H、J	I	I	—	—
延续时间/天	4	8	6	7	3	10	10	12	5	8

3. 根据以下资料，绘制双代号网络计划图，并计算时间参数，标明关键线路及计划工期。

工作名称	A	B	C	D	E	F	G	H	I
紧前工序	—	A	A	B	B	C、E	C、E	D、F	D、F、G
紧后工序	B、C	D、E	F、G	H、I	F、G	H、I	I	—	—
延续时间/天	10	20	30	15	5	10	15	20	10

第六章

建筑装饰装修工程项目成本控制

提要

本章讲述了建筑装饰装修工程项目成本、成本控制概念以及建筑装饰装修工程项目成本控制的过程、降低建筑装饰装修工程项目成本的措施。

第一节　建筑装饰装修工程项目成本控制概述

一、建筑装饰装修工程项目成本概念

成本是企业生产产品和管理过程中所支出的各种费用的总和。建筑装饰装修工程项目成本是指建筑装饰装修工程项目在实施过程中所发生的全部生产费用的总和，即转移到产品的生产资料的价值（C）与转移产品中的活劳动的价值（V）之和。它是产品价值的主要组成部分。

成本是反映企业全部工作质量好坏的综合性指标。企业劳动生产率的高低、各种材料消耗的多少、建筑机械设备的利用率程度、施工技术水平和组织状况、施工进度的快慢、质量的优劣、企业管理水平的高低、企业活力的大小，都会直接影响产品的成本，并由成本指标反映出来。因此，施工企业应当正确处理成本与工期、质量与企业活力的关系，努力提高经营管理水平，合理降低成本。

项目成本由直接费（直接成本）、间接费（间接成本）组成。

1. 直接费

直接费由直接工程费和措施费组成。

(1) 直接工程费　指施工过程中耗费的构成工程实体的各项费用，包括人工费、材料费、施工机械使用费。

① 人工费。人工费是指直接从事建筑安装工程施工的生产工人开支的各项费用。内容包括：基本工资、工资性补贴、生产工人辅助工资、职工福利费、生产工人劳动保护费。

② 材料费。包括材料原价（或供应价格）、材料运杂费、运输损耗费、采购及保管费、检验试验费。

③ 施工机械使用费。施工机械使用费是指施工机械作业所发生的机械使用费以及机械安拆费和场外运费。施工机械台班单价应由下列7项费用组成。

a. 折旧费。指施工机械在规定的使用年限内，陆续收回其原值及购置资金的时间价值。

b. 大修理费。指施工机械按规定的大修理间隔台班进行必要的大修理，以恢复其正常功能所需的费用。

c. 经常修理费。指施工机械除大修理以外的各级保养和临时故障排除所需的费用。包括为保障机械正常运转所需替换设备与随机配备工具附具的摊销和维护费用、机械运转日常保养所需润滑与擦拭的材料费用及机械停滞期间的维护和保养费用等。

d. 安拆费及场外运费。安拆费指施工机械在现场进行安装与拆卸所需的人工、材料、机械和试运转费用以及机械辅助设施的折旧、搭设、拆除等费用；场外运费指施工机械整体或分体自停放地点运至施工现场或由一施工地点运至另一施工地点的运输、装卸、辅助材料及架线等费用。

e. 人工费。指机上司机（司炉）和其他操作人员的工作日人工费及上述人员在施工机械规定的年工作台班以外的人工费。

f. 燃料动力费。指施工机械在运转作业中所消耗的固体燃料（煤、木柴）、液体燃料（汽油、柴油）及水、电等。

g. 养路费及车船使用税。指施工机械按照国家规定和有关部门规定应缴纳的养路费、车船使用税、保险费及年检费等。

（2）措施费　指为完成工程项目施工，发生于该工程施工前和施工过程中非工程实体项目的费用。包括如下内容。

① 环境保护费。环境保护费是指施工现场为达到环保部门要求所需要的各项费用。

② 文明施工费。文明施工费是指施工现场文明施工所需要的各项费用。

③ 安全施工费。安全施工费是指施工现场安全施工所需要的各项费用。

④ 临时设施费。临时设施费是指施工企业为进行建筑工程施工所必须搭设的生活和生产用的临时建筑物、构筑物和其他临时设施费用等。临时设施包括：临时宿舍、文化福利及公用事业房屋与构筑物、仓库、办公室、加工厂以及规定范围内道路、水、电、管线等临时设施和小型临时设施。临时设施费用包括：临时设施的搭设、维修、拆除费或摊销费。

⑤ 夜间施工费。夜间施工费是指因夜间施工所发生的夜班补助费，夜间施工降效、夜间施工照明设备摊销及照明用电等费用。

⑥ 二次搬运费。二次搬运费是指因施工场地狭小等特殊情况而发生的二次搬运费用。

⑦ 大型机械设备进出场及安拆费。大型机械设备进出场及安拆费是指机械整体或分体自停放场地运至施工现场，或由一个施工地点运至另一个施工地点，所发生的机械进出场运输及转移费用，以及机械在施工现场进行安装、拆卸所需的人工费、材料费、机械费、试运转费和安装所需的辅助设施的费用。

⑧ 混凝土、钢筋混凝土模板及支架费。混凝土、钢筋混凝土模板及支架费是指混凝土施工过程中需要的各种钢模板、木模板、支架等的支、拆、运输费用及模板、支架的摊销（或租赁）费用。

⑨ 脚手架费。脚手架费是指施工需要的各种脚手架搭、拆、运输费用及脚手架的摊销（或租赁）费用。

⑩ 已完工程及设备保护费。已完工程及设备保护费是指竣工验收前，对已完工程及设备进行保护所需的费用。

⑪ 施工排水、降水费。施工排水、降水费是指为确保工程在正常条件下施工，采取各种排水、降水措施所发生的各种费用。

2. 间接费

间接费由规费、企业管理费组成。

（1）规费　是政府和有关权力部门规定必须缴纳的费用的简称。其内容包括以下几部分。

① 工程排污费。工程排污费是指施工现场按规定缴纳的工程排污费。

② 工程定额测定费。工程定额测定费是指按规定支付工程造价（定额）管理部门的定额测定费。

③ 社会保障费。包括养老保险费、失业保险费、医疗保险费。

④ 住房公积金。住房公积金是指企业按规定标准为职工缴纳的住房公积金。

⑤ 危险作业意外伤害保险。危险作业意外伤害保险是指按照建筑法规定，企业为从事危险作业的建筑安装施工人员支付的意外伤害保险费。

（2）企业管理费　指建筑安装企业组织施工生产和经营管理所需费用。其内容包括以下几部分。

① 管理人员工资。管理人员工资是指管理人员的基本工资、工资性补贴、职工福利费、劳动保护费等。

② 办公费。办公费是指企业管理办公用的文具、纸张、账表、印刷、邮电、书报、会议、水电、烧水和集体取暖（包括现场临时宿舍取暖）用煤等费用。

③ 差旅交通费。差旅交通费是指职工因公出差、调动工作的差旅费、住勤补助费，市内交通费和误餐补助费，职工探亲路费，劳动力招募费，职工离退休、退职一次性路费，工伤人员就医路费，工地转移费以及管理部门使用的交通工具的油料、燃料、养路费及牌照费。

④ 固定资产使用费。固定资产使用费是指管理和试验部门及附属生产单位使用的属于固定资产的房屋、设备仪器等的折旧、大修、维修或租赁费。

⑤ 工具用具使用费。工具用具使用费是指管理使用的不属于固定资产的生产工具、器具、家具、交通工具和检验、试验、测绘、消防用具等的购置、维修和摊销费。

⑥ 劳动保险费。劳动保险费是指由企业支付离退休职工的易地安家补助费、职工退职金、6 个月以上的病假人员工资、职工死亡丧葬补助费、抚恤费、按规定支付给离休干部的各项经费。

⑦ 工会经费。工会经费是指企业按职工工资总额计提的工会经费。

⑧ 职工教育经费。职工教育经费是指企业为职工学习先进技术和提高文化水平，按职工工资总额计提的费用。

⑨ 财产保险费。财产保险费是指施工管理用财产、车辆保险。

⑩ 财务费。财务费是指企业为筹集资金而发生的各种费用。

⑪ 税金。税金是指企业按规定缴纳的房产税、车船使用税、土地使用税、印花税等。

⑫ 其他。包括技术转让费、技术开发费、业务招待费、绿化费、广告费、公证费、法律顾问费、审计费、咨询费等。

二、建筑装饰装修工程项目成本的形式

1. 建筑装饰装修工程项目预算成本

建筑装饰装修工程项目预算成本反映各地区建筑装饰装修行业的平均成本水平。它是根据建筑装饰装修施工图由工程量计算规则计算出工程量，再由建筑装饰装修工程预算定额计算工程成本。它是构成工程造价的主要内容，是承发包方签订建筑装饰装修承包合同的基础。一旦造价在合同中双方认可签字，它将成为建筑装饰装修工程项目成本管理的依据，关

系到建筑装饰装修工程项目能否取得较好的经济效益。

2. 建筑装饰装修工程项目计划成本

建筑装饰装修工程项目计划成本是装饰装修企业或建筑装饰装修工程项目经理部根据计划期的施工条件和实施该项目的各项技术组织措施，在实际成本发生前预先计算的成本。计划成本是建筑装饰装修工程项目经理部控制成本支出、安排施工计划、供应工料和指导施工的依据。它综合反映建筑装饰装修工程项目在计划期内达到的成本水平。

3. 建筑装饰装修工程项目实际成本

建筑装饰装修工程项目实际成本是在报告期内实际发生的各项生产费用的总和。把实际成本与计划成本进行比较，可以直接反映出成本的节约与超支，考核建筑装饰装修工程项目施工技术水平及施工组织措施的贯彻执行和施工项目的经营效果。

综上所述，预算成本是计算工程造价的基础，也是编制计划成本和评价实际成本的依据。实际成本与预算成本比较，可以直接反映施工项目最终盈亏情况。

三、建筑装饰装修工程施工项目成本控制概述

1. 建筑装饰装修工程施工项目成本控制的概念

建筑装饰装修工程施工项目成本控制是建筑装饰装修施工企业为降低建筑装饰装修工程施工成本而进行的各项控制工作的总称。包括：成本预算、成本规划、成本控制、成本核算和成本分析等。

工程成本控制是业主和承包人双方共同关心的问题，直接关系到业主和承包人双方的经济利益。

2. 建筑装饰装修工程施工项目成本控制的意义

① 建筑装饰装修工程施工项目成本控制是建筑装饰装修工程施工项目工作质量的综合反映。建筑装饰装修工程施工项目成本的降低，表明施工过程中物化劳动和活劳动的节约。

② 建筑装饰装修工程施工项目成本控制是增加企业利润、扩大社会积累的主要途径。在合同价一定的前提下，成本越低，赢利越高。

③ 建筑装饰装修工程施工项目成本控制是推进项目经理承包责任制的动力。项目经理承包责任制中，规定项目经理必须承包项目质量、工期与成本三大约束性目标，而成本目标是经济承包目标的综合体现。项目经理要实现其经济承包责任，就必须利用生产要素和市场机制，控制投入，降低消耗，提高效率。

3. 建筑装饰装修工程施工项目成本控制的特点

① 项目参加者对成本控制的积极性和主动性与其对项目承担的责任形式相联系的。例如，订立的工程合同价采用成本加酬金合同方式，承包者对成本控制没有兴趣；如果订立的是固定总价合同，则他必须严格控制成本开支。

② 成本控制的综合性。成本目标不是孤立的，它只有与质量目标、进度目标、效率、工作质量要求、消耗等相结合才有价值。

③ 成本控制的周期不可太长，通常按月进行核算、对比、分析，在实施过程中的成本控制以近期成本为主。

4. 建筑装饰装修工程施工项目成本控制的内容

建筑装饰装修工程施工项目的成本控制是建筑装饰装修施工企业或其项目经理部按一定的控制标准，对工程实际成本支出进行事前预测计划，在实施过程中进行管理和监督，并及时采取有效措施消除不正常损耗，纠正各种脱离标准的偏差，使各种费用的实际支出控制在

预定的标准范围内，以便完成成本计划目标，达到经济、高效的目的。

第二节　建筑装饰装修工程项目成本控制过程

建筑装饰装修工程项目成本控制过程可分为3个阶段：事前控制、事中控制、事后控制。

一、工程成本的事前控制

工程成本事前控制主要是指工程项目开工前，对影响成本的有关因素进行预测和成本计划。

1. 成本预测

成本预测是在成本发生前，根据预计的多种变化的情况，测算成本的降低幅度，确定降低成本的目标。为确保工程项目降低成本目标的实现，可分析和研究各种可能降低成本的措施和途径，如改进施工工艺和施工组织；节约材料费用、人工费用、机械使用费；实行全面质量管理，减少和防止不合格品、废品损失和返工损失；节约管理费用，减少不必要的开支。

2. 成本计划

进行成本计划的编制是加强成本控制的前提。要有效地控制成本，就必须充分重视成本计划的编制。成本计划是指对拟建的建筑装饰装修工程项目进行费用预算（或估算），并以此作为项目的经济分析和决策、签订合同或落实责任、安排资金的依据。通过将成本目标或成本计划进行分解，提出材料、施工机械、劳务费用、临时工程费用、管理费用等多种费用的额限，并按照限额进行资金使用的控制。一般成本计划要由工程技术部门和财务部门合作，根据签订的合同价格、工程价格单和投标报价计算书等资料编制，并进行汇总。

成本计划与工程最终实际的成本相比较，对于常见的项目，可行性研究时可能有±20%的误差，初步设计时可能有±15%，成本预算误差可能有±(5%～10%)。在工程项目中，积极的成本计划不仅不局限于事先的成本估算（或报价），而且也不局限于工程的成本进度计划。积极的成本计划不是被动地按照已确定的技术设计、合同、工期、实施方案和环境预算工程成本，而是应包括对不同的方案进行技术经济分析，从总体上考虑工期、成本、质量、实施方案等之间的相互影响和平衡，以寻求最优的解决方案。

在项目实施过程中，人们作任何决策都要进行相关的费用预算，顾及到对成本和项目经济效益的影响。积极的成本计划的目标不仅是项目建设成本的最小化，还必须与项目赢利的最大化统一。赢利的最大化经常是从整个项目的效益角度分析的。积极的成本计划还体现在，不仅要按照可获得的资源（资金）量安排项目规模和进度计划，而且要按照项目预定的规模和进度计划安排资金的供应，保证项目的实施。

二、工程成本的事中控制

建筑装饰装修工程在施工过程中，项目成本控制必须突出经济原则、全面性原则（包括全员成本控制和全过程成本控制）和责权利相结合的原则，根据施工实际情况，做好项目的进度统计、用工统计、材料消耗统计和机械台班使用统计以及各项间接费用支出的统计工作，定期编写各种费用报表，对成本的形成和费用偏离成本目标的差值进行分析，查找原因，并进行纠偏和控制。具体工作方法如下。

(1) 下达成本控制计划　由成本控制部门根据成本计划拟订控制计划，下达给各管理部门和施工现场的管理人员。

(2) 确定调整计划权限　应当随同计划的下达，规定各级人员在控制计划内进行平衡调剂的权限。任何计划都不可能是尽善尽美的，应当给管理部门在一定范围内进行调剂求得新的平衡的余地。

(3) 建立成本控制制度　完好的计划和相应的权限都需要有严格的制度加以保证。应该实行科学管理和目标责任制。首先，应制定一系列常用的报表，规定报表填报方式和日期。其次，应规定涉及成本控制的各级管理人员的职责，明确成本控制人员同财会部门和现场管理人员之间的合作关系的程序和具体职责划分。通常，现场执行人员进行原始资料的积累和填报；工程技术人员、财会部门和成本控制人员进行资料的整理、分析、计算和填报。其中，成本控制人员应定期编写成本控制分析报告、工程经济效益和盈亏预测报告。

(4) 设立成本控制专职岗位　成本控制专职人员应从一开始就参与编写成本计划，制定各种成本控制的规章制度，而且应经常搜集和整理已完工的每项实际成本资料，并进行分析，提出调整计划的意见。

(5) 成本监督　审核各项费用，确定是否进行工程款的支付，监督已支付的项目是否已完成，有无漏洞，并保证每月按实际工程状况定时定量支付；根据工程的情况，作出工程实际成本报告；对各项工作进行成本控制，如对设计、采购、委托（签订合同）进行控制；对工程项目成本进行审计活动。

(6) 成本跟踪　做详细的成本分析报告，并向各个方面提供不同要求和不同详细程度的报告。

(7) 成本诊断　主要包括：超支量及原因分析、剩余工作所需成本预算和工程成本趋势分析。

(8) 其他工作

① 与相关部门（职能人员）合作，提供分析、咨询和协调工作。例如，提供由于技术变化、方案变化引起的成本变化的信息，供各方面作决策或调整项目时考虑。

② 用技术经济的方法分析超支原因，分析节约的可能性，从总成本最优的目标出发，进行技术、质量、工期、进度的综合优化。

③ 通过详细的成本比较、趋势分析获得一个顾及合同、技术、组织影响的项目最终成本状况的定量诊断，对后期工作中可能出现的成本超支状况提出早期预警。这是为作出调控措施服务的。

④ 组织信息，向各个方面，特别是决策层提供成本信息和质量信息，为各方面的决策提供问题解决的建议和意见。在项目管理中成本的信息量最大。

⑤ 对项目变化的预测，如对环境、目标的变化等造成的成本的影响进行测算分析，协助解决费用补偿问题（即索赔和反索赔）。

三、工程成本的事后控制

建筑装饰装修工程的项目部分或全部竣工以后，必须对竣工工程进行决算，对工程成本计划的执行情况加以总结，对成本控制情况进行全面的综合分析考核，以便找出改进成本管理的对策。

1. 工程成本分析

工程成本分析是成本控制工作的重要内容。通过分析和核算，可以对成本计划的执行情况进行有效控制，对执行结果进行评价，为下一步工作的成本计划提供重要依据。

工程成本分析是项目经济核算的重要内容，是成本控制的重要组成部分。成本分析要以降低成本计划的执行情况为依据，对照成本计划和各项消耗定额，检查技术组织措施的执行情况，分析降低成本的主、客观原因，量差和价差因素，节约和超支情况，从而提出进一步降低成本的措施。

工程成本分析按其分析对象的范围及内容的深广度，可分为两类：工程成本的综合分析及单位工程成本分析。

工程成本的综合分析是按照工程预、决算，降低成本计划和建筑安装工程成本表进行的。采用的方法如下。

① 比较预算成本和实际成本。工程预算成本是根据一定时期的现行预算定额和规定的取费标准计算的工程成本。实际成本是根据施工过程中发生的实际生产费用所计算的成本，它是按一定的成本核算对象和成本项目汇集的实际耗费。检查完成降低成本任务、降低成本指标以及各成本项目的降低和超支情况。

② 比较实际成本与计划成本。计划成本是根据计划周期正常的施工定额所编制的施工预算，并考虑降低工程成本的技术组织措施后确定的成本。检查完成降价成本计划以及各成本项目的偏离计划情况，检查技术组织措施计划和管理费用计划合理与否以及执行情况。与上年同期降低成本情况比较，分析原因，提出改进的方向。

工程成本的综合分析只能概括了解工程成本降低或超支情况，要更详细了解，就需对单位工程的每一个成本项目进行具体分析。可从以下几个方面进行。

① 材料费分析。从材料的采购、生产、运输、库存与管理、使用等 5 个环节着手，分析材料差价和量差的影响，分析各种技术措施对降低成本的效果和管理不善造成的浪费损失。

② 人工费分析。从用工数量、工作利用水平、工效高低以及工资状况等方面分析主、客观因素，查明劳动使用和定额管理中的节约和浪费。

③ 施工机械使用费分析。从施工方案选择、机械化程度的变化、机械效率的高低、油料耗用定额及机械维修、完好率、利用率等方面分析台班产量定额的工作差、台班费用的成本差，着重分析提高机械利用率及利用措施的效果及管理不善造成的浪费。

④ 其他直接费分析。着重分析二次搬运及现场施工用水、电、风、气等费用节、超情况。

⑤ 经营管理费分析。从施工生产任务和组织机构人员配备的变化、非生产人员增减以及各项开支的节约与浪费等方面分析施工管理费的节、超情况及费用开支管理上的问题。

⑥ 技术组织措施计划完成情况的分析。为今后正确制定和贯彻技术组织计划积累经验。

2. 工程成本核算

工程成本核算就是记录、汇总和计算工程项目费用的支出，核算承包工程项目的原始资料。施工过程中项目成本的核算宜以每月为一核算期，在月末进行。核算对象应按单位工程划分，并与施工项目管理责任目标成本的界定范围一致。进行核算时，要严格遵守工程项目所在地关于开支范围和费用划分的规定。按期进行核算时，要按规定对计入项目内的人工、材料、机械使用费，其他直接费、间接费等费用和成本，以实际发生数为准。

建筑装饰装修工程项目成本控制流程图如图 6.1 所示。

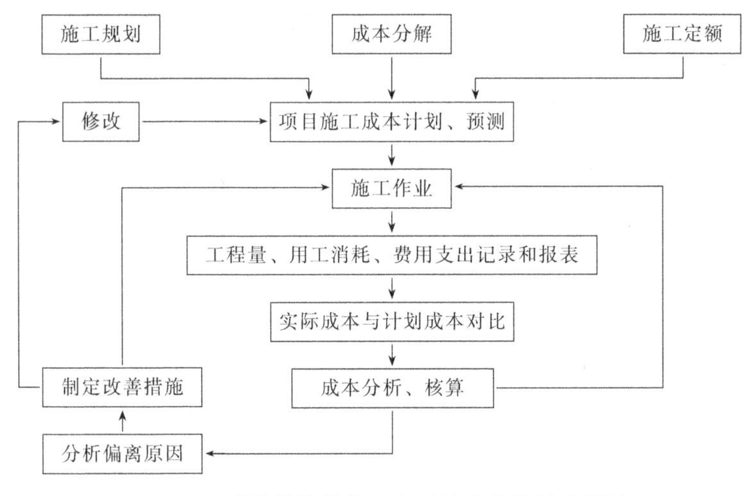

图 6.1 建筑装饰装修工程项目成本控制流程图

第三节 降低建筑装饰装修工程项目成本的途径

一、成本控制的措施

1. 组织措施

建立成本控制组织保证体系，有明确的项目组织机构，使成本控制有专门机构和人员管理，任务职责明确，工作流程规范化。

2. 技术措施

将价值工程应用于设计、施工阶段，进行多方案选择，严格审查初步设计、施工图设计、施工组织设计和施工方案，严格控制设计变更，研究采取相应的有效措施来达到降低成本的目的。

3. 经济措施

推行经济成本责任制，将计划目标进行分解，落实到基层，动态地对建筑装饰装修工程项目的计划成本和实际成本进行比较分析，严格处理各种费用的审批和支付，对节约投资采取鼓励措施。

4. 合同措施

通过合同条款的制定，明确和约束设计、施工阶段的工程成本控制。

5. 信息管理措施

利用计算机辅助进行工程成本控制。

二、建筑装饰装修工程项目的成本控制要点

1. 建立与市场经济相适应的管理机制，规范管理程序

以项目管理为核心，建立健全生产力要素市场，实行以等价交换为原则的有偿使用、有偿服务。企业内部市场也要依据这个原则为项目提供物资和劳务。会计工作要改变原来财务会计以编送会计报表为主要目标的做法，把核算重点转移到工程项目和内部市场的经济目标及其结果上来。

2. 将责任成本注入工程成本核算中

责任成本是财务成本的发展和延伸。建立健全项目责任成本核算机制是实施成本控制的

核心环节。在工程项目中，把委托财务成本、责任成本的双轨制变为单轨制，在核算项目上分开可控成本和不可控制成本。凡是可控成本，都作为项目班子的责任成本，通过考核分析，落实其责任，提高经济效益。

3. 做好以下几个结合

① 同生产经营和科学技术密切结合，全面挖掘降低成本的潜力。

② 同抓好工程质量、保证项目功能相结合，在保证工程质量和功能的前提下，实现项目成本目标，做到既提高质量，又降低成本。

③ 同保证工程项目的工期相结合，做到既提高效率、缩短工期，又减少费用开支。

④ 同全员管理成本相结合，把项目成本目标落实到项目班子、项目管理成员及全体职工中，并用系统论的思想，正确处理项目成本目标保证体系和各方面的关系。

三、建筑装饰装修工程项目实施各阶段降低成本的措施

1. 建筑装饰装修工程项目设计阶段

(1) 推行工程设计招标和方案竞选　招标和设计方案竞选有利于择优选定设计方案和设计单位；有利于控制项目投资，降低工程造价，提高投资效益；有利于采用技术先进、经济适用、设计质量水平高的设计方案。

(2) 推行限额设计　限额设计是按照批准的设计任务书及成本估算控制初步设计，按照批准的初步设计总概算控制施工图设计。各专业在保证达到使用功能的前提下，按分配的成本限额控制设计，严格控制技术设计和施工图设计的不合理变更，保证总投资限额不被超过。建筑装饰装修工程项目限额设计的全过程实际上就是建筑装饰装修工程项目在设计阶段的成本目标管理过程，即目标设置、目标管理、目标实施检查、信息反馈的控制循环过程。

(3) 加强设计标准和标准设计的制定和应用　设计标准是国家的技术规范，是进行工程设计、施工和验收的重要依据，是工程项目管理的重要组成部分，与项目成本控制密切相关。标准设计也称通用设计，是经政府主管部门批准的整套标准技术文件图纸。

采用设计规范可以降低成本，同时可以缩短工期。标准设计按通用条件编制，能够较好地贯彻执行国家的技术经济政策，密切结合当地自然条件和技术发展水平，合理利用能源、资源和材料设备，从而能够大大降低工程造价。

① 可以节约设计费用，加快出图速度，缩短设计周期。

② 构配件生产的统一配料可以节约材料，有利于生产成本的大幅度降低。

③ 标准件的使用能使工艺定型，容易使生产均衡和提高劳动生产率，既有利于保证工程质量，又有利于缩短工期。

2. 建筑装饰装修工程项目施工阶段

(1) 认真审查图纸，积极提出修改意见　在建筑装饰装修工程项目的实施过程中，施工单位应当按照建筑装饰装修工程项目的设计图纸进行施工建设。但由于设计单位在设计中考虑得不周到，设计的图纸可能会给施工带来不便。因此，施工单位应在认真审查设计图纸和材料、工艺说明书的基础上，在保证工程质量和满足用户使用功能要求的前提下，结合项目施工的具体条件，提出积极的修改意见。施工单位提出的意见应该有利于加快工程进度和保证工程质量，同时还能降低能源消耗、增加工程收入。在取得业主和施工单位的许可后，进行设计图纸的修改，同时办理增减账。

(2) 制定技术先进、经济合理的施工方案　施工方案的制定应该以合同工期为依据，综合考虑建筑装饰装修工程项目的规模、性质、复杂程度、现场条件、装备情况、员工素质等

因素。施工方案主要包括施工方法的确定、施工机具的选择、施工顺序的安排和流水施工的组织4项内容。施工方案应具有先进性和可行性。

(3) 落实技术组织措施　落实技术组织措施，以技术优势来取得经济效益，是降低成本的一个重要方法。在建筑装饰装修工程项目的实施过程中，通过推广新技术、新工艺、新材料都能够起到降低成本的目的。另外，通过加强技术质量检验制度，减少返工带来的成本支出也能够有效地降低成本。为了保证技术组织措施的落实并取得预期效益，必须实行以项目经理为首的责任制。由工程技术人员制定措施，材料负责人员供应材料，现场管理人员和生产班组负责执行，财务人员结算节约效果，最后由项目经理根据措施执行情况和节约效果对有关人员进行奖惩，形成落实技术组织措施的一条龙。

(4) 组织均衡施工，加快施工进度　凡是按时间计算的成本费用，如项目管理人员的工资和办公费、现场临时设施费和水电费，以及施工机械和周转设备的租赁费等，在施工周期缩短的情况下，会有明显的节约。但由于施工进度的加快，资源使用相对集中，将会增加一定的成本支出，同时，容易造成工作效率降低的情况。因此，在加快施工进度的同时，必须根据实际情况，组织均衡施工，做到快而不乱，以免发生不必要的损失。

(5) 加强劳动力管理，提高劳动生产率　改善劳动组织，优化劳动力的配置，合理使用劳动力，减少窝工；加强技术培训，提高工人的劳动技能和劳动熟练程度；严格劳动纪律，提高工人的工作效率，压缩非生产用工和辅助用工。

(6) 加强材料管理，节约材料费用　材料成本在建筑装饰装修工程项目成本中所占的比重很大，具有较大的节约潜力。在成本控制中，应该通过加强材料采购、运输、收发、保管、回收等工作来达到减少材料费用、节约成本的目的。根据施工需要合理储备材料，以减少资金占用；加强现场管理，合理堆放，减少搬运，减少仓储和损耗；落实限额领料，严格执行材料消耗定额；坚持余料回收，正确核算消耗水平；合理使用材料，扩大材料代用；推广使用新材料。

(7) 加强机具管理，提高机具利用率　结合施工方案的制定，从机具性能、操作运行和台班成本等因素综合考虑，选择最适合项目施工特点的施工机具；做好工序、工种机具施工的组织工作，最大限度地发挥机具效能；做好机具的平时保养维修工作，使机具始终保持完好状态，随时都能正常运转。

(8) 加强费用管理，减少不必要的开支　根据项目需要，配备精干高效的项目管理班子；在项目管理中，积极采用量本利分析、价值工程、全面质量管理等降低成本的新管理技术；严格控制各项费用支出和非生产性开支。

(9) 充分利用激励机制，调动职工增产节约的积极性　从装饰工程项目的实际情况出发，树立成本意识，划分成本控制目标，用活用好奖惩机制。通过责、权、利的结合，对员工执行劳动定额，实行合理的工资和奖励制度，能够大大提高全体员工的生产积极性，提高劳动效率，减少浪费，从而有效地控制工程成本。

复习思考题

一、名词解释

1. 成本

2. 建筑装饰装修工程项目成本

3. 措施费

4. 规费

二、填空题

1. 直接工程费由______组成。
2. 间接费由______组成。
3. 建筑装饰装修工程项目成本控制包括______。

三、简答题

1. 简述建筑装饰装修工程项目成本控制的意义。
2. 简述预算成本、计划成本、实际成本的区别与联系。
3. 简述建筑装饰装修工程项目成本控制的特点。

第七章
建筑装饰装修工程项目进度控制

提要

本章讲述了建筑装饰装修工程项目进度控制的概念、原理和方法，进度计划的实施、检查，以及进度计划的调整等内容。

第一节　建筑装饰装修工程项目进度控制概述

一、建筑装饰装修工程项目进度控制概念

项目施工进度控制是以项目工期为目标，按照项目施工进度计划及其实施要求，监督、检查项目实施过程中的动态变化，发现其产生偏差的原因，及时采取有效措施或修改原计划的综合管理过程。项目施工进度控制与质量控制、成本控制一样，是项目施工中重点控制目标之一，是衡量项目管理水平的重要标志。

对项目施工进度进行控制是一项复杂的系统工程，是一个动态的实施过程。通过进度控制，不仅能有效地缩短项目建设周期，减少各个单位和部门之间的相互干扰，而且能更好地落实施工单位各项施工计划，合理使用资源，保证施工项目成本、进度和质量等目标的实现，也为防止或提出施工索赔提供依据。

二、影响建筑装饰装修工程项目进度的因素分析

建筑装饰装修工程项目的特点决定了在其实施过程中将受到多种因素的影响，其中大多将对施工进度产生影响。为了有效地控制工程进度，必须充分认识和估计这些影响因素，以便事先采取措施，消除影响，使施工尽可能按进度计划进行。影响施工进度的主要因素有以下几方面。

1. 项目经理部内部因素

（1）技术性失误　施工单位采用技术措施不当；施工方法选择或施工顺序安排有误；施工中发生技术事故；应用新技术、新工艺、新材料、新构造缺乏经验，不能保证工程质量等都会影响施工进度。

（2）施工组织管理不利　对工程项目的特点和实现的条件判断失误；编制的施工进度计划不科学；贯彻进度计划不得力；流水施工组织不合理；劳动力和施工机具调配不当施工平面布置及现场管理不严密；解决问题不及时等都将影响施工进度计划的执行。

由此可见，提高项目经理部的管理水平、技术水平，提高施工作业层的素质是极为重要的。

2. 外部因素

影响项目施工进度实施的单位，主要是施工单位，但是建设单位（或业主）、监理单位、

设计单位、总承包单位、资金贷款单位、材料设备供应部门、运输部门、供水供电部门及政府的有关主管部门等都可能给施工的某些方面造成困难，影响施工进度。例如，设计单位图纸供应不及时或有误；业主要求设计方案变更；材料和设备不能按期供应，或质量、规格不符合要求；不能按期拨付工程款，或在施工中资金短缺等。

3. 不可预见的因素

施工中如果出现意外的事件，如战争、严重自然灾害、火灾、重大工程事故、工人罢工、企业倒闭、社会动乱等都会影响施工进度计划。

三、建筑装饰装修工程项目进度控制的措施和主要任务

1. 项目施工进度控制的措施

对施工项目进行进度控制采取的主要措施有组织措施、技术措施、合同措施、经济措施和信息管理措施等。

（1）组织措施　主要是指落实各层次的进度控制人员、具体任务和工作责任，建立进度控制的组织体系；根据施工项目的进展阶段、结构层次、专业工种或合同结构等进行项目分解，确定其进度目标，建立控制目标体系；确定进度控制工作制度，如检查时间、方法、协调会议时间、参加人等；对影响进度的因素进行分析和预测。

（2）技术措施　主要是指采用有利于加快施工进度的技术与方法，以保证在进度调整后，仍能如期竣工。技术措施包含两方面内容：一是能保证质量、安全、经济、快速的施工技术与方法（包括操作、机械设备、工艺等）；二是管理技术与方法，包括流水作业方法、网络计划技术等。

（3）合同措施　是指以合同形式保证工期进度的实现，即保持总进度控制目标与合同总工期相一致；分包合同的工期与总包合同的工期相一致；供货、供电、运输、构配件加工等合同对施工项目提供服务配合的时间应与有关进度控制目标相一致、相协调。

（4）经济措施　是指实现进度计划的资金保证措施和有关进度控制的经济核算方法。

（5）信息管理措施　是指建立监测、分析、调整、反馈进度实施过程中的信息流动程序和信息管理工作制度，以实现连续的、动态的全过程进度目标控制。

2. 项目施工进度控制的主要任务

项目施工进度控制的主要任务是编制施工总进度计划，并控制其执行，按期完成整个工程项目的任务；编制单位工程施工进度计划，并控制其执行，按期完成单位工程施工的任务；编制分部分项工程施工进度计划，并控制其执行，按期完成分部分项工程施工的任务；编制季度、月（旬）作业计划，并控制其执行，完成规定的目标。

第二节　建筑装饰装修工程实际进度与计划进度的比较

施工项目进度比较与计划调整是实施进度控制的主要环节。计划是否需要调整以及如何调整，必须以施工实际进度与计划进度进行比较分析后的结果作为依据和前提。因此，施工项目进度比较分析是进行计划调整的基础。常用的比较方法有以下几种。

一、横道图比较法

横道图比较法是指将项目实施过程中检查实际进度收集的数据，经加工整理后直接用横道线平行绘于原计划的横道线处，进行实际进度与计划进度的比较。采用横道图比较法，可以形象、直观地反映实际进度与计划进度的比较情况。

例如，某建筑装饰装修工程的计划进度和截止到第 12 天末的实际进度如图 7.1 所示。

序号	工作名称	工作时间	施工进度 / 天											
			2	4	6	8	10	12	14	16	18	20	22	24
1	安钢窗	6												
2	天棚、墙面抹灰	12												
3	铺地砖	8												
4	安玻璃、刷油漆	4												
5	贴壁纸	6												
⋮														

检查日期

图 7.1　某工程实际进度与计划进度的比较

——计划进度　——实际进度

从图 7.1 可以看出，在第 12 天末进行施工进度检查时，安钢窗工作已经按期完成；天棚、墙面抹灰工作按计划应该完成 90%，但实际只完成 67%，任务量拖欠 23%。铺地砖工作按计划应该完成 50%，而实际只完成 25%，任务量拖欠 25%。根据各项工作的进度偏差，进度控制者可以采取相应的纠偏措施对进度计划进行调整，以确保该工程按期完成。

图 7.1 所表达的比较方法仅适用于工程项目中的各项工作都是均匀进展的情况，即每项工作在单位时间内完成的任务量都相等的情况。事实上，工程项目中各项工作的进展不一定是匀速的。根据工程项目中各项工作的进展是否匀速，可分别采用以下两种方法进行实际进度与计划进度的比较。

1. 匀速进展横道图比较法

匀速进展是指在工程项目中，每项工作在单位时间内完成的任务量都是相等的，即工作的进展速度是均匀的。此时每项工作累计完成的任务量与时间成线性关系，如图 7.2 所示。完成的任务量可以用实物工程量、劳动消耗量或费用支出表示。为了便于比较，通常用上述物理量的百分比表示。

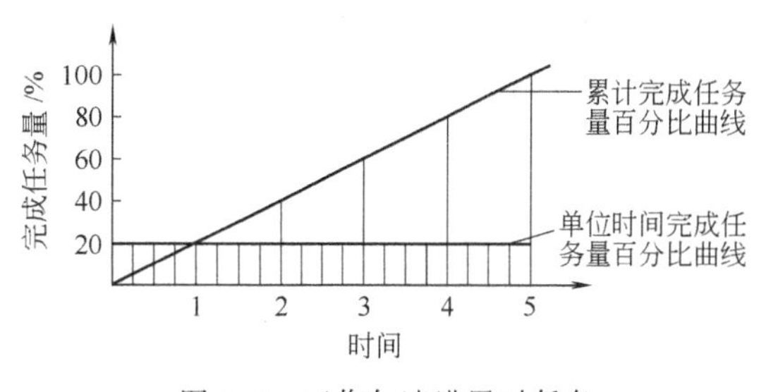

图 7.2　工作匀速进展时任务量与时间关系曲线

采用匀速进展横道图比较法，其步骤如下。

① 编制横道图进度计划。

② 在进度计划上标出检查日期。

③ 将检查收集到的实际进度，按比例用涂黑的粗线标于计划的下方，如图 7.1 所示。

④ 对比分析实际进度与计划进度。

a. 如果涂黑的粗线右端落在检查日期左侧，则表明实际进度拖后。

b. 如果涂黑的粗线右端落在检查日期右侧，则表明实际进度超前。

c. 如果涂黑的粗线右端与检查日期重合，则表明实际进度与划进度一致。

应注意的是，该方法仅适用于工作从开始到结束的整个过程中，其进展速度均为固定不变的情况。如果工作的进展速度是变化的，则不能采用这种方法进行实际进度与计划进度的

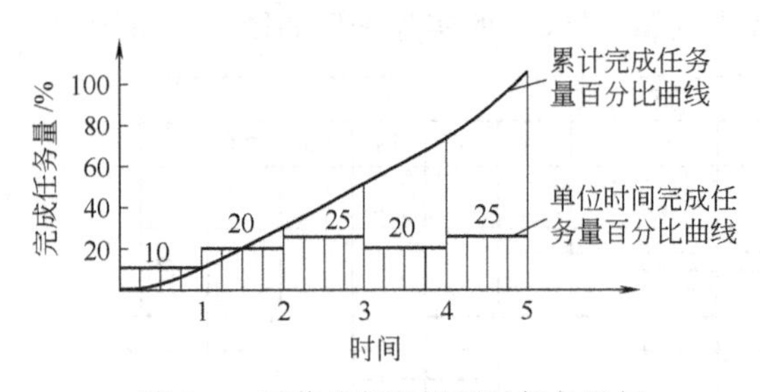

图 7.3 工作非匀速进展时任务量与时间关系曲线

比较。否则，会得出错误的结论。

2. 非匀速进展横道图比较法

当工作在不同单位时间里的进展速度不相等时，累计完成的任务量与时间的关系就不可能是线性关系，如图 7.3 所示。若仍采用匀速进展横道图比较法，则不能反映实际进度与计划进度的对比情况，此时，应采用非匀速进展横道图比较法进行工作实际进度与计划进度的比较。

非匀速进展横道图比较法在用涂黑粗线表示工作实际进度的同时，还要标出其对应时刻完成任务量的累计百分比，并将该百分比与其同时刻计划完成任务量的累计百分比相比，判断工作实际进度与计划进度之间的关系。

采用非匀速进展横道图比较法，其步骤如下。

① 制横道图进度计划。

② 在横道线上方标出各主要时间工作的计划完成任务量累计百分比。

③ 在横道线下方标出相应时间工作的实际完成任务量累计百分比。

④ 用涂黑粗线标出工作的实际进度。从开始之日标起，同时反映出该工作在实施过程中的连续与间断情况。

⑤ 通过比较同一时刻实际完成任务量累计百分比和计划完成任务量累计百分比，判断工作实际进度与计划进度之间的关系。

a. 如果同一时刻横道线上方累计百分比大于横道线下方累计百分比，则表明实际进度拖后，拖欠的任务量为两者之差。

b. 如果同一时刻横道线上方累计百分比小于横道线下方累计百分比，则表明实际进度超前，超前的任务量为两者之差。

c. 如果同一时刻横道线上下方两个累计百分比相等，则表明实际进度与计划进度一致。

可以看出，由于工作进展速度是变化的，因此，在图中的横道线无论是计划的还是实际的，只能表示工作的开始时间、完成时间和持续时间，并不表示计划完成的任务量和实际完成的任务量。此外，采用非匀速进展横道图比较法不仅可以进行某一时刻（如检查日期）实际进度与计划进度的比较，而且还能进行某一时间段实际进度与计划进度的比较。当然，这需要实施部门按规定的时间记录当时的任务完成情况。

【例 7-1】 某工程项目中的墙面抹灰工作按施工进度计划安排需要 7 周完成，每周计划完成的任务量百分比分别为 10%、15%、20%、25%、15%、10%、5%。试做出其计划图并在施工中进行跟踪比较。

解： ① 编制横道图进度计划，如图 7.4 所示。

② 在横道线上方标出抹灰工程每周计划累计完成任务量的百分比，分别为 10%、25%、45%、70%、85%、95%、100%。

③ 在横道线下方标出第 1 周至检查日期（第 4 周）每周实际累计完成任务量的百分比，分别为 7%、20%、42%、68%。

④ 用涂黑粗线标出实际投入的时间。图 7.4 表明，该工作实际开始时间晚于计划开始时间，开始后连续工作，没有中断。

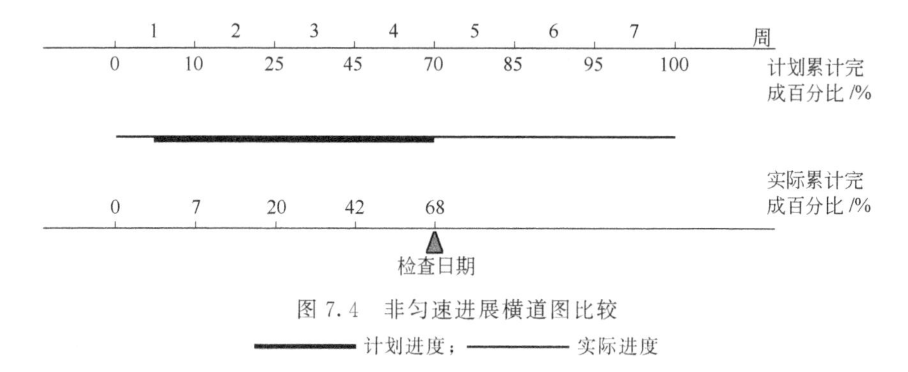

图 7.4 非匀速进展横道图比较

计划进度；实际进度

⑤ 比较实际进度与计划进度。从图 7.4 可以看出，该工作在第 1 周实际进度比计划进度拖后 3%，以后各周末累计拖后分别为 5%、3%和 2%。

横道图比较法虽有记录和比较简单、形象直观、易于掌握、使用方便等优点，但由于其以横道计划为基础，因而带有不可克服的局限性。在横道计划中，各项工作之间的逻辑关系表达不明确，关键工作和关键线路无法确定。一旦某些工作实际进度出现偏差，则难以预测其对后续工作和工程总工期的影响，从而难以确定相应的进度计划调整方法。因此，横道图比较法主要用于工程项目中某些工作实际进度与计划进度的局部比较。

二、S 曲线比较法

S 曲线比较法是以横坐标表示时间，纵坐标表示累计完成任务量，绘制一条按计划时间累计完成任务量的 S 曲线，然后将工程项目实施过程中各检查时间实际累计完成任务量的 S 曲线也绘制在同一坐标系中，进行实际进度与计划进度比较的一种方法。

从整个工程项目实际进展的全过程看，单位时间投入的资源量一般是开始和结束时较少，中间阶段较多。与其相对应，单位时间完成的任务量也有同样的变化规律［图 7.5（a）］，随工程进展累计完成的任务量呈 S 形变化［图 7.5（b）］。

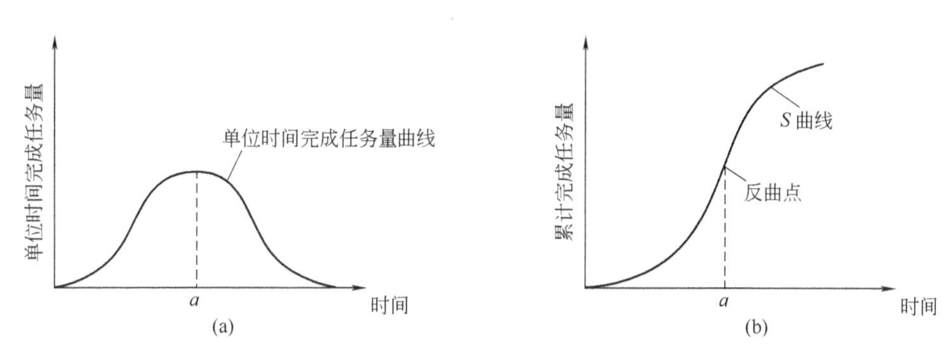

图 7.5 时间与完成任务量关系曲线

1. S 曲线的绘制方法

下面以一简单的例子来说明 S 曲线的绘制方法。

【例 7-2】 某楼地面铺设工程量为 $10000m^2$，按照施工方案，计划 10 天完成，每月计划完成的任务量如图 7.6 所示，试绘制该楼地面铺设工程的 S 曲线。

解：

① 确定单位时间计划完成任务量。在本例中，将每月计划完成楼地面铺设量列于表 7.1 中。

表 7.1 计划完成楼地面铺设工程汇总表

时间/天	1	2	3	4	5	6	7	8	9
每日完成量/m^2	400	800	1200	1600	2000	1600	1200	800	400
累计完成量/m^2	400	1200	2400	4000	6000	7600	8800	9600	10000

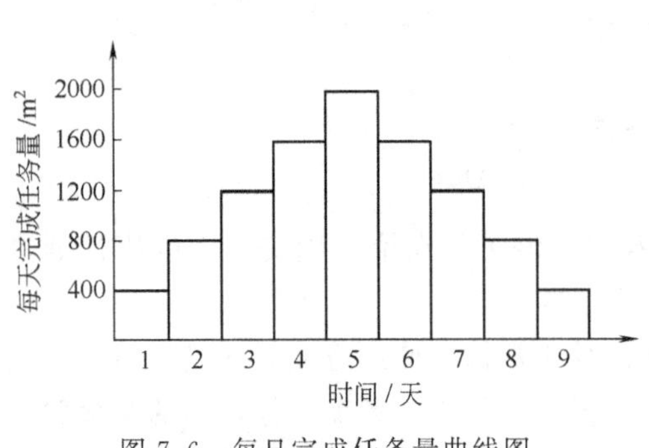

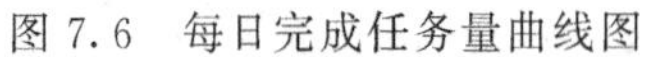
图 7.6 每日完成任务量曲线图

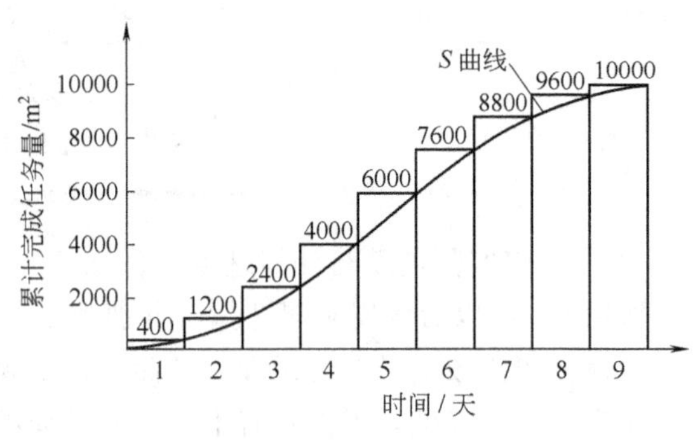

图 7.7 S 曲线图

② 计算不同时间累计完成任务量。在本例中，依次计算每月计划累计完成的楼地面铺设量，结果列于表 7.1 中。

③ 根据累计完成任务量绘制 S 曲线。在本例中，根据每月计划累计完成楼地面铺设量而绘制的 S 曲线如图 7.7 所示。

2. S 曲线的比较

S 曲线的比较同横道图比较法一样，是在图上进行工程项目实际进度与计划进度的直观比较。在工程项目实施过程中，按照规定时间将检查收集到的实际累计完成任务量绘制在原计划 S 曲线图上，即可得到实际进度 S 曲线，如图 7.8 所示。通过比较实际进度 S 曲线和计划进度 S 曲线，可以获得如下信息。

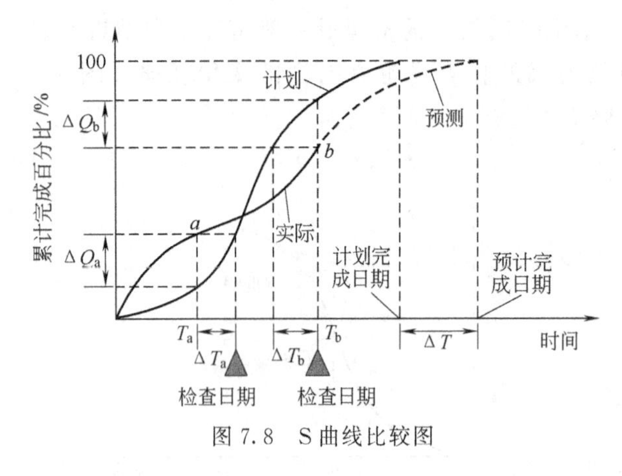

图 7.8 S 曲线比较图

① 工程项目实际进展状况。如果工程实际进展点落在计划 S 曲线左侧，则表明此时实际进度比计划进度超前，如图中的 a 点；若落在计划 S 曲线右侧，则表明此时实际进度拖后，如图 7.8 中的 b 点；若正好落在计划 S 曲线上，则表示此时实际进度与计划进度一致。

② 工程项目实际进度超前或拖后的时间。在 S 曲线比较图中可以直接读出实际进度比计划进度超前或拖后的时间。如图 7.8 所示，ΔT_a 表示 T_a 时刻实际进度超前的时间；ΔT_b 表示 T_b 时刻实际进度拖后的时间。

③ 工程项目实际超额或拖欠的任务量。在 S 曲线比较图中也可直接读出实际进度比计划进度超额或拖欠的任务量。如图 7.8 所示，ΔQ_a 表示 T_a 时刻超额完成的任务量；ΔQ_b 表示 T_b 时刻拖欠完成的任务量。

④ 后期工程进度预测。如果后期工程按原计划速度进行，则可做出后期工程计划 S 曲线，如图 7.8 中虚线所示，从而可以确定工期拖延预测值 ΔT。

三、前锋线比较法

前锋线比较法是通过绘制某检查时刻工程项目实际进度前锋线，进行工程实际进度与计划进度比较的方法，主要适用于时标网络计划。所谓前锋线，是指在原时标网络计划上，从检查时刻的时标点出发，用点划线依此将各项工作实际进展位置点连接而成的折线。前锋线比较法就是通过实际进度前锋线与原进度计划中各工作箭线交点的位置来判定施工实际进度与计划进度的偏差，进而判定该偏差对后续工作及总工期影响程度的一种方法。

前锋线比较法进行实际进度与计划进度的比较，其步骤如下。

① 绘制时标网络计划图。工程实际进度前锋线是在时标网络计划图上标出，为清楚起见，可在时标网络计划的上方和下方各设一时间坐标。

② 绘制实际进度前锋线。从时标网络计划图上方时间坐标的检查日期开始绘制，依次连接相邻工作的实际进展点，最后与时标网络计划图下方坐标的检查日期相连接。

③ 进行实际进度与计划进度的比较。前锋线可以直观地反映出检查日期有关工作实际进度与计划进度之间的关系。一般可有以下 3 种情况。

a. 工作实际进展位置点落在检查日期的左侧，表明该工作实际进度拖后，拖后的时间为两者之差。

b. 工作实际进展位置点落在检查日期的右侧，表明该工作实际进度超前，超前的时间为两者之差。

c. 工作实际进展位置点与检查日期重合，表明该工作实际进度与计划进度一致。

④ 预测进度偏差对后续工作及总工期的影响。通过实际进度与计划进度的比较确定进度偏差后，还可根据工作的自由时差和总时差预测该进度偏差对后续工作及项目总工期的影响。由此可见，前锋线比较法既适用于工作实际进度与计划进度之间的局部比较，又可用来分析和预测工程项目整体进度状况。

【例 7-3】 某工程项目时标网络计划如图 7.9 所示。该计划执行到第 4 天末检查实际进度时，发现工作 A 已经完成，B 工作已进行了 1 天，C 工作已进行 2 天，D 工作还未开始。试用前锋线法进行实际进度与计划进度的比较。

解： ① 根据第 4 天末实际进度的检查结果绘制前锋线，如图 7.9 中点划线所示。

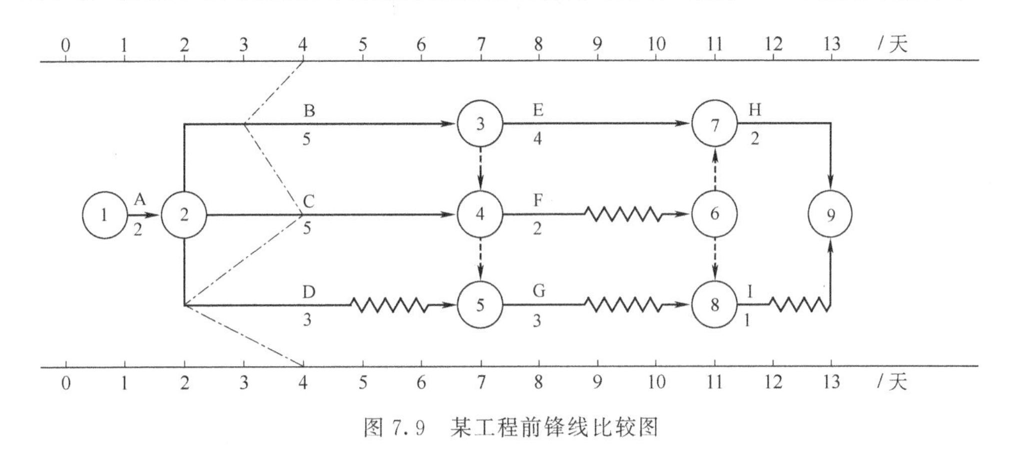

图 7.9　某工程前锋线比较图

② 实际进度与计划进度的比较。

由图 7.9 可看出：B 工作实际进度拖后 1 天，将使其紧后工作 E、F、G 的最早开始时间推迟 1 天，并使总工期延长 1 天；C 工作与计划一致；D 工作实际进度拖后 2 天，既不影响后续工作，也不影响总工期。综上所述，如果不采取措施加快进度，则该工程项目的总工期将延长1天。

四、列表比较法

当工程进度计划用非时标网络图表示时，可以采用列表比较法进行实际进度与计划进度的比较。这种方法是记录检查日期应该进行的工作名称及其已经作业的时间，然后列表计算有关时间参数，并根据工作总时差进行实际进度与计划进度比较的方法。

采用列表比较法进行实际进度与计划进度的比较，其步骤如下。

① 对于实际进度检查日期应该进行的工作，根据已经作业的时间，确定其尚需作业时间。

② 根据原进度计划计算检查日期应该进行的工作从检查日期到原计划最迟完成时尚余时间。

③ 计算工作尚有总时差，其值等于工作从检查日期到原计划最迟完成时间尚余时间与该工作尚需作业时间之差。

④ 比较实际进度与计划进度，可能有以下几种情况。

a. 如果工作尚有总时差与原有总时差相等，则说明该工作实际进度与计划进度一致。

b. 如果工作尚有总时差大于原有总时差，则说明该工作实际进度超前。超前的时间为两者之差。

c. 如果工作尚有总时差小于原有总时差，且仍为非负值，则说明该工作实际进度拖后。拖后的时间为两者之差。不影响总工期。

d. 如果工作尚有总时差小于原有总时差，且为负值，则说明该工作实际进度拖后。拖后的时间为两者之差。此时工作实际进度偏差将影响总工期。

【例7-4】 将例7-3中网络计划及其检查结果，采用列表法进行实际进度与计划进度比较和情况判断。

解： 根据工程项目进度计划及实际进度检查结果，可以计算出检查日期应进行工作的尚需作业时间、原有总时差及尚有总时差等，计算结果见表7.2。

表7.2 工程进度检查比较表 单位：天

工作代号	工作名称	检查时工作尚需作业时间	检查时刻至最迟完成时间尚余时间	原有总时差	尚有总时差	情况判断
2—3	B	4	3	0	−1	影响工期1天
2—4	C	3	5	2	2	正常
2—5	D	3	6	5	3	正常

第三节 建筑装饰装修工程施工阶段的进度控制

一、施工进度的动态检查

在施工进度计划的实施过程中，由于各种因素的影响，常常会打乱原始计划的安排而出现进度偏差。因此，进度控制人员必须对施工进度计划的执行情况进行动态检查，并分析进度偏差产生的原因，以便为施工进度计划的调整提供必要的信息。其主要工作包括以下几部分。

1. 跟踪检查施工实际进度

为了对施工进度计划的完成情况进行统计、进度分析和调整计划提供信息，应对施工进度计划依据其实施记录进行跟踪检查。

跟踪检查施工实际进度是分析施工进度、调整进度计划的前提，其目的是收集实际施工进度的有关数据。跟踪检查的时间、方式、内容和收集数据的质量，将直接影响进度控制工作的质量和效果。

检查的时间与施工项目的类型、规模，施工条件和对进度执行要求程度有关，通常分两类：一类是日常检查；一类是定期检查。日常检查是常驻现场管理人员每日进行检查，采用施工记录和施工日志的方法记载下来。定期检查一般与计划安排的周期和召开现场会议的周期相一致，可视工程的情况，每月、每半月、每旬或每周检查一次。当施工中遇到天气、资源供应等不利因素的严重影响，检查的间隔时间可临时缩短。定期检查在制度中应规定出来。

检查和收集资料的方式，一般采用进度报表方式或定期召开进度工作汇报会。为了保证汇报资料的准确性，进度控制的工作人员要经常地、定期地到现场察看，准确地掌握施工项目的实际进度。

检查的内容主要包括：在检查时间段内任务的开始时间、结束时间，已进行的时间，完成的实物量或工作量，劳动量消耗情况及主要存在的问题等。

2. 整理统计检查数据

对于收集到的施工实际进度数据，要进行必要的整理，并按计划控制的工作项目内容进行统计。要以相同的量纲和形象进度，形成与计划进度具有可比性的数据。一般可以按实物工程量、工作量和劳动消耗量以及累计百分比整理和统计实际检查的数据，以便与相应的计划完成量相对比分析。

3. 对比分析实际进度与计划进度

将收集的资料整理和统计成与计划进度具有可比性的数据后，用实际进度与计划进度的比较方法进行比较分析。通常采用的比较方法有横道图比较法、S 曲线比较法、前锋线比较法、列表比较法等。通过比较得出实际进度与计划进度是相一致，还是超前，或者是拖后 3 种情况，以便为决策提供依据。

4. 施工进度检查结果的处理

施工进度检查要建立报告制度，即将施工进度检查比较的结果、有关施工进度现状和发展趋势，以最简练的书面报告形式提供给有关主管人员和部门。

进度报告的编写，原则上由计划负责人或进度管理人员与其他项目管理人员（业务人员）协作编写。进度报告时间一般与进度检查时间相协调，一般每月报告一次，重要的、复杂的项目每旬或每周一次。

进度控制报告根据报告的对象不同，一般分为以下 3 个级别。

（1）项目概要级的进度报告　它是以整个施工项目为对象描述进度计划执行情况的报告。它是报给项目经理、企业经理或业务部门以及监理单位或建设单位（业主）的。

（2）项目管理级的进度报告　它是以单位工程或项目分区为对象描述进度计划执行情况的报告，重点是报给项目经理和企业业务部门及监理单位。

（3）业务管理级的进度报告　它是以某个重点部位或某项重点问题为对象编写的报告，供项目管理者及各业务部门使用，以便采取应急措施。

进度报告的内容依报告的级别和编制范围的不同有所差异。主要包括：项目实施概况、管理概况、进度概要，项目施工进度、形象进度及简要说明，施工图纸提供进度，材料、物资、构配件供应进度，劳务记录及预测，日历计划，建设单位（业主）、监理单位和施工主管部门对施工者的变更指令等。

二、施工进度计划的调整

1. 分析进度偏差的影响

在工程项目实施过程中，当通过实际进度与计划进度的比较发现有进度偏差时，需要分析该偏差对后续工作及总工期的影响，从而采取相应的调整措施对原进度计划进行调整，以确保工期目标的顺利实现。进度偏差的大小及其所处的位置不同，对后续工作和总工期的影响程度是不同的，分析时需要利用网络计划中工作总时差和自由时差的概念进行判断。

（1）分析出现进度偏差的工作是否为关键工作　如果出现进度偏差的工作位于关键线路上，即该工作为关键工作，则无论其偏差有多大，都将对后续工作和总工期产生影响，必须采取相应的调整措施。如果出现偏差的工作是非关键工作，则需要根据进度偏差值与总时差和自由时差的关系作进一步分析。

（2）分析进度偏差是否超过总时差　如果工作的进度偏差大于该工作的总时差，则此进度偏差必将影响其后续工作和总工期，必须采取相应的调整措施。如果工作的进度偏差未超过该工作的总时差，则此进度偏差不影响总工期。至于对后续工作的影响程度，还需要根据偏差值与其自由时差的关系作进一步分析。

（3）分析进度偏差是否超过自由时差　如果工作的进度偏差大于该工作的自由时差，则此进度偏差将对其后续工作产生影响，此时应根据后续工作的限制条件确定调整方法。如果工作的进度偏差未超过该工作的自由时差，则此进度偏差不影响后续工作，因此原进度计划可以不作调整。

2. 施工项目进度计划的调整方法

通过检查分析，如果发现原有进度计划已不能适应实际情况，为了确保进度控制目标的实现或需要确定新的计划目标，就必须对原有进度计划进行调整，以形成新的进度计划，作为进度控制的新依据。施工进度计划的调整方法主要有两种：一是改变某些工作间的逻辑关系；二是缩短某些工作的持续时间。在实际工作中应根据具体情况选用上述方法进行进度计划的调整。

（1）改变某些工作间的逻辑关系　若检查的实际施工进度产生的偏差影响了总工期，在工作之间的逻辑关系允许改变的条件下，改变关键线路和超过计划工期的非关键线路上的有关工作之间的逻辑关系，达到缩短工期的目的。用这种方法调整的效果是很显著的。例如，可以把依次进行的有关工作改变为平行或互相搭接施工，以及分成几个施工段进行流水施工等，都可以达到缩短工期的目的。

（2）压缩关键工作的持续时间　这种方法的特点是不改变工作之间的先后顺序关系，通过缩短网络计划中关键线路上工作的持续时间来缩短工期。这时通常需要采取一定的措施来达到目的。具体措施包括以下几种。

① 组织措施。包括：增加工作面，组织更多的施工队伍；增加每天的施工时间（如采用三班制等）；增加劳动力和施工机械的数量等措施。

② 技术措施。包括：改进施工工艺和施工技术，缩短工艺技术间歇时间；采用更先进的施工方法，以减少施工过程的数量；采用更先进的施工机械等措施。

③ 经济措施。包括：实行包干奖励、提高奖金数额、对所采取的技术措施给予相应的经济补偿等措施。

④ 其他配套措施。包括：改善外部配合条件、改善劳动条件、实施强有力的调度等措施。

一般来说，不管采取哪种措施，都会增加费用。因此，在调整施工进度计划时，应利用费用优化的原理选择费用增加量最小的关键工作作为压缩对象。

除了分别采用上述两种方法来缩短工期外，有时由于工期拖延得太久，当采用某种方法进行调整，其可调整的幅度又受到限制时，还可以同时利用这两种方法对同一施工进度计划进行调整，以满足工期目标的要求。

三、工程延期

在建设工程施工过程中，其工期的延长分为工程延误和工程延期两种。由于承包单位自身的原因使工程进度拖延，称为工程延误；由于承包单位以外的原因使工程进度拖延，称为工程延期。虽然它们都是使工程拖期，但由于性质不同，因而所承担的责任也不同。如果是属于工程延误，则由此造成的一切损失由承包单位承担。同时，业主还有权对承包单位施行误期违约罚款。如果是属于工程延期，则承包单位不仅有权要求延长工期，而且还有权向业主提出赔偿费用的要求，以弥补由此造成的额外损失。因此，对承包单位来说，及时向监理工程师申报工程延期十分重要。

1. 申报工程延期的条件

由于以下原因导致工程拖期，承包单位有权提出延长工期的申请。监理工程师应按合同规定，批准工程延期时间。

① 监理工程师发出工程变更指令而导致工程量增加。

② 合同所涉及的任何可能造成工程延期的原因，如延期交图、工程暂停、对合格工程的剥离检查及不利的外界条件等。

③ 异常恶劣的气候条件。

④ 由业主造成的任何延误、干扰或障碍，如未及时提供施工场地、未及时付款等。

⑤ 除承包单位自身以外的其他任何原因。

2. 工程延期的审批程序

工程延期的审批程序如图 7.10 所示。当工程延期事件发生后，承包单位应在合同规定的有效期内以书面形式通知监理工程师（即工程延期意向通知），以便于监理工程师尽早了解所发生的事件，及时作出一些减少延期损失的决定。随后，承包单位应在合同规定的有效期内（或监理工程师可能同意的合理期限内）向监理工程师提交详细的申述报告（延期理由及依据）。监理工程师收到该报告后应及时进行调查核实，准确地确定出工程延期时间。

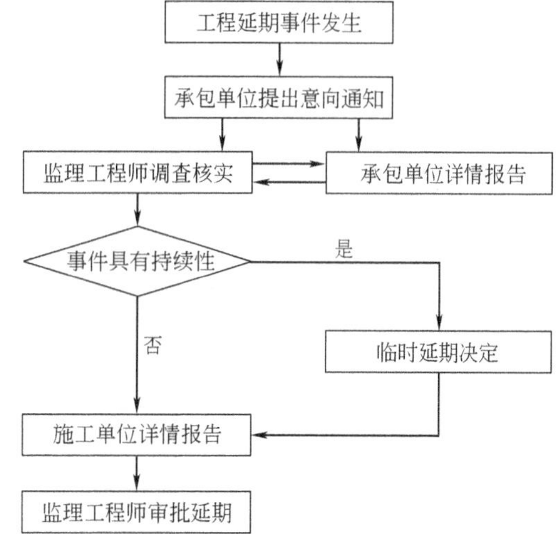

图 7.10 工程延期的审批程序

当延期事件具有持续性，承包单位在合同规定的有效期内不能提交最终详细的申述报告时，应先向监理工程师提交阶段性的详情报告。监理工程师应在调查核实阶段性报告的基础上，尽快作出延长工期的临时决定。临时决定的延期时间不宜太长，一般不超过最终批准的延期时间。

待延期事件结束后，承包单位应在合同规定的期限内向监理工程师提交最终的详情报告。监理工程师应复查详情报告的全部内容，然后确定该延期事件所需要的延期时间。

复习思考题

一、名词解释

1. 建筑装饰装修工程项目进度控制
2. 进度控制的横道图比较法
3. 进度控制的前锋线比较法

二、填空题

1. 建筑装饰装修工程项目进度控制的措施有____________________和信息管理。
2. 建筑装饰装修工程项目进度控制的方法有____________________。
3. 压缩关键工作的持续时间有____________________等措施。

三、简答题

1. 简述工程延期的审批程序。
2. 简述施工项目进度计划的调整方法。
3. 简述项目施工进度控制的主要任务。

第八章

建筑装饰装修工程项目质量控制

提要

本章主要讲述建筑装饰装修工程项目质量控制的基本概念、全面质量控制的方法，介绍了 ISO 9000 系列标准。

第一节　建筑装饰装修工程项目质量控制概述

一、建筑装饰装修工程项目质量的概念及特点

1. 质量（quality）

反映实体满足明确或隐含需要能力的特性的总和称为质量。质量的主体是“实体”。实体可以是活动或过程（如监理单位受业主委托实施工程建设监理或承建商履行施工合同的过程），也可以是活动或过程结果的有形产品（如建成的写字楼、商品房），或无形产品（如施工组织设计等），还可以是某个组织体系或人，以及以上各项的组合。由此可见，质量的主体不仅包括产品，而且包括活动、过程、组织体系或人，以及它们的结合。

明确需要是指在合同、标准、规范、图纸、技术文件中已经作出明确规定的要求。隐含需要则应加以识别和确定，它一是指顾客或社会对实体的期望；二是指那些人们所公认的、不言而喻的、不必作出规定的“需要”。例如，住宅应满足人们最起码的居住功能就属于隐含需要。

2. 工程项目质量

工程项目质量是国家现行的有关法律、法规、技术标准、设计文件及工程合同中对工程的安全、使用、经济、美观等特性的综合要求。工程项目一般是按照合同条件承包建设的，因此，工程项目质量是在“合同环境”下形成的。合同条件中对工程项目的功能、使用价值及设计、施工质量等的明确规定都是业主的“需要”，因而都是质量的内容。

在工程质量管理中，“质量”的含义包括 3 个方面的内容，即工程质量、工序质量和工作质量。

(1) 工程质量　指能满足国家建设和人民需要所具备的自然属性。通常包括适用性、可靠性、安全性、经济性和使用寿命等，即工程的使用价值。这种属性区别了工程的不同用途。建筑装饰装修的施工质量是指建筑装饰装修材料、装饰装修构造等是否符合“设计文件”以及《建筑装饰装修工程质量验收规范》的要求。

影响工程质量的因素有 5 个方面，即人（man）、材料（material）、机械（machine）、方法（method）和环境（environment），简称 4M1E。

(2) 工序质量　即在生产过程中，人、机具、材料、施工方法和环境对装饰装修产品综

合起作用的过程，这个过程所体现的工程质量称为工序质量。工序质量也要符合“设计文件”，《建筑装饰装修工程质量验收规范》及《建筑工程质量检验评定标准》的规定。工序质量是形成工程质量的基础。

(3) 工作质量　工作质量并不像工程质量那样直观，它主要体现在企业的一切经营活动中，通过经济效果、生产效率、工作效率和工程质量集中体现出来。

工程质量、工序质量和工作质量是3个不同的概念，但三者有密切的联系。工程质量是企业施工的最终成果，它取决于工序质量和工作质量。工作质量是工序质量和工程质量的保证和基础，必须努力提高工作质量，以工作质量来保证和提高工序质量，从而保证和提高工程质量。提高工程质量的目的，归根结底是为了提高经济效益，为社会创造更多的财富。

3. 工程项目质量的特点

工程项目质量的特点是由工程项目特点确定的。由于工程项目具有单项性、一次性以及高投入性等特点，故工程项目质量有以下特点。

(1) 影响因素多　如决策、设计、材料、机械、环境、施工工艺、施工方案、操作方法、技术措施、管理制度、施工人员素质等均直接或间接地影响工程项目的质量。

(2) 质量波动大　工程建设因其具有复杂性、单一性，不像一般工业产品的生产那样，有固定的生产流水线，有规范化的生产工艺和完善的检测技术，有成套的生产设备和稳定的生产环境，有相同系列规格和相同功能的产品，所以其质量波动性大。

(3) 质量变异大　由于影响工程质量的因素较多，任一因素出现质量问题均会引起工程建设系统的质量变异，造成工程质量问题。

(4) 质量隐蔽性　工程项目在施工过程中，由于工序交接多、中间产品多、隐蔽工程多，若不及时检查并发现其存在的质量问题，事后看表面质量可能很好，容易产生第二判断错误，即将不合格的产品认为是合格的产品。

(5) 终检局限大　工程项目建成后，不可能像某些工业产品那样，可以拆卸或解体来检查内在的质量，所以工程项目终检验收时难以发现工程内在的、隐蔽的质量缺陷。

所以，对工程质量更应重视事前、事中控制，防患于未然，将质量事故消灭于萌芽之中。

建筑装饰装修工程项目质量除了上述工程项目质量的特点以外，还有如下特点。

(1) 功能的特性　建筑装饰装修工程包括空调、灯具、消防、卫生设备等的装饰装修，这些的功能要求设备、器具灵敏，用电供水系统运转正常。

(2) 感官特性　建筑装饰装修工程的质量评定标准中许多指标是通过感官特性来进行评定的。

(3) 实效特性　主要指建筑装饰装修工程的耐久性，即保证在一定的时间内质量稳定，不出现瓷砖脱落、天花塌落、油漆起皮、壁纸开裂等现象。

二、建筑装饰装修工程项目质量控制的概念

建筑装饰装修工程项目质量控制（quality control），是指建筑装饰装修工程项目企业为达到工程项目质量要求所采取的作业技术和活动。

工程项目质量要求则主要表现为工程合同、设计文件、技术规范规定的质量标准。因此，工程项目质量控制就是为了保证达到工程合同规定的质量标准而采取的一系列措施、手段和方法。

工程项目质量控制按其实施者不同，包括以下方面。

1. 业主方面的质量控制

（1）监理方的质量控制　目前，业主方的质量控制通常通过委托工程监理合同，委托监理单位对工程项目进行质量控制。

（2）业主方的工程建设监理的质量控制　指监理单位受业主委托，为保证工程合同规定的质量标准对工程项目进行的质量控制。其特点是外部的、横向的控制。其目的在于保证工程项目能够按照工程合同规定的质量要求实现业主的建设意图，取得良好的投资效益。其控制依据除国家制定的法律、法规外，主要是合同文件、设计图纸。在设计阶段及其前期的质量控制以审核可行性研究报告及设计文件、图纸为主，审核项目设计是否符合业主要求。在施工阶段驻现场实地监理检查是否严格按图施工，并达到合同文件规定的质量标准。

2. 政府方面的质量控制——政府监督机构的质量控制

政府监督机构的质量控制是按城镇或专业部门建立权威的工程质量监督机构，根据有关法规和技术标准，对本地区（本部门）的工程质量进行监督检查。其特点是外部的、纵向的控制。其目的在于维护社会公共利益，保证技术性法规和标准贯彻执行。其控制依据主要是有关的法律文件和法定技术标准。在设计阶段及其前期的质量控制以审核设计纲要、选址报告、建设用地申请及设计图纸为主。施工阶段以不定期的检查为主，审核是否违反城市规划，是否符合有关技术法规和标准的规定，对环境影响的性质和程度大小，有无防止污染、公害的技术措施。因此，政府质量监督机构根据有关规定，有权对勘察单位、设计单位、监理单位、施工单位的行为进行监督。

3. 承建商方面的质量控制

承建商方面的质量控制主要是施工阶段的质量控制，这是工程项目全过程质量控制的关键环节。其特点是内部的、自身的控制。其中心任务是要通过建立健全有效的质量监督工作体系来确保工程质量达到合同规定的标准和等级要求。

三、建筑装饰装修工程项目质量控制的发展

建筑装饰装修工程项目质量控制是建筑装饰装修工程项目管理的重要组成部分，其产生、形成、发展和日益完善的过程大体经历了几个阶段。

1. 质量检验阶段

质量检验阶段通过设立质量检验部门，对建筑装饰装修工程项目的质量进行检验，把“操作者的质量控制”变成了“检验员的控制”，但这种质量检验属于“事后检验”，控制效能有限。

2. 统计质量控制阶段

这一阶段的质量管理，主要运用数理统计方法，从质量波动中找出规律性，消除产生质量波动的异常原因，使产品生产过程中的每一个环节都控制在正常而又比较理想的状态，从而保证最经济地生产出合格的产品。这种质量管理方法，一方面应用数理统计方法；另一方面，注重生产过程中的质量控制，起到预防和把关相结合的作用。这种质量管理方法由于以积极的事前预防代替消极的事后检验，因此，它的科学性比质量检验阶段有了大幅度的提高。

3. 全面质量控制阶段

1957 年美国通用电气公司质量总经理费根堡姆（A. V. Feigenbaum）博士首次提出了全面质量管理的概念，并且于 1961 年出版了《全面质量管理》。该书强调执行质量职能是公司

全体人员的责任，应该使全体人员都具有质量的概念和承担质量的责任。

20世纪60年代以后，费根堡姆的全面质量管理概念逐步被世界各国所接受，并且得到了广泛的应用。由于质量管理越来越受到人们的重视，并且随着实践的发展，其理论也日渐丰富和成熟，于是逐渐形成一门单独的学科。

四、建筑装饰装修工程项目质量控制的原则

① 坚持“质量第一，用户至上”的原则。

② 坚持“以人为核心”的原则。

③ 坚持“以预防为主”的原则。

④ 坚持质量标准、严格检查和“一切用数据说话”的原则。

⑤ 坚持贯彻科学、公正和守法的原则。

五、建筑装饰装修工程项目质量因素的控制

影响建筑装饰装修工程项目质量的因素包括人、装饰装修材料、机具、施工方法和施工环境5个方面。事前对这5个方面的因素严加控制，是保证建筑装饰装修工程项目质量的关键。

1. 人的控制

人是指直接参与施工的组织者、指挥者和操作者。人作为控制的对象，要避免产生失误；作为控制的动力，要充分调动人的积极性，发挥人的主导作用。为此，除了加强政治思想教育、职业道德教育和专业技术培训，健全岗位责任制，改善劳动条件，公平合理地激励劳动热情以外，还需要根据工程特点，从确保质量出发，在人的技术水平、生理缺陷、心理行为和错误行为等方面来控制人的使用。例如，对技术复杂、难度大和精度高的工序和操作，应由技术熟练、经验丰富的工人来完成；反应迟钝，应变能力差的人，不能操作快速运行、动作复杂的机具设备；对某些要求万无一失的工序和操作，一定要分析人的心理行为，控制人的思想活动，稳定人的情绪；对具有危险源的现场作业，应控制人的错误行为，严禁吸烟、打赌、嬉戏、误判断和误动作等。此外，应严格禁止无技术资质的人员上岗操作；对不懂、图省事、碰运气、有意违章的行为，必须及时制止。总之，在使用人的问题上，应从政治素质、思想素质、业务素质和身体素质方面综合考虑，全面控制。

2. 装饰装修材料的控制

材料控制包括对原材料、成品和半成品等的控制，主要是严格检查验收，正确合理使用，建立管理台账，进行收、发、储、运等各环节的技术管理，避免混料和将不合格的原材料使用到建筑装饰装修工程上。

3. 机具控制

机具控制包括对施工机械设备、工具等的控制。要根据不同装饰装修工艺特点和技术要求，选用合适的机具设备；正确使用、管理和保养好机具设备。为此，要健全人机固定制度、操作证制度、岗位责任制度、交接班制度、技术保养制度、安全使用制度、机具检查制度等，确保机具设备处于最佳使用状态。

4. 施工方法控制

这里所指的施工方法控制，包含对施工方案、施工工艺、施工组织设计和施工技术措施等控制。主要应切合工程实际，能解决施工难题，技术可行，经济合理，有利于保证工程质量，加快进度，降低成本。

5. 施工环境控制

影响建筑装饰装修工程质量的环境因素较多，有工程技术环境，如建筑物的内、外装饰环境等；工程管理环境，如质量保证体系、质量管理制度等；劳动环境，如劳动组合、作业场所、工作面等。环境因素对工程质量的影响具有复杂而多变的特点。例如，气象条件变化万千，温度、湿度、大风、暴雨、酷暑和严寒都直接影响建筑装饰装修工程质量。又如，前一工序往往就是后一工序的环境，前一分项、分部工程也就是后一分项、分部工程的环境。因此，根据工程特点和具体条件，应对影响质量的环境因素采取有效的措施，严加控制。尤其是施工现场，应建立文明施工和文明生产的环境，保持装饰装修材料、工件堆放有序，工作场所清洁整齐，施工程序井井有条，为确保质量、安全创造良好条件。

第二节　建筑装饰装修工程项目的全面质量管理

一、全面质量管理的概念

全面质量管理（简称 TQC 或 TQM），是指为了使用户获得满意的产品，综合运用一整套质量管理体系、手段和方法所进行的系统管理活动。它的特点是三全（全企业职工、全生产过程、全企业各个部门）管理、一整套科学方法与手段（数理统计方法及电算手段等）、广义的质量观念。它与传统的质量管理相比有显著的成效，为现代企业管理方法中的一个重要分支。

全面质量管理的基本任务是：建立和健全质量管理体系，通过企业经营管理的各项工作，以最低的成本、合理的工期生产出符合设计要求并使用户满意的产品。

全面质量管理的具体任务主要有以下几个方面。

① 完善质量管理的基础工作。

② 建立和健全质量保证体系。

③ 确定企业的质量目标和质量计划。

④ 对生产过程各工序的质量进行全面控制。

⑤ 严格质量检验工作。

⑥ 开展群众性的质量管理活动，如质量管理小组（QC 小组）活动等。

⑦ 建立质量回访制度。

二、全面质量管理的工作方法

全面质量管理的工作方法是 PDCA 循环工作法。它是由美国质量管理专家戴明博士于 20 世纪 60 年代提出来的。

1. PDCA 循环工作法的基本内容

PDCA 循环工作法是把质量管理活动归纳为 4 个阶段，即计划阶段（plan）、实施阶段（do）、检验阶段（check）和处理阶段（action）。共有 8 个步骤。

（1）计划阶段（P）　在计划阶段，首先要确定质量管理的方针和目标，并提出实现它的具体措施和行动计划。计划阶段包括 4 个具体步骤。

第一步：分析现状，找出存在的质量问题，以便进行调查研究。

第二步：分析影响质量的各种因素，作为质量管理的重点对象。

第三步：在影响的诸因素中，找出主要因素，作为质量管理的重点对象。

第四步：制定改进质量的措施，提出行动计划并预计效果。

在计划阶段要反复考虑下列几个问题。

① 必要性。为什么要有计划？

② 目的。计划要达到什么目的？

③ 地点。计划要落实到哪些部门？

④ 期限。计划要什么时候完成？

⑤ 承担者。计划具体由谁来执行？

⑥ 方法。执行计划的打算？

(2) 实施阶段 (D) 在这阶段中，要按既定措施下达任务，并按措施去执行。这也是PDCA循环工作法的第5个步骤。

(3) 检验阶段 (C) 这个阶段的工作是对执行措施的情况进行及时的检查，通过检查与原计划进行比较，找出成功的经验和失败的教训。这也是PDCA循环工作法的第6个步骤。

(4) 处理阶段 (A) 处理阶段，就是把检查之后的各种问题加以处理。这个阶段可分两个步骤。

第七步：正确地总结经验，巩固措施，制定标准，形成制度，以便遵照执行。

第八步：尚未解决的问题转入下一个循环，再来研究措施，制定计划，予以解决。

2. PDCA循环工作法的特点

① PDCA循环像一个不断转动着的车轮，重复地不停循环。管理工作越扎实，循环越有效。如图8.1所示。

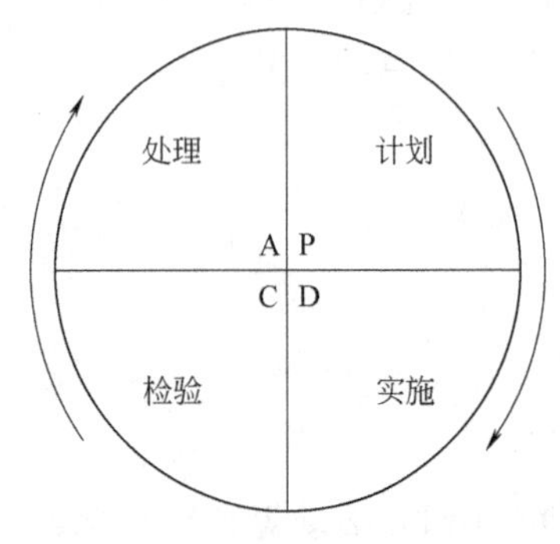

图8.1 PDCA循环

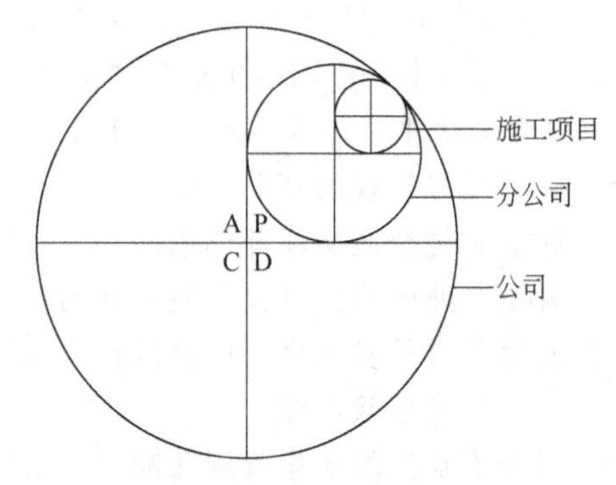

图8.2 PDCA循环关系图示

② PDCA循环的组成是大环套小环，大小环能不停地转动，但难环环相扣。

例如，整个公司是一个大的PDCA循环，企业内各部门又有自己的小PDCA循环，小环在大环内转动，形象地表示了它们之间的内部关系。如图8.2所示。

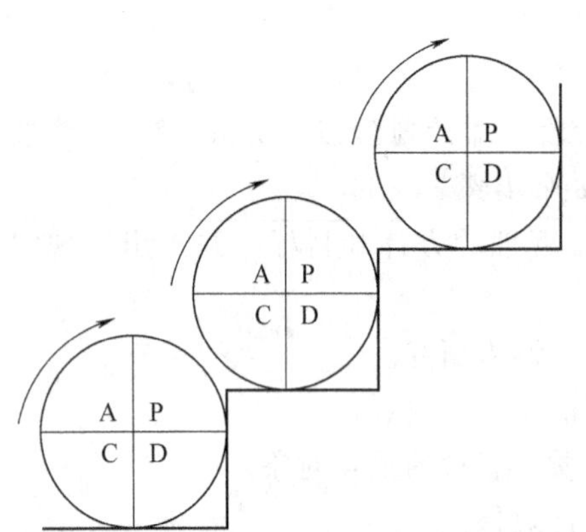

图8.3 PDCA循环提高过程

③ PDCA循环每转动一次，质量就提高一步，而不是在原来水平上的转动。每个循环所遗留的问题转入下一个循环继续解决。如图8.3所示。

④ PDCA循环必须围绕质量标准和要求来转动，并且在循环过程中把行之有效的措施和对策上升为新的标准。

三、全面质量管理的基础工作

1. 开展质量教育

进行质量教育的目的，就是要使企业全体人员树立“质量第一，为用户服务”和建立全面质量管理的观念，掌握进行全面质量管理的工作方法，学会使用质量管理的工作方法，学会使用质量管理的工具，特别是要重视对领导层、质量管理干部以及质量管理人员、基层质量管理小组成员的教育。要进行启蒙教育、普及教育和提高教育，使质量管理逐步深化。

2. 推行标准化

标准化是现代化大生产的产物。它是指材料、设备、工具、产品品种及规格的系列化，尺寸、质量、性能的统一化。标准化是质量管理的尺度，质量管理是执行标准化的保证。

在装饰装修工程项目施工中，对质量管理起标准作用的是：施工与验收规范、工程质量评定标准、施工操作规程以及质量管理制度等。

3. 做好计量工作

测试、检验、分析等计量工作是质量管理中的重要基础工作。没有计量工作，就谈不上执行质量标准；计量工作不准确，就不能判断质量是否符合标准。所以，开展质量管理，必须要做好计量工作。要明确责任制，加强技术培训，严格执行计量管理的有关规程与标准。对各种计量器具以及测试、检验仪器，必须实行科学管理，做到检测方法正确，计量器具、仪表及设备性能良好、示值精确，使误差在允许范围内，以充分发挥计量工作在质量管理中的作用。

4. 做好质量信息工作

质量信息工作，是指及时收集反映产品质量和工作质量的信息、基本数据、原始记录和产品使用过程中反映出来的质量情况，以及国内外同类产品的质量动态，从而为研究、改进质量管理和提高产品质量提供可靠的依据。

质量信息工作是质量管理的耳目。开展全面质量管理，一定要做好质量信息这项基础工作。其基本要求是：保证信息资料的准确性，提供的信息资料具有及时性，要全面、系统地反映产品质量活动的全过程，切实掌握影响产品质量的因素和生产经营活动的动态，对提高质量管理水平起到良好作用。

5. 建立质量责任制

建立质量责任制，就是把质量管理方面的责任和具体要求落实到每一个部门和每一个工作岗位，组成一个严密的质量管理工作体系。

质量管理工作体系，是指组织体系、规章制度和责任制度三者的统一体。要将上至企业领导、技术负责人及各科室，下至每一个管理人员与工人的质量管理责任制度，以及与此有关的其他工作制度建立起来。不仅要求制度健全、责任明确，还要把质量责任、经济利益结合起来，以保证各项工作的顺利开展。

四、质量保证体系

（一）质量保证体系的概念

1. 质量保证的概念

质量保证，是指企业向用户保证提高产品在规定的期限内能正常使用。按照全面质量管理的观点，质量保证还包括上道工序提供的半成品保证满足下道工序的要求，即上道工序对下道工序实行质量担保。

质量保证体现了生产者与用户之间、上道工序与下道工序之间的关系。通过质量保证，将产品的生产者和使用者密切地联系在一起，促使企业按照用户的要求组织生产，达到全面提高质量的目的。

用户对产品质量的要求是多方面的，它不仅指交货时质量，更主要的是在使用期限内产品的稳定性以及生产者提供的维修服务质量等。因此，建筑装饰装修企业的质量保证，包括装饰装修产品交工时的质量和交工以后在产品的使用阶段提供的维修服务质量等。

质量保证的建立，使企业内部各道工序之间、企业与用户之间有了一条质量纽带，带动了各方面的工作，为不断提高产品质量创造了条件。

2. 质量保证体系的概念

质量保证不是生产的某一个环节的问题，它涉及到企业经营管理的各项工作，需要建立完整的系统。所谓质量保证体系，就是企业为保证提高产品质量，运用系统的理论和方法建立的一个有机的质量工作系统。

这个系统把企业各部门、生产经营各环节的质量管理职能组织起来，形成一个目标明确、责权分明、相互协调的整体，从而使企业的工作质量与产品质量、生产过程与使用过程、企业经营管理的各个环节紧密地联系在一起。

由于有了质量保证体系，企业承包便能在生产经营的各个环节及时地发现和掌握质量管理的目的。

质量保证体系是全面质量管理的核心。全面质量管理实质上就是建立质量保证体系，并使其正常运转。

（二）质量保证体系的内容

建立质量保证体系，必须和质量保证的内容相结合。装饰装修企业质量保证体系的内容包括以下 3 部分的质量保证工作。

1. 施工准备过程的质量保证

其主要内容有以下几项。

（1）严格审查图纸　为了避免设计图纸的差错给工程质量带来影响，必须对图纸进行认真地审查。通过审查，及时发现错误，采取响应的措施加以纠正。

（2）编制好施工组织设计　编制施工组织设计之前，要认真分析企业在施工中存在的主要问题和薄弱环节，分析工程的特点，有针对性地提出防范措施，编制出切实可行的施工组织设计，以便指导施工活动。

（3）做好技术交底工作　在下达施工任务时，必须向执行者进行全面的质量交底，使执行人员了解任务的质量特性，做到心中有数，避免盲目行动。

（4）严格材料、构配件和其他半成品的检验工作　从原材料、构配件、半成品的进场开始，就严格把好质量关，为工程施工提供良好的条件。

（5）施工机械设备的检查维修工作　施工前要搞好施工机械设备的检修工作，使机械设备经常保持良好的工作状态，不致发生故障，影响工程质量。

2. 施工过程的质量保证

施工过程是装饰装修产品质量的形成过程，是控制建筑装饰装修产品质量的重要阶段。这个阶段的质量保证工作主要有以下几项。

（1）加强施工工艺管理　严格按照设计图纸、施工组织设计、施工验收规范、施工操作规程施工，坚持质量标准，保证各分项工程的施工质量。

（2）加强施工质量的检查和验收　坚持质量检查和验收制度，按照质量标准和验收规程，对已完工的分部工程，特别是隐蔽工程，及时进行检查和验收。不合格的工程，一律不验收，促使操作人员重视问题，严把质量关。质量检查可采取群众自检、互检和专业检查相结合的方法。

(3) 掌握工程质量的动态　通过质量统计分析，找出影响质量的主要原因，总结产品质量的变化规律。统计分析是全面质量管理的重要方法，是掌握质量动态的重要手段。针对质量波动的规律，采取相应对策，防止质量事故发生。

3. 使用过程的质量保证

装饰装修产品的使用过程是产品质量经受考验的阶段。装饰装修企业必须保证用户在规定的期限内正常地使用装饰装修产品。这个阶段主要有两项质量保证工作。

(1) 及时回访　工程交付使用后，企业要组织对用户进行调查回访，认真听取用户对施工质量的意见，收集有关资料，并对用户反馈的信息进行分析，从中发现施工质量问题，了解用户的要求，采取措施加以解决，并为以后工程施工积累经验。

(2) 实行保修　对于施工原因造成的质量问题，装饰装修企业应负责无偿维修，取得用户的信任；对于设计原因或用户使用不当造成的质量问题，应当协助装修，提供必要的技术服务，保证用户正常使用。

(三) 质量保证体系的运行

质量保证体系在实际工作中是按照 PDCA 循环工作法运行的。

(四) 质量保证体系的建立

建立质量保证体系，要求做好下列工作。

1. 建立质量管理机构

在经济领导下，建立综合性的质量管理机构。质量管理机构的主要任务是：统一组织、协调质量保证体系的活动；编制质量计划并组织实施；检查、督促各部门的质量管理职能；掌握质量保证体系活动动态，协调各环节的关系；开展质量教育，组织群众性的管理活动。在建立综合性的质量管理机构的同时，还应设置专门的质量检查机构，负责质量检查工作。

2. 制定可行的质量计划

质量计划是实现质量目标和具体组织与协调质量管理活动的基本手段，也是企业各部门、生产经营各环节质量工作的行动纲领。企业的质量计划是一个完整的计划体系，既有长远的规划，又有近期的质量计划；既有企业总体规划，又有各环节、各部门具体的行动计划；既有计划目标，又有实施计划的具体措施。

3. 建立质量信息反馈系统

质量信息是质量管理的根本依据，它反映了产品质量形成过程的动态特征。质量管理就是根据信息反馈的问题，采取响应的措施，对产品质量形成过程实施控制。没有质量信息，也就谈不上质量管理。企业产品质量主要来自两部分：一是外部，包括用户、原材料和构配件供应单位、协作单位、上级组织等；二是内部，包括施工工艺、各分部分项工程的质量检验结果、质量控制中的问题等。装饰装修企业必须建立一整套质量信息反馈系统，准确、及时地收集、整理、分析、传递质量信息，为质量管理体系的运转提供可靠的依据。

4. 实现质量管理业务标准化

把重复出现的（例行的）质量管理业务归纳整理，制定出管理制度，用制度进行管理，实现管理业务的标准化。主要包括：程序标准化、处理方法规范化、各岗位的业务工作条理化等。通过标准化，使企业各个部门和全体职工都严格遵循统一的、规定的工作程序，使行动协调一致，从而提高工作质量，保证产品质量。

五、全面质量管理的常用数理统计方法

质量控制的数理统计方法有排列分析表法、因果分析图法等。

1. 排列分析表法

排列分析表法是在影响工程质量的很多因素中寻找出简单、有效的方法。其步骤如下。

① 收集寻找问题的数据。

② 分析整理数据“列表”，并作不合格点数统计表。把各个项目的不合格点数由多到少地顺序填入表格，计算每个项目的频率和累计频率。

③ 确定影响质量的主要因素。影响因素分为3类：A类因素，对应频率0～80%，是影响工程质量的主要因素；B类因素，对应频率80%～90%，为次要因素；C类因素，对应频率90%～100%，为一般因素。运用排列分析表法便于找出主次矛盾，有利于采取措施加以改进。

现以某砌砖工程为例，其具体组织步骤如下。

已知，某瓦工班组在一幢砖混结构的住宅工程中，共砌筑400m³的砖墙，砌筑质量检测数据见表8.1。

表8.1 砖墙砌筑质量检测数据表

项 次	项 目	允许偏差/mm	检查点数	不合格点数
1	轴线位移偏差	10	30	0
2	墙体顶面标高	±10	30	0
3	垂直度(每层)	5	39	3
4	表面平整度	5	30	15
5	水平灰缝平直度	7	30	9
6	清水墙游丁走缝	15	30	6
7	水平灰缝厚度(10皮砖)	±8	30	5

把各个项目的不合格点数由多到少地顺序填入表格，计算每个项目的频率和累计频率，如表8.2所示。

表8.2 砖墙砌筑不合格项目及频率

序 号	项 目	不合格点数(频数)	频率/%	累计频率/%
1	表面平整度	15	39.5	39.5
2	水平灰缝平直度	9	23.7	63.2
3	清水墙游丁走缝	6	15.8	79
4	水平灰缝厚度(10皮砖)	5	13.2	92.2
5	垂直度(每层)	3	7.8	100
合计	—	38	100	—

由表可知，影响质量的主要因素是1、2、3项，即表面平整度、水平灰缝平直度、清水墙游丁走缝。

2. 因果分析图法

因果分析图法是表示质量特性与原因关系的一种图示法。在工程施工中，当寻找出硬性

质量的主要问题后，就要制定相应的对策加以改进。但在实践中，一个主要的质量问题往往不仅是一个原因造成的，为了寻找这些原因的起源，就要采取追根问底、从小到大、从粗到细的示列原因的方法，即因果分析图法。如图 8.4 所示。

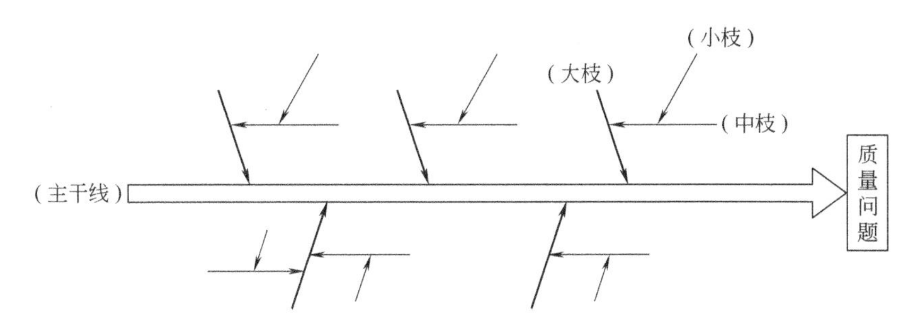

图 8.4 因果分析图法

运用因果分析图法可以帮助人们制定对策，解决工程质量上存在的问题。现以混凝土强度不足的质量问题为例，绘制因果分析图，如图 8.5 所示。

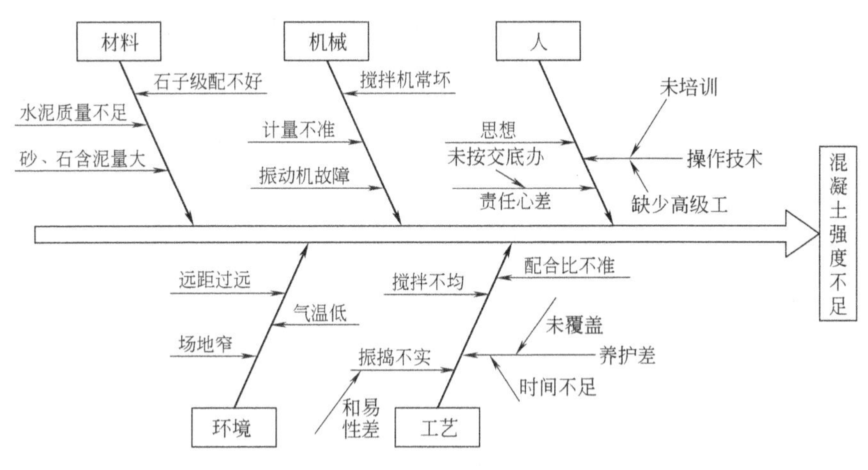

图 8.5 混凝土强度不足因果分析图

第三节 建筑装饰装修工程项目的质量控制实施

一、建筑装饰装修工程项目的质量控制过程

建筑装饰装修工程项目质量的形成是一个渐进的过程，要控制建筑装饰装修工程项目的质量，就要按照程序依次控制各阶段的工程质量。建筑装饰装修工程项目质量控制的过程如图 8.6 所示。

二、建筑装饰装修工程项目决策质量控制

此阶段质量管理的主要内容是在广泛收集资料、调查研究的基础上进行研究、分析、比较，确定项目的可行性和最佳方案。可行性研究的质量控制可通过对工作质量和成果质量的控制来实现。

1. 对工作质量的控制

可行性研究的工作质量是指可行性研究的管理工作、组织工作、调查研究工作、研究报

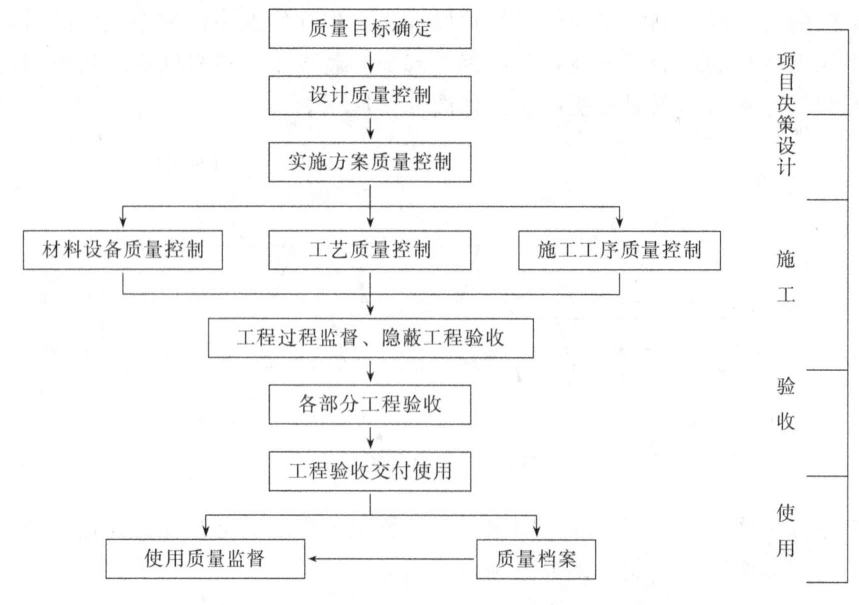

图 8.6 建筑装饰装修工程项目质量控制的过程

告和编制工作等各方面工作的质量。可行性研究的工作质量是工作成果质量的保证，而工作成果的质量则是工作质量的综合反映。

2. 对成果质量的控制

可行性研究的工作成果重点是要阐明建筑装饰装修工程项目建设的必要性和可行性。对工作成果质量的控制，应加以目标控制和过程控制相联合。

三、建筑装饰装修工程项目设计质量控制

建筑装饰装修工程项目设计质量的概念，就是在严格遵守技术标准、法规的基础上，正确处理和协调资金、资源、技术、环境条件的制约，使设计项目能更好地满足建设单位所需要的功能和使用价值。

设计方面涉及到建筑装饰装修工程项目质量的内容如下。

(1) 工程质量标准　包括技术标准、设计使用年限、工程规模等，应当符合项目目标要求。

(2) 设计工作质量　指设计成果的正确性、各专业设计的协调性、文件的完备性，以及要求设计文件清晰、易于理解、直观明了、符合规定的详细程度和设计成果的数量要求。

设计质量控制的内容要包括以下几方面。

(1) 采用设计招标，在中标前审查方案　通过招标可以对比多家方案，有利于选择一个好的方案。

(2) 采取奖励措施，鼓励设计单位进行设计优化　由于设计单位对项目的经济性不承担责任，所以常常从自身的利益出发尽快出图，不会对方案进行认真的对比分析。因此，可以通过把设计费和设定质量挂钩的办法来鼓励设计单位进行优化设计。

(3) 对阶段设计成果应先审批签章，再进行更深入的设计　建筑装饰装修工程项目的设计是逐步由总体到细节的。各个阶段都应该经过主管部门审批，才能作为继续设计的依据。

(4) 对大型的设计必须委托设计监理或聘请专家咨询　由于设计工作的特殊性，项目管理者常常不具备相关的知识和技能，所以必须委托设计监理或聘请专家咨询，对设计质量、设计成果进行审查。

(5) 对设计工作质量进行检查

① 检查设计工作和设计文件的完备性。

② 分析设计构思、设计工作、设计文件的正确性、全面性、安全性，识别系统错误和薄弱环节。

③ 检查设计所采用的各种标准是否符合各方面的规定和要求。

④ 检查设计中有没有考虑施工的可能性、便捷和安全性。

⑤ 检查设计中有没有考虑使用中的维修、设备更换、保养的方便。

四、建筑装饰装修工程项目施工质量控制

施工质量控制是建筑装饰装修工程项目施工质量控制的关键环节，工程质量很大程度上决定于施工阶段质量控制。控制方法有：旁站监督、测量、试验、指令文件、规定的质量监控工作程序以及利用支付控制手段等。

1. 旁站监督

旁站监督是驻地监理人员经常采用的一种主要的现场检查形式，即在施工过程中在现场观察、监督与检查其施工过程，注意并及时发现质量事故的苗头和影响质量因素的不利的发展变化、潜在的质量隐患以及出现的质量问题等，以便及时进行控制。特别对于隐蔽工程这一类的施工，进行旁站监督就显得尤为重要。

2. 测量

测量是对建筑对象几何尺寸、方位等控制的重要手段。施工前监理人员应对施工放线及高程控制进行检查，严格控制，不合格者不得施工，有些在施工过程中也应随时注意控制，发现偏差，及时纠正。中间验收时，对于几何尺寸、高程、轴线等不符合要求者，应指令施工单位整改或返工处理。

3. 试验

试验数据是监理工程师判断和确认各种材料和工程部位内在品质的主要依据。每道工序中，诸如材料性能、拌和料配合比、成品的强度等物理力学性能以及打桩的承载能力等，常需通过试验手段取得试验数据来判断质量情况。

4. 指令文件

指令文件是运用监理工程师指令控制权的具体形式。所谓指令文件，是指表达监理工程师对施工承包单位提出指示和要求的书面文件，用以向施工单位指出施工中存在的问题，提请施工单位注意，以及向施工单位提出要求或指示其做什么或不做什么等。监理工程师的各项指令都应是书面的或有文件记载方为有效，并作为技术文件资料存档。如因时间紧迫，来不及做出正式的书面指令，也可以口头指令的方式下达给施工单位，但随即应按合同规定，及时补充书面文件，对口头指令予以确认。

5. 规定的质量监控工作程序

规定双方必须遵守的质量监控工作程序，应按规定的程序进行工作，这也是进行质量监控的必要手段和依据。例如，未提交开工申请单并得到监理工程师的审查、批准不得开工；未经监理工程师签署质量验收单予以质量确认，不得进行下道工序等。

6. 利用支付控制手段

支付控制手段是国际上较通用的一种重要的控制手段，也是业主或承包商合同赋予监理工程师的支付控制权。从根本上讲，国际上对合同条件的管理主要是采用经济手段和法律手

段。因此，质量监理是以计量支付控制权为保障手段的。所谓支付控制权，是指对施工承包单位支付任何工程款项均需由监理工程师出具支付证明书，没有监理工程师签署的支付证书，业主不得向承包方支付工程款。工程款支付的条件之一就是工程质量要达到规定的要求和标准。如果施工单位的工程质量达不到要求和标准，监理工程师有权采取拒绝开具支付证书的手段，停止对施工单位支付部分或全部工程款，由此造成的损失由施工单位负责。显然，这是十分有效的控制和约束手段。

根据工程质量的形成时间，施工质量控制可分为事前控制、事中控制和事后控制。工作的重点应是质量的事前控制。

1. 事前控制

事前控制也称为作业技术准备状态的控制，主要内容如下。

① 制定质量标准，明确质量要求。

② 建立本项目的质量监理控制体系。

③ 施工现场的质检验收。

④ 现场障碍物的拆除、迁建及清除后的验收。

⑤ 现场定位轴线及高程标桩的测设、验收。

⑥ 审查承建商的资质。

⑦ 总承包单位的资质在招标阶段业已进行了审查，开工时应检查工程主要技术负责人是否到位。

⑧ 审查分包单位资质。

⑨ 督促承建商建立并完善质量保证体系。

⑩ 检查工程使用的原材料、半成品。

a. 审核工程所用材料、半成品的出厂证明、技术合格证或质量保证书。

b. 抽检材料、半制品质量。

c. 对采用的新材料、新型制品，应检查技术鉴定文件。

d. 对重要原材料、制品、设备的生产工艺、质量控制、检测手段应实地考察，督促生产厂家完善质量保证体系和质量保证措施。

e. 核查结构构件生产厂家生产许可证，考察其生产工艺。

f. 设备安装前，按相应技术说明书的要求检查其质量。

⑪ 施工机械的质量控制。

a. 对影响工程质量的施工机械，按技术说明书查验其相应的技术性能，不符合要求的，不得在工程中采用。

b. 检查施工中使用的计量器具是否有相应的技术合格证，正式使用前应进行校验或校正。

⑫ 审查施工单位提交的施工组织设计或施工方案。

a. 审查施工组织设计或施工方案对保证工程质量是否有可靠的技术和组织措施。

b. 结合监理工程项目的具体情况，要求施工单位编制重点分部（项）工程的施工方法文件。

c. 要求施工单位提交针对当前工程质量通病制定的技术措施。

d. 要求施工单位提交为保证工程质量而制定的质量预控措施。

e. 要求总包单位编制“土建、安装、装修”标准工艺流程图。

f. 审核施工单位关于材料、制品试件取样及试验的方法或方案。

g. 审核施工单位制定的成品保护的措施、方法。

h. 考核施工单位实验室的资质。

i. 完善质量报表、质量事故的报告制度等。

2. 事中控制

事中控制也称为作业技术活动运行的控制，主要有以下内容。

① 施工工艺过程质量控制。现场检查、旁站、测量、试验。

② 工序交接检查。坚持上道工序不经检查验收不准进行下道工序的原则，检验合格后签署认可才能进行下道工序。

③ 隐蔽工程检查验收。

④ 做好设计变更及技术核定的处理工作。

⑤ 工程质量事故处理。分析质量事故的原因、责任；审核、批准处理工程质量事故的技术措施或方案；检查处理措施的效果。

⑥ 行驶质量监督权，下达停工指令。为了保证工程质量，出现下述情况之一者，监理工程师有权指令施工单位立即停工整改。

a. 隐蔽工程未经验收即进行下一道工序作业者。

b. 工程质量下降经指出后，未采取有效改正措施，或采取了一定措施，而效果不好，继续作业者。

c. 擅自采用未经认可或批准的材料。

d. 擅自变更设计图纸的要求。

e. 擅自转包工程。

f. 擅自让未经同意的分包单位进场作业。

g. 没有可靠的质保措施贸然施工并已呈现质量下降趋势。

⑦ 严格工程开工报告和复工报告审批制度。

⑧ 进行质量、技术鉴定。

⑨ 对工程进度款的支付签署质量认证意见。

⑩ 建立质量监理日志。

⑪ 组织现场质量协调会。

⑫ 定期向总监、业主报告有关工程质量动态情况。

3. 事后控制

事后控制也称为作业技术活动结果的控制，主要内容如下。

① 组织试车运转。

② 组织单位、单项工程竣工验收。

③ 组织对工程项目进行质量评定。

④ 审核竣工图及其他技术文件资料。

⑤ 整理工程技术文件资料并编目建档。

第四节　建筑装饰装修工程项目的质量检验与质量验收

一、建筑装饰装修工程质量验收的有关术语

1. 验收（acceptance）

建筑工程在施工单位自行质量检查评定的基础上，参与建设活动的有关单位共同对检验批、分项、分部、单位工程的质量进行抽样复验，根据相关标准以书面形式对工程质量达到合格与否做出确认。

2. 进场验收（site acceptance）

对进入施工现场的材料、构配件、设备等按相关标准规定要求进行检验，对产品达到合格与否做出确认。

3. 检验批（inspection lot）

按同一的生产条件或按规定的方式汇总起来供检验用的，有一定数量样本组成的检验体。

4. 检验（inspection）

对检验项目中的性能进行量测、检查、试验等，并将结果与标准规定要求进行比较，以确定每项性能是否合格所进行的活动。

5. 见证取样检测（evidential testing）

在监理单位或建设单位监督下，由施工单位有关人员现场取样，并送至具备相应资质的检测单位所进行的检测。

6. 交接检验（handing over inspection）

经施工的承接方与完成方双方检查，对可否继续施工做出确认的活动。

7. 主控项目（dominant item）

主控项目是对检验批的基本质量起决定性影响的检验项目，对工程安全、卫生、环境保护和公众利益起决定性作用的检验项目。

8. 一般项目（general item）

除主控项目以外的检验项目，即对检验批的基本质量不起决定性影响的检验项目。

9. 抽样检验（sampling inspection）

按照规定的抽样方案，随机地从进场的材料、构配件、设备或建筑工程检验项目中，按检验批抽取一定数量的样本所进行的检验。

10. 计数检验（counting inspection）

在抽样检验的样本中，记录每一个体有某种属性或计算每一个体中的缺陷数目的检查方法。

11. 计量检验（quantitative inspection）

在抽样检验的样本中，对每一个体测量其某个定量特性的检查方法。

12. 观感质量（quality of appearance）

通过观察和必要的量测所反应的工程外在质量。

13. 返修（repair）

对工程不符合标准规定的部分采取整修等措施。

14. 返工（rework）

对不合格的工程部位采取重新制作、重新施工等措施。

二、建筑装饰装修工程项目的质量检验

工程质量检验是建筑企业质量管理的重要措施，其目的是掌握质量动态，发现质量隐患，对工程质量实行有效的控制。

1. 工程质量检验的依据

工程质量检验主要依据国家颁布的建筑装饰装修工程施工验收规范、施工技术操作规程和质量验收统一标准，原材料、半成品、构配件质量检验标准和设计图纸及有关文件。

2. 建筑装饰装修工程质量检验的内容

主要包括原材料、半成品、成品和构配件等进场材料的质量保证书和出厂试验资料；施工过程的自检验原始记录和有关技术档案资料；使用功能检查；项目外观检查。

3. 工程质量检验方法

工程质量检验就是对检验项目中的性能进行量测、检验、试验并将结果与标准规定进行比较，以确定每项性能是否合格。检查时可采用在监理单位和建设单位的监督下，由施工单位有关人员现场取样，并送至具体资质的检测单位进行检测。

由于工程技术特性和质量标准各不相同，质量的检验方法有多种。

质量检验的方法有直观检验和仪器检验两种，具体的数量应根据施工与验收规范以及承包合同来确定。

(1) 直观检验　只凭检验人员的感官，借助简单工具进行实测。检验的方法主要有看、摸、敲、照、靠、吊、量、套等。看，指通过目测并对照规范和标准检查工程的外观；摸，指通过手感判断工程表面的质量，如抹灰面光洁度等；敲，指用工具敲击工程的某一部位；照，指人眼看不到的高度、深度或亮度不足之处，借助照明或测试工具检验；靠，指用工具紧贴被查部位，测量表面平整度；吊，指用线锤等测量工具测量垂直度；量，指用度量工具检查几何尺寸或垂直度；套，指运用工具对棱角或线角进行检查。

(2) 仪器检验　指用一定的测试设备、仪器进行检验，如钢材的强度试验、电气设备的绝缘耐压试验等。

三、建筑装饰装修工程项目检验批的质量验收

检验批质量合格的条件如下。

① 主控项目和一般项目的质量经抽样检验合格。

② 具有完整的施工操作依据、质量检查记录。

检验批是工程验收的最小单位，是分项工程，乃至整个建筑工程质量验收的基础。检验批是施工过程中条件相同并有一定数量的材料、构配件或安装项目，由于其质量基本均匀一致，因此可以作为检验的基础单位，并按批验收。

质量控制资料反映了检验批从原材料到最终验收的各施工工序的操作依据、检查情况以及保证质量所必需的管理制度等。对其完整性的检查，实际是对过程控制的确认，这是检验批合格的前提。

为了使检验批的质量符合安全和功能的基本要求，达到保证建筑工程质量的目的，各专业工程质量验收规范应对各检验批的主控项目、一般项目的子项合格质量给予明确的规定。

检验批的合格质量主要取决于对主控项目、一般项目的检验结果。主控项目是对检验批的基本质量起决定性影响的检验项目，因此必须全部符合有关专业工程验收规范的规定。这意味着主控项目不允许有不符合要求的检验结果，即这种项目的检查具有否决权。鉴于主控项目对基本质量的决定性影响，从严要求是必需的。

四、建筑装饰装修工程分项工程的质量验收

分项工程质量合格的条件如下。

① 分项工程所含的检验批均应符合合格质量的规定。

② 分项工程所含的检验批的质量验收记录应完整。

分项工程的验收在检验批的基础上进行。一般情况下，两者具有相同或相近的性质，只是批量的大小不同而已。因此，将有关的检验批汇集构成分项工程。分项工程合格质量的条件比较简单，只要构成分项工程的各检验批的验收资料文件完整，并且均已验收合格，则分项工程验收合格。

五、建筑装饰装修工程分部工程的质量验收

分部工程质量合格的条件如下。

① 分部（子分部）工程所含分项工程的质量均应验收合格。

② 质量控制资料应完整。

③ 地基与基础、主体结构和设备安装等分部工程有关安全及功能的检验和抽样检测结果应符合有关规定。

④ 观感质量验收应符合要求。

分部工程的各分项工程必须已验收合格且相应的质量控制资料文件必须完整，这是分部工程验收的基本条件。此外，由于各分项工程的性质不尽相同，因此作为分部工程不能简单地组合而加以验收。

关于观感质量验收。这类检查往往难以定量，只能以观察、触摸或简单量测的方式进行，并由个人的主观印象判断，检查结果并不给出“合格”或“不合格”的结论，而是综合给出质量评价。对于“差”的检查点，应通过返修处理等补救。

六、建筑装饰装修工程项目单位（子单位）工程质量验收

单位（子单位）工程质量合格的条件如下。

① 单位（子单位）工程所含分部（子分部）工程的质量均应验收合格。

② 质量控制资料应完整。

③ 单位（子单位）工程所含分部工程有关安全和功能的检测资料应完整。

④ 主要功能项目的抽查结果应符合相关专业质量验收规范的规定。

⑤ 观感质量验收应符合要求。

单位工程质量验收也称质量竣工验收，是建筑工程投入使用前的最后一次验收，也是最重要的一次验收。验收合格的条件有 5 个。除构成单位工程的各分部工程应该合格，并且有关的资料文件应完整以外，还须进行以下 3 个方面的检查。

涉及安全和使用功能的分部工程应进行检验资料的复查。不仅要全面检查其完整性（不得有漏检缺项），而且对分部工程验收时补充进行的见证抽样检验报告也要复核。这种强化验收的手段体现了对安全和主要使用功能的重视。

此外，对主要使用功能还须进行抽查。使用功能的检查是对建筑工程和设备安装工程最终质量的综合检验，也是用户最为关心的内容。因此，在分项、分部工程验收合格的基础上，竣工验收时再作全面检查。抽查项目是在检查资料文件的基础上由参加验收的各方人员商定，并用计量、计数的抽样方法确定检查部位。检查要求按有关专业工程施工质量验收标准的要求进行。

最后，还须由参加验收的各方人员共同进行观感质量检查。检查的方法、内容、结论等已在分部工程的相应部分中阐述，最后共同确定是否通过验收。

七、建筑装饰装修工程质量验收的程序与组织

建筑装饰装修分部工程质量验收的程序和组织应符合《建筑工程施工质量验收统一标准》（GB 50300—2001）的规定，子分部工程及其分项工程应按《建筑装饰装修工程质量验

收规范》的规定划分，见表8.3。当建筑工程只有建筑装饰装修分部工程时，该工程应作为单位工程验收。建筑装饰装修分部工程质量验收的程序和组织如下。

表8.3　装饰装修工程的子分部及其分项工程划分表

项次	子分部工程	分项工程
1	抹灰工程	一般抹灰、装饰抹灰、清水砌体勾缝
2	门窗工程	木门窗制作与安装、金属门窗安装、塑料门窗安装、特种门安装、门窗玻璃安装
3	吊顶工程	暗龙骨吊顶、明龙骨吊顶
4	轻质隔墙工程	板材隔墙、骨架隔墙、活动隔墙、玻璃隔墙
5	饰面板(砖)工程	饰面板安装、饰面砖粘贴
6	幕墙工程	玻璃幕墙、金属幕墙、石材幕墙
7	涂饰工程	水性涂料涂饰、溶剂型涂料涂饰、美术涂饰
8	裱糊与软包工程	裱糊、软包
9	细部工程	柜橱制作与安装，窗帘盒、窗台板和暖气罩制作与安装，门窗套制作与安装，护栏和扶手制作与安装，花饰制作与安装
10	建筑地面工程	基层、整体面层、板块面层、竹木面层

① 检验批及分项工程应由监理工程师（建设单位项目技术负责人）组织施工单位项目专业质量（技术）负责人等进行验收。

② 分部工程应由总监理工程师（建设单位项目技术负责人）组织施工单位项目负责人和技术、质量负责人等进行验收；地基与基础、主体结构分部工程的勘察、设计单位工程项目负责人和施工单位技术、质量部门负责人也应参加相关分部工程验收。

③ 单位工程完工后，施工单位应自行组织有关人员进行检查评定，并向建设单位提交工程验收报告。

④ 建设单位收到工程验收报告后，应由建设单位（项目）负责人组织施工（含分包单位）、设计、监理等单位（项目）负责人进行单位（子单位）验收。

⑤ 单位工程由分包单位施工时，分包单位对所承包的工程项目应按标准规定的程序检查评定，总包单位应派人参加。分包工程完成后，应将工程有关资料交总包单位。

⑥ 当参加验收各方对工程质量验收意见不一致时，可请当地建设行政主管部门或工程质量监督机构协调处理，也可以由各方认可的咨询单位进行协调处理。

⑦ 单位工程质量验收合格后，建设单位应在规定时间内将工程竣工验收报告和有关文件报建设行政管理部门备案。

第五节　ISO 9000系列标准简介

一、ISO 9000系列标准的概念

国际标准化组织质量管理和质量保证技术委员会（ISO/TC 176）于1987年3月正式发布《质量管理和质量保证标准系列》，即ISO 9000系列标准。该系列现已被国际社会及众多企业认可和采用。我国于1989年8月实施了等效采用ISO 9000系列标准的GB/10300系列标准。为了使我国经济和企业管理迅速国际化，在贸易往来和技术合作中要求用ISO 9000作为相互认可的条件。1992年5月，在国家技术监督局召开的“全国质量工作会议”上，

决定等同采用 ISO 9000 系列标准，即 GB/10300 系列标准。

二、ISO 9000 系列标准内容简介

ISO 9000 系列标准是一套内容丰富、结构严谨、规定具体、可操作性强和适用范围较广的质量管理和质量保证国际标准。这类标准的总编号为 ISO 9000，总标题是“质量管理和质量保证”，每个部分的标准再加上该分标准的部分编号和具体名称，目的是为质量管理和质量保证标准的选择和使用提供指南。

ISO 9000 系列标准由指南性标准、质量保证模式标准、质量管理体系标准 3 类组成。

1. 指南性标准

指南性标准等同采用 ISO 9000 的国家标准是 GB/10300《质量管理和质量保证标准——选择和使用指南》，它是整个系统标准的总说明。该标准由基本术语及相互关系、合同环境下外部质量保证体系标准、标准的分类及使用说明等项内容组成。

2. 质量保证模式标准

质量保证模式标准等同采用 ISO 9001 的国家标准是 GB/T 19001《质量体系——设计/开发、安装生产、安装和服务的质量保证模式》。当需要证实供方设计的生产合格产品的过程控制能力时，应选择和使用此种模式标准。

质量保证模式标准等同采用 ISO 9002 的国家标准是 GB/T 19002《质量体系——生产、安装和质量服务的质量保证模式》。当需要证实供方生产合格产品的过程控制能力时，应选择和使用此种模式标准。

质量保证模式标准等同采用 ISO 9003 的国家标准是 GB/T 19003《质量体系——最终检验和试验的质量保证模式》。当需要证实供方在最终检测和试验期间发现和控制不合格产品及处理能力时，应选择和使用此种模式标准。

3. 质量管理体系标准

这类标准的总编号为 ISO 9004，等同采用的国家标准是 GB/T 19004《质量管理和质量体系要素指南》，它是企业内部质量管理体系标准，使企业明确了质量体系的目标、任务以及应包括的要素，为企业建立质量管理体系提供了基础标准。该标准适用于产品开发、设计、生产和安装的企业、组织，其他行业领域的单位可比照执行。

三、建筑施工企业推行 ISO 9000 系列标准的必要性

1. 对保护消费者合法权益具有重要意义

目前，产品的生产正向高科技、多功能、高性能和复杂化发展，这就需要消费者在采购和使用这些产品时，有对产品进行技术鉴别的能力。由于建筑产品的生产对于一般的消费者来说很难鉴别其质量，只能依靠对建筑施工企业、产品的信赖程度和企业产品的质量保证程度。因此，贯彻 ISO 9000 系列标准，建立完善的质量体系，生产出用户满意的建筑产品，对维护消费者合法权益无疑具有重大意义。

2. 对提高企业经营管理水平和增强市场竞争力也具有深远的意义

我国现阶段建筑市场竞争非常激烈，只有建立有效的质量体系，保证产品质量的稳定，严格各项管理制度，降低成本、节约消耗，才能在激烈的竞争中立于不败之地。

3. 有利于促进企业与世界经济的交流与接轨

ISO 9000 系列标准被作为在国际经济技术合作中互相认可的技术基础，各国在合作开发、合作生产、技术转让、产品贸易经营等方面，都采用该标准作为确认质量保证能力的依据。因此，贯彻 GB/T 19000—ISO 9000 系列标准，建立适合国际市场的质量体系，是企业进入国际市场的必然趋势。

复习思考题

一、名词解释

1. 质量
2. 工程项目质量
3. 检验批
4. 主控项目

二、填空题

1. 建筑装饰装修工程项目质量控制的发展经历的3个阶段是________、________、_______。
2. ISO 9000系列标准由_________、_________、_________3部分组成。
3. 工程质量的直观检验方法有____。

三、简答题

1. 工程项目质量的特点有哪些？
2. 建筑装饰装修工程项目分项工程质量合格的条件有哪些？
3. 简述建筑装饰装修工程验收的程序和组织。
4. 简述PDCA循环工作法的基本内容。

第九章

建筑装饰装修工程项目安全控制与现场管理

提要

本章讲述了建筑装饰装修工程项目安全控制、现场管理、文明施工以及施工现场环境保护的基本内容。

第一节　建筑装饰装修工程项目安全控制

一、建筑装饰装修工程项目安全控制概述

（一）安全生产

1. 安全

安全，是指预知人类在生产和生活各个领域存在的固有的或潜在的危险，并且为消除这些危险所采取的各种方法、手段和行动的总称。包括人身安全和财产安全。

2. 安全生产

安全生产，是指在劳动生产过程中，通过努力改善劳动条件，克服不安全因素，防止伤亡事故发生，使劳动生产在保障劳动者安全健康和国家财产不受损失的前提下顺利进行。

安全生产长期以来一直是我国的一项基本国策，是保护劳动者安全健康和发展生产力的重要工作，必须贯彻执行。安全生产也是维护社会安定团结，促进国民经济稳定、持续、健康发展的基本要求，是社会文明程度的重要标志。企业是安全生产工作的主体，必须贯彻落实安全生产的法律法规，加强安全生产管理，实现安全生产目标。施工项目作为建筑业安全生产的载体，必须履行安全生产责任，确保安全生产。

3. 安全生产的原则

（1）管生产必须管安全　项目各级领导和全体员工在生产过程中必须坚持在抓生产的同时抓好安全工作。管生产必须管安全的原则是施工项目必须坚持的基本原则，体现了安全与生产的统一。

（2）安全具有否决权　安全工作是衡量项目管理的一项基本内容，它要求在对项目各项指标考核评优创先时，首先考虑安全指标的完成情况，安全指标具有一票否决的作用。

（3）职业安全卫生“三同时”　指一切生产性的基本建设和技术改造工程项目，必须符合国家的职业安全卫生方面的法规和标准。职业安全卫生技术措施必须与主体工程同时设计、同时施工、同时投产使用。

（4）事故处理的“四不放过”　国家法律法规要求，企业一旦发生事故，在处理事故时实施“四不放过”原则。“四不放过”是指因工伤亡事故的调查处理中，必须坚持事故原因分析不清不放过；事故责任者和群众没受到教育不放过；没有整改预防措施不放过；事故责

任者和领导不处理不放过。

（二）**建筑装饰装修工程项目安全控制**

1. 建筑装饰装修工程项目安全控制的概念

建筑装饰装修工程项目安全控制，是指建筑装饰装修工程项目在施工过程中，组织安全生产的全部管理活动。通过对生产要素过程控制，使生产要素的不安全行为和不安全状态得以减少或消除，达到减少一般事故，杜绝伤亡事故的目的，从而保证安全管理目标的实现。

安全法规、安全技术和工业卫生是安全控制的三大主要措施。安全法规，也称劳动保护法规，是用立法的手段制定保护职业安全生产的政策、规程、条例和制度。安全技术指在施工过程中为防止和消除伤亡事故或减轻繁重劳动所采取的措施。工业卫生是指在施工过程中为防止高寒、严寒、粉尘、噪声、震动、毒气、污染等对劳动者身体健康的危害采取的防护和医疗措施。

2. 安全控制的方针

安全控制的目的是为了安全生产，因此安全控制的方针也应符合安全生产的方针，即“安全第一，预防为主”。

3. 安全控制的目标

安全控制的目标是减少和消除生产过程中的事故，保证人员健康安全和财产免受损失。具体可包括：减少或消除人的不安全行为的目标，减少或消除设备、材料的不安全状态的目标，改善生产环境和保护自然环境的目标，安全管理的目标。

4. 安全控制的特点

（1）控制面广　由于建设工程规模较大，生产工艺复杂、工序多，遇到不确定因素多，安全控制工作涉及范围大，控制面广。

（2）控制的动态性　由于建设工程项目的单件性，使得每项工程所处的条件不同，所面临的危险因素和防范措施也会有所改变，有些工作制度和安全技术措施也会有所调整，员工同样要有熟悉的过程。

（3）控制系统的交叉性　建设工程项目是开放系统，受自然环境和社会环境影响很大，安全控制需要把工程系统和环境系统及社会系统结合起来。

（4）控制的严谨性　安全状态具有触发性，其控制措施必须严谨，一旦失控，就会造成损失和伤害。

二、建筑装饰装修工程项目安全控制的实施

（一）**现场安全规章制度**

1. 安全施工生产责任制

2. 安全技术措施计划制度

3. 安全施工生产教育制度

4. 安全生产检查制度

5. 伤亡事故的调查和处理制度

6. 防护用品及食品安全管理制度

7. 建立安全值班制度

（二）**安全控制的程序**

1. 确定项目的安全目标

按“目标管理”方法，在以项目经理为首的项目管理系统内进行分解，从而确定各岗位的安全目标，实现全员安全控制。

2. 编制项目安全技术措施计划

对生产过程中的不安全因素，用技术手段加以消除和控制，并用文件化的方式表示，这是落实“预防为主”方针的具体体现，是进行工程项目安全控制的指导性文件。

3. 安全技术措施计划的落实和实施

包括建立健全安全生产责任制、设置安全生产设施、进行安全教育和培训、沟通和交流信息、通过安全控制使生产作业的安全状况处于受控状态。

4. 安全技术措施计划的检查

包括安全检查、纠正不符合情况，并做好检查记录工作。根据实际情况补充和修改安全技术措施。

5. 持续改进，直至完成工程项目的所有工作

（三）安全控制的基本要求

① 必须取得安全行政主管部门颁发的安全施工许可证后才可开工。

② 总承包单位和每一个分包单位都应持有施工企业安全资格审查认可证。

③ 各类人员必须具备相应的执业资格才能上岗。

④ 所有新员工必须经过三级安全教育，即进厂、进车间和进班组的安全教育。

⑤ 特殊工种作业人员必须持有特种作业操作证，并严格按规定定期进行复查。

⑥ 对查出的安全隐患要做到“五定”，即定整改责任人、定整改措施、定整改完成时间、定整改完成人、定整改验收人。

⑦ 必须把好安全生产“六关”，即措施关、交底关、教育关、防护关、检查关、改进关。

⑧ 施工现场安全设施齐全，并符合国家及地方有关规定。

⑨ 施工机械（特别是现场安设的起重设备等）经安全检查合格后方可使用。

（四）建筑装饰装修工程项目施工安全技术措施计划

① 工程施工安全技术措施计划的主要内容包括工程概况、控制目标、控制程序、组织机构、职责权限、规章制度、资源配置、安全措施、检查评价、奖惩制度等。

② 编制施工安全技术措施计划时，对于某些特殊情况应予以考虑。

a. 对结构复杂、施工难度大、专业性较强的工程项目，除制定项目总体安全保证计划外，还必须制定单位工程或分部分项工程的安全技术措施。

b. 对高处作业、井下作业等专业性强的作业，电器、压力容器等特殊工种作业，应制定单项安全技术规程，并应对管理人员和操作人员的安全作业资格和身体状况进行合格检查。

③ 制定和完善施工安全操作规程，编制各施工工种，特别是危险性较大工种的安全施工操作要求，作为规范和检查考核员工安全生产行为的依据。

④ 施工安全技术措施。包括安全防护设施的设置和安全预防措施，主要有 17 个方面的内容，如防火、防毒、防爆、防洪、防尘、防雷击、防触电、防坍塌、防物体打击、防机械伤害、防起重设备滑落、防高空坠落、防交通事故、防寒、防暑、防疫、防环境污染等方面的措施。

（五）施工安全技术措施计划的实施

1. 安全生产责任制

建立安全生产责任制是施工安全技术措施计划实施的重要保证。安全生产责任制是指企业对项目经理部各级领导、各个部门、各类人员所规定的在他们各自职责范围内对安全生产应负责任的制度。

2. 安全教育

安全教育的要求如下。

① 广泛开展安全生产的宣传教育，使全体员工真正认识到安全生产的重要性和必要性，懂得安全生产和文明施工的科学知识，牢固树立安全第一的思想，自觉地遵守各项安全生产法律法规和规章制度。

② 把安全知识、安全技能、设备性能、操作规程、安全法规等作为安全教育的主要内容。

③ 建立经常性的安全教育考核制度，考核成绩要记入员工档案。

④ 电工、电焊工、架子工、司炉工、爆破工、机操工、起重工、机械司机、机动车辆司机等特殊工种工人，除一般安全教育外，还要经过专业安全技能培训，经考试合格持证后，方可独立操作。

⑤ 采用新技术、新工艺、新设备施工和调换工作岗位时，也要进行安全教育，未经安全教育培训的人员不得上岗操作。

3. 安全技术交底

（1）安全技术交底的基本要求

① 项目经理部必须实行逐级安全技术交底制度，纵向延伸到班组全体作业人员。

② 技术交底必须具体、明确，针对性强。

③ 技术交底的内容应针对分部分项工程施工中给作业人员带来的潜在危害和存在问题。

④ 应优先采用新的安全技术措施。

⑤ 应将工程概况、施工方法、施工程序、安全技术措施等向工长详细交底。

⑥ 定期向由两个以上作业队和多工种进行交叉施工的作业队伍进行书面交底。

⑦ 保持书面安全技术交底签字记录。

（2）安全技术交底主要内容

① 本工程项目的施工作业特点和危险点。

② 针对危险点的具体预防措施。

③ 应注意的安全事项。

④ 相应的安全操作规程和标准。

4. 安全检查

工程项目安全检查是消除隐患、防止事故、改善劳动条件及提高员工安全生产意识的重要手段，是安全控制工作的一项重要内容。通过安全检查可以发现工程中的危险因素，以便有计划地采取措施，保证安全生产。施工项目的安全检查应由项目经理组织，定期进行。

（1）安全检查的类型　安全检查可分为日常性检查、专业性检查、季节性检查、节假日前后的检查、不定期检查。

（2）安全检查的主要内容

① 查思想。主要检查企业的辅导和职工对安全生产工作的认识。

② 查管理。主要检查工程的安全生产管理是否有效。主要内容包括：安全生产责任制、安全技术措施计划、安全组织机构、安全保证措施、安全技术交底、安全教育、持证上岗、安全设施、安全标识、操作规程、违规行为、安全记录等。

③ 查隐患。主要检查作业现场是否符合安全生产、文明生产的要求。

④ 查整改。主要检查对过去提出问题的整改情况。

⑤ 查事故处理。对安全事故的处理应达到查明事故原因、明确责任，并对责任者作出处理、明确和落实整改措施等要求。同时，还应检查对伤亡事故是否及时报告、认真调查、严肃处理。

安全检查的重点是违章指挥和违章作业。安全检查后应编制安全检查报告，说明已达标项目、未达标项目、存在问题、原因分析、纠正和预防措施。

(3) 项目经理部安全检查的主要规定

① 定期对安全控制计划的执行情况进行检查、记录、评价和考核。对作业中存在的不安全行为和隐患，签发安全整改通知，由相关部门制定整改方案，落实整改措施，实施整改后应予复查。

② 根据施工过程的特点和安全目标的要求确定安全检查的内容。

③ 安全检查应配备必要的设备或器具，确定检查负责人和检查人员，并明确检查的方法和要求。

④ 检查应采取随机抽样、现场观察和实地检测的方法，并记录检查结果，纠正违章指挥和违章作业。

⑤ 对检查结果进行分析，找出安全隐患，确定危险程度。

⑥ 编写安全检查报告并上报。

（六）现场安全施工生产的具体措施与要求

1. 现场安全施工生产的要求　主要包括预防高处坠落、物体打击、起重吊装事故、用电安全、冬雨季施工安全、现场防火等多方面。

(1) 预防高处坠落的措施与要求　凡在坠落高度基准面 2m 及 2m 以上进行施工作业，都称为高处作业。高处作业分为 4 级：2～5m 为一级，5～15m 为二级，15～30m 为三级，30m 以上为特级。高处作业的安全防护措施有：高处作业人员要定期进行体检；正确使用安全带、安全帽及安全网；按规定搭设脚手架，设置防护栏和挡脚板，不准有探头板；凡施工人员可能从中坠落的各种洞口（如楼梯口、电梯口、预留洞、坑井等），均要采取有效的安全防护措施。

(2) 预防物体打击的措施与要求　物体打击是建筑工地常见多发事故之一，如坠落物砸伤、物体搬运时的砸伤或挤伤等。施工时应注意以下事项。

① 进入施工现场人员要正确戴好安全帽。

② 禁止从高处或楼内向下抛物料，随时清理高处作业范围的杂物，以免碰落伤人。

③ 施工现场要设固定进楼通道和出入口，并要搭长度不小于 3m 的护头棚。

④ 吊运物料要严格遵守起重操作规定，使用装有脱钩装置的吊钩或长环。

⑤ 人工搬运材料、构配件时，要精神集中，互相配合。搬大型物料，要有专人指挥、停放要平稳。

(3) 起重吊装安全技术措施与要求

① 起重机械设备要定期维修保养，严禁带故障作业。对卷扬机等垂直运输设备要装超高限位器，吊钩、长环、钢丝绳都必须经过严格检查。

② 操作时要按操作规程进行，坚持“十个不准吊”，如信号不清、吊物下方有人、吊物超负荷、捆扎不牢、6级以上大风等情况下不准吊。

③ 起重机不得在架空输电线下面工作。在其一侧工作时，起重臂与架空输电线水平距离：14V以下线路不得少于1.5m，1～20kV线路不得少于2m，3.5～110kV线路不得少于4m。

④ 在一个施工现场内若有多台起重机同时作业，则两个大臂（起重臂）的高度或水平距离要保持不小于5m。

⑤ 土法吊装（如人字扒杆或三角架）等要严格作业，起重装置要有足够的稳定性，严把技术设备工具的质量关，严格施工组织。

（4）施工用电安全措施与要求

① 若工程工期超过半年，施工现场的供电工程均应按正式的供电工程安装和运行，执行供电局有关规定。

② 施工现场内一般不得架设裸线。架空线路与施工建筑物的水平距离一般不得少于10m，与地面的垂直距离不得少于6m。跨越建筑物时与顶部的垂直距离不得少于2.5m。在高压线下方10m范围内，不准停放材料、构配件等，不准搭设临时设施，不准停放机械设备，严禁在高压线下从事起重吊装作业。

③ 各种电气设备均应有接零或接地保护，严禁在同一系统中接零、接地两种保护混用。

a. 每台电气设备应有单独的开关及熔断保险，严禁一闸多机。

b. 配电箱操作面的操作部位不得有带电体明露，箱内各种开关、熔断器，其定额容量必须与被控制的电设备容量相匹配。

c. 移动式电气设备、手持电动工具及临时照明线均需在配电箱内装设漏电保护器。

d. 照明线路按照标准架设，不准采用一根火线一根地线的做法，不准借用保护接地作照明零线，不准擅自派无电工执照的人员乱动电气设备及电动机械。

e. 电焊、气焊作业中的安全技术，要切实注意防弧光、防烟尘、防触电、防短路、防爆。氧气瓶、乙炔瓶要保持一定距离，与明火保持10m以上，附近禁止吸烟。

（5）施工现场防火

① 施工现场必须认真执行《中华人民共和国消防条例》和公安部关于建筑工地防火的基本措施，现场应划出用火作业区，建立严密的防火制度，消除火灾隐患。

② 现场材料堆放及易燃品的防火要求：木材垛之间要保持一定距离，材料废料要及时清除；临时工棚设置处要有灭火器及蓄水池、蓄水桶；工棚防火间距，城区不少于5m，农村不少于7m；距易燃仓库用火生产区不少于30m；锅炉房、厨房及明火设施设在工棚下风方向。

2. 施工现场发生工伤事故的处理

当发生人身伤亡、重大机械事故或火灾、火险时，基层施工人员要保持冷静，及时向上级报告，并积极抢救，保护现场，排除险情，防止事故扩大。要按照国家《工人职员伤亡事故报告规程》和当地政府的有关规定，依事故轻重大小分别由各级领导查清事故原因与责任，提出处理意见、制定防范措施。

现场发生火灾时，要立即组织职工进行抢救，并立即向消防部门报告，提供火情，提供电器、易燃易爆物情况及位置。

第二节　建筑装饰装修工程项目施工现场管理

一、建筑装饰装修工程项目施工现场管理概述

1. 建筑装饰装修工程项目施工现场管理概念

施工现场管理是建筑装饰装修工程项目施工企业为完成建筑装饰装修工程项目施工目标，从接收任务开始到工程竣工验收交工为止的全过程中，围绕施工现场和施工对象而进行的生产事务的准备工作。其目的是为了在施工现场充分利用施工条件，最大限度地发挥诸生产要素的作用，保持各方面的协调，做到文明施工与环境保护，多、快、好、省地完成施工目标。

2. 施工现场管理的意义

施工现场管理是建筑装饰装修企业为完成建筑装饰装修产品的施工任务，从接受施工任务开始到工程验收交工为止的全过程中，围绕施工现场和施工对象而进行的生产事务的组织管理工作。其目的是为了在施工现场充分利用施工条件，发挥各施工要素的作用，保持各方面工作的协调，使施工能正常进行，并按时、按质提供建筑装修产品。

由于建筑装饰装修产品施工是一项非常复杂的生产活动，它有不同于其他产品管理的特点，即流动性、周期长，属于现场型作业，物资供应、工艺操作、技术、质量、劳动力组织均围绕施工现场进行。因此，搞好施工现场的各项管理工作，正确处理现场施工过程中的劳动力、劳动对象和劳动手段在空间布置和时间排列上的矛盾，保证和协调施工的正常进行，做到人尽其才、物尽其用，对多、快、好、省地完成任务，以及为国家和人民提供更多、更好的建筑产品有着十分重要的意义。

3. 施工现场管理的内容

施工现场管理有以下几项基本内容。

① 进行开工前的现场施工条件的准备，促成工程开工。

② 进行施工中的经常性准备工作。

③ 编制施工作业计划，按计划组织综合施工，进行施工过程的全面控制和全面协调。

④ 加强对施工现场的平面管理，合理利用空间，做到文明施工。

⑤ 利用施工任务书进行基层队组的施工管理。

⑥ 组织工程的交工验收。

二、施工作业计划

施工作业计划是计划管理中的最基本环节，是实现年、季度计划的具体行动计划，是指导现场施工活动的重要依据。

1. 施工作业计划编制的原则和依据

(1) 编制施工作业计划应遵循的原则

① 坚持实事求是，切合实际的原则。

② 坚持以完成最终建筑产品为目标的原则。

③ 坚持合理、均衡、协调和连续的原则。

④ 坚持讲求经济效益的原则。

(2) 编制现场施工作业计划的依据

① 企业年、季度施工进度计划。

② 企业承揽与中标的工程任务及合同要求。

③ 各种施工图纸和有关技术资料、单位工程施工组织设计。

④ 各种材料、设备的供应渠道、供应方式和进度。

⑤ 工程承包组的技术水平、生产能力、组织条件及历年达到的各项技术经济指标水平。

⑥ 施工工程资金供应情况。

2. 施工作业计划编制的内容

施工作业计划一般是月度施工作业计划，其主要内容有编制说明和施工作业计划表。

(1) 编制说明　主要内容包括编制依据、施工队组的施工条件、工程对象条件、材料及物资供应情况、有何具体困难或需要解决的问题等。

(2) 月度施工作业计划表　包括主要计划指标汇总表、施工项目计划表、主要实物工程量汇总表、施工进度表、劳动力需用量及平衡表、主要材料需用量表、大型施工机械设备需用计划表、预制构配件需用计划表、技术组织措施、降低成本计划表等。

3. 施工作业计划的编制方法

(1) 定额控制法　这种方法是利用工期定额、材料消耗定额、机械台班定额和劳动力定额等测算各项计划指标的完成情况，编制各种计划表。

(2) 经验估算法　这种方法是根据上年计划完成的情况及施工经验估算当期各项指标计划。

(3) 重要指标控制法　编制计划时，先确定施工中的几项重点指标计划，然后相应地编制其他计划指标。

编制施工作业计划还有许多其他方法，各施工企业应根据自身的实施情况选用。

4. 施工作业计划的贯彻与调整

(1) 施工作业计划的贯彻执行　为了确保现场施工作业计划安排的实施和计划指标的完成，必须抓住计划的贯彻执行这一关键环节。

作业计划的贯彻执行的方式大体有以下两种。

① 下达施工任务书法。施工任务书是实施月度作业计划，指导队、组作业的计划技术文件。施工任务书可由计划员或工长签发，签发内容以月度作业计划和施工定额为依据。施工任务书执行中要认真记录用工、用料、完成任务情况。任务完成后回收，由施工队作为验收、结算、计发工资奖金、进行施工统计的依据。

② 承包合同法。这种方法是运用经济的方法调动广大施工人员全面完成计划，实行层层承包合同制。签订承包合同也是下达计划，落实任务，全面进行交底和明确奖罚的过程。

(2) 施工作业计划的调整方法　现场施工作业计划虽然属于短期计划，但由于施工队组在计划执行的过程中，不可避免的受到各种影响因素的制约，使计划与实际完成情况有一定的出入，工期的超前和拖后是常有的事。为了使作业计划切合实际情况，充分利用人力、物力和财力，应根据施工条件和变化了的情况，经常进行计划调整，使之及时准确地指导现场施工生产。

施工作业计划的调整方法如下。

① 协调平衡法。这种方法一般是根据各单位制定的计划调整检查制度定期进行的，必要时可以根据计划执行情况，临时召集有关单位开会研究，进行统一调整。

② 短期滚动计划法。把施工作业计划分阶段进行编制，近期细，远期粗，然后分段定期进行调整，使之切合施工生产实际。

三、现场施工准备工作

1. 组织准备

组织准备是建立项目施工的经营和指挥机构以及职能部门，并配备一定的专业管理人员的工作。大中型工程应成立专门的施工准备工作班子，具体开展施工准备工作。对于不需要单独组织项目经营指挥机构和职能部门的小型工程，则应明确规定各职能部门有关人员在施工准备工作中的职责，形成相应非独立的施工准备工作班子。有了组织机构和人员分工，繁重的施工准备工作才能在组织上得到保证。

2. 技术准备

技术准备工作具体内容包括以下几个方面。

① 向建设单位和设计调查了解项目的基本情况，索取有关技术资料。

② 对施工区域自然条件进行调查。

③ 对施工区域技术经济条件进行调查。

④ 施工区域社会条件的调查。

⑤ 编制施工组织设计和工程预算。

3. 物资准备

物资准备的目的是为施工全过程创造必要的物质条件。主要有如下具体内容。

① 施工前，应及早办理物资计划申请和订购手续，组织预制构件、配件和铁件的生产或订购，调配机械设备等。

② 施工开始后，应抓好进场材料、配件和机械的核对、检查和验收，进行场内材料运输调度以及材料的合理堆放，抓好材料的修旧利废等工作。

4. 队伍准备

施工队伍的准备工作主要有以下几个方面。

① 按计划分期分批组织施工队伍进场。

② 办理临时工、合同工的招收手续。

③ 按计划培训施工中所需的稀缺工种、特殊工种的工人。

5. 现场场地准备

① 搞好“三通一平”，即路通、电通、水通，平整、清理施工场地。

② 现场施工测量。对拟装修工程进行抄平、定位放线等。

③ 提出开工报告。以上各项工作准备就绪后，由施工承包单位提出开工报告，等批准后工程才能开工。开工报告可参照建筑工程开工申请报告会的表格样式填写。开工报告一式四份，送公司审批后，施工现场存一份，退回三份。其中，公司档案一份，填报单位一份，建设单位一份。

四、施工现场检查与调度

1. 施工过程的检查与督促

施工过程检查和督促的主要内容包括施工进度、平面布置、质量、安全、节约等方面。

(1) 施工进度　施工进度安排要严格按照施工组织设计中施工进度计划要求来执行。施工现场管理人员要定期检查施工进度情况，对施工进度拖后的施工队或班组，要督促其在保证质量与安全的前提下加快施工速度。否则，有可能使工期拖后而影响工程按期完成交付使用。

(2) 平面布置　施工现场的平面布置是合理使用场地，保证现场交通、道路、水、电、排水系统畅通，搞好施工现场场容，以实现科学管理、文明施工为目的的重要措施。

施工平面布置管理的经常性工作有以下几个方面。

① 检查施工平面规划的贯彻执行情况，督促按施工平面布置图的规定兴建各项临时设施，摆放大宗材料、成品、半成品及生产机械设备。

② 审批各单位、各部门需用场地的申请，根据不同时间和不同需要，结合实际情况，合理调整场地。

③ 对大宗材料、设备的车辆进场时间作妥善安排，避免拥挤堵塞交通。

④ 掌握现场动态，定期召开总平面管理检查会议。

(3) 质量　质量的检查和督促是施工中不可缺少的工作，是保证和提高工程质量的重要措施。工程质量和企业信誉紧密相连，在市场经济的格局下，施工企业工程质量的好坏，决定其竞争力的大小，进而决定其生存与发展。因此，施工企业从领导到工人都应明确树立“质量第一”的思想，认真搞好工程质量，一丝不苟地进行质量检查督促工作，严格把好质量关。

质量检查与督促主要应做好两个方面的工作。

① 施工作业的检查与督促。主要内容包括：检查工程施工是否遵守设计规定的工艺流程，是否严格按图施工；施工是否遵守操作规程和施工组织设计规定的施工顺序；材料的储备、发放是否符合质量管理的规定；隐蔽工程的施工是否符合质量检查与验收规范。

② 经常性的质量检查。主要内容有材料、成品和半成品的经常性检查；各种仪器、设备、量具和机具的定期检查和用前检修和校验；施工过程的检查和复查。

质量检查要坚持专业检查和群众检查相结合，认真执行关键项目和隐蔽工程检查验收，班组自检、互检、交接检及施工队组、工程处和公司的定期检查制度。

(4) 安全　安全的检查和督促是为了防止工程施工高空作业和工程交叉施工中发生伤亡事故的重要措施。首先，要加强对工人的安全教育，克服麻痹思想，不断提高职工安全生产的积极性。同时，还要经常地对职工进行有针对性的安全生产教育，新工人上岗位之前要进行安全生产的基本知识教育，对容易发生事故的工种，还要进行安全操作训练，确实掌握安全操作技术后才能独立操作。此外，还要定期或不定期地检查安全生产规范、规程的执行，杜绝事故的发生，发现隐患立即解决。

(5) 节约　节约的检查和督促涉及施工管理的各个方面，它与劳动生产率、材料消耗、施工方案、平面布置、施工进度、施工质量等都有关。施工中节约的检查与督促要以施工组织设计为依据，以计划为尺度，认真检查督促施工现场人力、财力和物力的节约，经常总结节约经验，查明浪费的问题和原因并切实加以解决。

施工过程中，除了经常性的检查和督促外，还要定期召开有关业务的交流会和有关协作单位的碰头会，协调行动，及时解决施工中出现的问题，以保持各专业、各工序的正常施工，保证计划的完成。

2. 施工调度工作

施工调度工作是实现正确施工指挥的重要手段，是组织施工各个环节、各专业、各工种协调动作的中心。它的主要任务是监督、检查计划和工程合同的执行情况，协调总、分包及各施工单位之间的协作配合关系；及时、全面地掌握施工进度；采取有效措施，处理施工中出现的矛盾，克服薄弱环节，促进人力、物资的综合平衡，保证施工任务保质、保量、快速完成。

(1) 施工调度工作的内容

① 监督、检查计划和合同的执行情况，掌握和控制施工进度，及时进行人力、物力平衡，调配人力，督促物资、设备的供应。

② 及时解决施工现场出现的矛盾，搞好各个方面的协调配合。

③ 监督工程质量和安全施工。

④ 检查后续工序的准备情况，布置工序之间的交接。

⑤ 定期组织施工现场调度会，落实调度会的决定。

⑥ 及时公布天气预报，做好预防准备。

(2) 做好调度工作的要求

① 调度工作要有充分的依据。这些依据是计划文件、设计文件、施工组织设计、有关技术组织措施、上级的指示以及施工过程中发现和检查出来的问题。

② 调度工作具有及时性、准确性和预防性。所谓及时性，是指反映情况和调度处理及时。所谓准确性，是指依据准确、了解情况准确、分析原因准确、处理问题的措施准确。所谓预防性，是指在工程中对可能出现的问题在调度上要提出防范措施和对策。

③ 逐步采用新的、现代化的方法和手段，如通讯设备、电子计算机等。

④ 为了加强施工的统一指挥，应建立健全调度工作制度。包括调度值班制度、调度报告制度等。

⑤ 建立施工调度机构网，由各班主管生产的负责人兼调度机构的负责人组成。要给调度部门和调度人员应有的权利，以便进行有效的管理工作。

⑥ 调度工作要抓重点、抓关键、抓动态、抓计划的执行和控制。

第三节 建筑装饰装修工程项目的文明施工与环境保护

一、文明施工与环境保护的概念

1. 文明施工

文明施工是保持施工现场良好的作业环境、卫生环境和工作秩序。文明施工适应现代化施工的客观要求，能促进企业综合管理水平的提高，代表企业形象，并有利于员工的身心健康，培养和提高施工队伍的总体素质，促进企业精神文明建设。

文明施工主要包括以下几个方面的工作。

① 规范施工现场的场容，保持作业环境的整洁卫生。

② 科学组织施工，使生产有序进行。

③ 减少施工对周围居民和环境的影响。

④ 保证职工的安全和身体健康。

2. 环境保护

环境保护是按照法律法规、各级主管部门和企业的要求，保护和改善作业现场的环境，控制现场的各种粉尘、废水、废气、固体废物、噪声、振动等对环境的污染和危害。环境保护也是文明施工的重要内容之一。

现场环境保护是现代化大生产的客观要求，能保证施工顺利进行，保证人们身体健康和社会文明。节约能源、保护人类生存环境、保证社会和企业可持续发展是一项利国利民的重要工作。

二、现场文明施工的基本要求

① 施工现场必须设置明显的标牌，标明工程项目名称，建设单位，设计单位，施工单位，项目经理和施工现场总代表人的姓名，开、竣工日期，施工许可证批准文号等。施工单位负责施工现场标牌的保护工作。

② 施工现场的管理人员在施工现场应当佩戴证明其身份的证卡。

③ 施工现场的用电线路、用电设施的安装和使用必须符合安装规范和安全操作规程。

④ 施工现场的各种安全设施和劳动保护器具，必须定期进行检查和维护，及时消除隐患，保证其安全有效。

⑤ 施工现场应当设置各类必要的职工生活设施，并符合卫生、通风、照明等要求。职工的膳食、饮水供应等应当符合卫生要求。

⑥ 应当做好施工现场安全保卫工作，采取必要的防盗措施，在现场周边设立围护设施。

⑦ 应当严格依照《中华人民共和国消防条例》的规定，在施工现场建立和执行防火管理制度，设置符合消防要求的消防设施，并保持完好的备用状态。在容易发生火灾的地区施工，或者储存、使用易燃易爆器材时，应当采取特殊的消防安全措施。

⑧ 施工现场发生工程建设重大事故的处理，依照《工程建设重大事故报告和调查程序规定》执行。

三、工程环境保护

（一）大气污染物的分类

大气污染物的种类有数千种，已发现有危害作用的有100多种，大气污染物通常以气体状态和粒子状态存在于空气中。

1. 气体状态污染物

气体状态污染物具有运动速度较大、扩散较快、在周围大气中分布比较均匀的特点。气体状态污染物包括分子状态污染物和蒸气状态污染物。

2. 粒子状态污染物

粒子状态污染物又称固体颗粒污染物，是分散在大气中的微小液滴和固体颗粒，粒径在0.01～100μm之间，是一个复杂的非均匀体。通常根据粒子状态污染物在重力作用下的沉降特性分为降尘和飘尘。

（二）空气污染的防治措施

空气污染的防治措施主要针对上述粒子状态污染物和气体状态污染物进行治理。主要方法如下。

1. 除尘技术

在气体中除去或收集固态或液态粒子的设备称为除尘装置。主要种类有机械除尘装置、洗涤式除尘装置、过滤除尘装置和电除尘装置等。工地的烧煤茶炉、锅炉、炉灶等应选用装有上述除尘装置的设备。工地其他粉尘可用遮盖、淋水等措施防治。

2. 气态污染物治理技术

大气中气态污染物的治理技术主要有以下几种方法。

（1）吸收法　选用合适的吸收剂，可吸收空气中的SO_2、H_2S、HF、NO_x等。

（2）吸附法　让气体混合物与多孔性固体接触，把混合物中的某个组分吸留在固体表面。

（3）催化法　利用催化剂把气体中的有害物质转化为无害物质。

(4) 燃烧法　通过热氧化作用，将废气中的可燃有害部分转化为无害物质的方法。

(5) 冷凝法　使处于气态的污染物冷凝，从气体分离出来的方法。该法特别适合处理有较高浓度的有机废气，如对沥青气体的冷凝，回收油品。

(6) 生物法　利用微生物的代谢活动过程把废气中的气态污染物转化为少害，甚至无害的物质。该法应用广泛、成本低廉，但只适用于低浓度污染物。

(三) 施工现场空气污染的防治措施

① 施工现场垃圾渣土要及时清理出现场。

② 高大建筑物清理施工垃圾时，要使用封闭式的容器或者采取其他措施处理高空废弃物，严禁凌空随意抛撒。

③ 施工现场道路应指定专人定期洒水清扫，形成制度，防止道路扬尘。

④ 对于细颗粒散体材料（如水泥、粉煤灰、白灰等）的运输、储存要注意遮盖、密封，防止和减少飞扬。

⑤ 除设有符合规定的装置外，禁止在施工现场焚烧油毡、橡胶、塑料、皮革、树叶、枯草、各种包装物等废弃物品以及其他会产生有毒、有害烟尘和恶臭气体的物质。

⑥ 机动车都要安装减少尾气排放的装置，确保符合国家标准。

⑦ 工地茶炉应尽量采用电热水器。若只能使用烧煤茶炉和锅炉时，应选用消烟除尘型茶炉和锅炉。

⑧ 大城市市区的建设工程已不容许搅拌混凝土。在容许设置搅拌站的工地，应将搅拌站封闭严密，并在进料仓上方安装除尘装置，采用可靠措施控制工地粉尘污染。

⑨ 拆除旧建筑物时，应适当洒水，防止扬尘。

(四) 水污染的防治

1. 水污染物主要来源

(1) 工业污染源　指各种工业废水向自然水体的排放。

(2) 生活污染源　主要有食物废渣、食油、粪便、合成洗涤剂、杀虫剂、病原微生物等。

(3) 农业污染源　主要有化肥、农药等。

施工现场废水和固体废物随水流流入水体部分，包括泥浆、水泥、油漆、各种油类，混凝土外加剂、重金属、酸碱盐、非金属无机毒物等。

2. 废水处理技术

废水处理的目的是把废水中所含的有害物质清理分离出来。废水处理可分为化学法、物理法、物理化学法和生物法。

3. 施工过程水污染的防治措施

① 施工现场搅拌站废水、现制水磨石的污水、电石（碳化钙）的污水必须经沉淀池沉淀合格后再排放，最好将沉淀水用于工地洒水降尘或采取措施回收利用。

② 现场存放油料，必须对库房地面进行防渗处理。例如，采用防渗混凝土地面、铺油毡等措施。使用时，要采取防止油料跑、冒、滴、漏的措施，以免污染水体。

③ 施工现场 100 人以上的临时食堂，污水排放时可设置简易有效的隔油池，定期清理，防止污染。

④ 工地临时厕所，化粪池应采取防渗漏措施。中心城市施工现场的临时厕所可采用水冲式厕所，并有防蝇、灭蛆措施，防止污染水体和环境。

⑤ 化学用品，外加剂等要妥善保管，库内存放，防止污染环境。

（五）施工现场的噪声控制

1. 噪声的概念、分类及危害

（1）声音与噪声　声音是由物体振动产生的，当频率在20～20000Hz时，作用于人的耳鼓膜而产生的感觉称之为声音。由声构成的环境称为“声环境”。当环境中的声音对人类、动物及自然物没有产生不良影响时，就是一种正常的物理现象。相反，对人的生活和工作造成不良影响的声音就称之为噪声。

（2）噪声的分类

① 噪声按照振动性质可分为气体动力噪声、机械噪声、电磁性噪声。

② 按噪声来源可分为交通噪声（如汽车、火车、飞机等发出的噪声）、工业噪声（如鼓风机、汽轮机、冲压设备等发出的噪声）、建筑施工噪声（如打桩机、推土机、混凝土搅拌机等发出的噪声）、社会生活噪声（如高音喇叭、收音机等发出的噪声）。

（3）噪声的危害　噪声是影响与危害非常广泛的环境污染问题。噪声环境会干扰人的睡眠与工作，影响人的心理状态与情绪，造成人的听力损失，甚至引起许多疾病。此外，噪声对人们的对话干扰也是相当大的。

2. 施工现场噪声的控制措施

噪声控制技术可从声源、传播途径、接收者防护等方面来考虑。施工现场噪声不得超过《中华人民共和国国家标准建筑施工场界噪声限值》的要求。

（1）声源控制　从声源上降低噪声，这是防止噪声污染的最根本的措施。

① 尽量采用低噪声设备和工艺代替高噪声设备与加工工艺，如低噪声振捣器、风机、电动空压机、电锯等。

② 在声源处安装消声器消声，即在通风机、鼓风机、压缩机、燃气机、内燃机及各类排气装置等进出风管的适当位置设置消声器。

（2）传播途径的控制　在传播途径上控制噪声方法主要有以下几种。

① 吸声。利用吸声材料（大多由多孔材料制成）或由吸声结构形成的共振结构（金属或木质薄板钻孔制成的空腔体）吸收声能，降低噪声。

② 隔声。应用隔声结构，阻碍噪声向空间传播，将接收者与噪声声源分隔。隔声结构包括隔声室、隔声罩、隔声屏障、隔声墙等。

③ 消声。利用消声器阻止传播。允许气流通过的消声降噪是防治空气动力性噪声的主要装置，如空气压缩机等。

④ 减振降噪。对振动引起的噪声，通过降低振动减小噪声。

（3）接受人防护　对处于噪声环境下的人员使用耳塞等防护用品，减少暴露时间，以减轻噪声对人体的危害。

（4）严格控制人为噪声　进入施工现场不得高声喊叫，无故甩打工具、材料，乱吹哨，限制高音喇叭的使用，最大限度地减少噪声扰民。

（5）控制强噪声作业的时间

（六）固体废物的处理

1. 固体废物的概念

固体废物是生产、建设、日常生活和其他活动中产生的固态、半固态废弃物质。固体废物是一个极其复杂的废物体系。按照其化学组成可分为有机废物和无机废物，按照其对环境和人类健康的危害程度可以分为一般废物和危险废物。

2. 固体废物对环境的危害

固体废物对环境的危害是全方位的，主要表现在以下几个方面。

(1) 侵占土地　固体废物的堆放，可直接破坏土地和植被。

(2) 污染土壤　固体废物的堆放中，有害成分易污染土壤，并在土填中发生积累，给作物生长带来危害。部分有害物质还能杀死土壤中的微生物，使土壤丧失腐解能力。

(3) 污染水体　固体废物遇水浸泡、溶解后，其有害成分随地表或土壤渗流污染地下水和地表水。此外，固体废物还会随风飘迁进入水体造成污染。

(4) 污染大气　以细颗粒状存在的废渣垃圾和建筑材料在堆放和运输过程中，会随风扩散，使大气中悬浮的灰尘废弃物提高。此外，固体废物在焚烧等处理过程中，可能产生有害气体造成大气污染。

(5) 影响环境卫生　固体废物的大量堆放会招致蚊蝇滋生，臭味四溢，严重影响工地以及周围环境卫生，对员工和附近居民的健康造成危害。

3. 固体废物的处理和处置

固体废物处理的基本思想是采取资源化、减量化和无害化的处理，对固体废物产生全过程进行控制。

固体废物的主要处理方法如下。

① 回收利用。回收利用是对固体废物进行资源化、减量化的重要手段之一。对建筑渣土可视其情况加以利用，废钢可按需要用作金属原材料，对废电池等废弃物应分散回收，集中处理。

② 减量化处理。减量化是对已经产生的固体废物进行分选、破碎、压实浓缩、脱水等减少其最终处置量，减低处理成本，减少对环境的污染。在减量化处理的过程中，也包括和其他处理技术相关的工艺方法，如焚烧、热解、堆肥等。

③ 焚烧技术。焚烧用于不适合再利用且不宜直接予以填埋处置的废物，尤其是对于受到病菌、病毒污染的物品，可以用焚烧进行无害化处理。焚烧处理应使用符合环境要求的处理装置，注意避免对大气的二次污染。

④ 稳定和固化技术。利用水泥、沥青等胶结材料，将松散的废物包裹起来，减小废物的毒性和可迁移性，使污染减少。

⑤ 填埋。填埋是固体废物处理的最终技术，经过无害化、减量化处理的废物残渣集中到填埋场进行处置。

复习思考题

一、名词解释

1. 安全生产
2. 高处作业
3. 环境保护
4. 文明施工

二、填空题

1. 职业安全卫生“三同时”，指一切生产性的基本建设和技术改造工程项目，必须符合国家的职业安全卫生方面的法规和标准。职业安全卫生技术措施必须与主体工程同时

________、同时________、同时________。

2. 固体废物的主要处理方法有____。

3. 施工现场控制噪声的方法有____。

三、简答题

1. 简述安全控制的内容。

2. 简述安全技术交底的内容。

3. 简述施工现场管理的内容。

第十章

建筑装饰装修工程项目生产要素管理

提要

本章讲述了建筑装饰装修工程项目中的人力资源、材料、机械设备、技术及资金等诸要素的基本内容。

第一节　建筑装饰装修工程项目生产要素管理概论

一、建筑装饰装修工程项目生产要素管理概述

生产要素是指形成生产力的各种要素，是进行物质资料生产所必须具备的因素和条件。建筑装饰装修工程项目的生产要素是指生产力作用于建筑装饰装修工程项目的有关要素，也就是投入到建筑装饰装修工程项目中的人力资源、材料、机械设备、技术及资金等诸要素。

1. 人力资源

劳动力是生产力中最活跃的因素和条件，劳动者掌握生产技术，运用劳动手段，作用于劳动对象，形成生产力。劳动力在生产力系统中处于主导地位，是其他生产力要素的设计者和创造者。

2. 材料

是生产力中的一个重要因素。装饰装修工程材料费在装饰装修工程项目成本中占有很大的比重。按照化学性质，装饰装修工程材料可分为有机装饰装修材料和无机装饰装修材料。无机装饰装修材料又可分为金属材料和非金属材料。

3. 机械设备

机械设备作为生产工具，是劳动手段的主体，在生产力系统中，为传导劳动提供条件，是生产力发展水平的重要标志。建筑装饰装修工程项目使用的机械设备主要是中、小机具。

4. 资金

市场经济条件下，只有支付一定的资金才能实现生产力的投入，才能保证建筑装饰装修工程项目的顺利进行。

5. 技术

科学技术是第一生产力，科学技术的水平决定和反映生产力的水平，科学技术被劳动者掌握，并且融会到劳动对象和劳动手段中，便能形成相当于科学技术水平的生产力水平。技术的含义很广，包括操作技能、劳动手段、劳动者素质、施工工艺、试验检验方法等。

生产要素与项目目标控制的关系如图10.1所示。

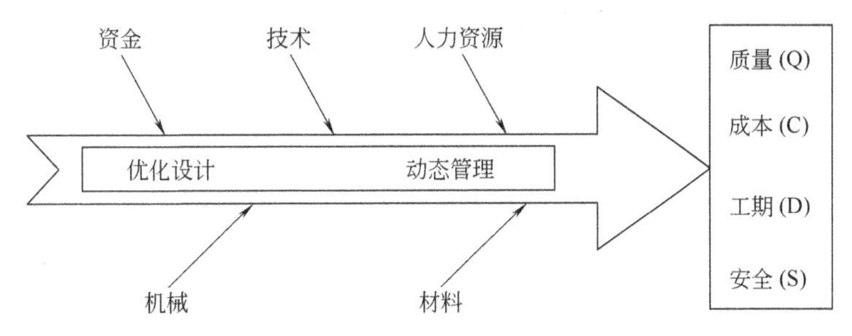

图10.1 生产要素与项目目标控制的关系

二、建筑装饰装修工程项目生产要素管理的方法

工程项目中的生产要素是工程项目实施必不可少的，其费用一般占工程总费用的80%以上，所以资源节约是工程成本节约的主要途径。如果资源不能保证，任何考虑再周密的工期计划也不能实行。生产要素管理的任务就是按照项目的实施计划编制资源的使用和供应计划，进行生产要素的优化配置，将项目实施所需用的生产要素按正确的时间、正确的数量供应到正确的地点，并对生产要素进行动态管理，降低资源成本消耗。

1. 进行生产要素的优化配置

生产力由诸多要素组合而成，但需优化配置生产要素才能提高生产力水平。生产要素的管理就是要适时、适量、比例适当、位置适宜地配备或投入生产要素，所投入的生产要素应当在施工过程中搭配适当，协调地在项目中发挥作用，有效地形成生产力，以满足施工要求。

2. 对生产要素进行动态管理

项目的实施过程是一个不断变化的过程，对生产要素的需求是不断变化的。生产要素的配置和组合需要不断调整，这就需要动态管理。动态管理的基本内容就是按照项目的内在规律，有效地计划、组织、协调和控制生产要素，使之在项目中合理流动，在动态中寻求平衡。

三、建筑装饰装修工程项目生产要素管理的一般程序

1. 编制生产要素使用计划

对各种生产要素在项目中的投入量、投入时间、投入步骤做出合理安排，以满足建筑装饰装修工程项目实施的需要。

2. 生产要素的供应

按编制的计划，从资源的来源、投入到实施，使计划得以实现。

3. 生产要素的使用控制

根据各种资源的特性，设计出科学的措施，进行动态配置和组合，协调投入，合理使用，不断纠正偏差，以尽可能少的资源满足项目的使用。

4. 生产要素的核算

在生产要素的使用过程中，要进行资源核算，节约使用资源。

5. 生产要素使用效果分析与改进

一方面是对管理效果的总结，找出经验和问题，评价管理活动；另一方面又为管理提供储备和反馈信息，以指导以后的管理活动。

第二节 建筑装饰装修工程项目人力资源管理

"企业或事业惟一真正的资源是人，管理就是充分开发人力资源以做好工作。"（美国知名管理学者托马斯·彼得斯）。广义地说，人力资源是指智力正常的人；建筑装饰装修工程项目人力资源是指参与建筑装饰装修工程项目的人员。人力资源在生产要素中最重要，它被经济学家称为第一资源。

建筑装饰装修工程项目施工现场生产的三要素是劳动者、施工机具和工程对象。其中，劳动者是主体，决定着其他要素的性质。施工工具的创造、使用和改进，工程任务的完成都要通过工人的劳动来实现。因此，生产要素管理首先应考虑劳动力的安排与使用。只有合理安排、使用劳动力，才能充分发挥现场各种资源的作用。

一、建筑装饰装修工程项目人力资源管理概述

1. 建筑装饰装修工程项目人力资源管理的现状

① 总体上是属于经验型的，受传统管理方式支配。

② 建筑装饰装修工人大多由农民直接转换而来，没有受过职业和技术教育。

③ 劳动力的组成稳定性差，相互配合脱节，劳动效益低，浪费大。

④ 建筑装饰装修企业或装饰装修民工队的职工培训工作薄弱，针对性也不强，不能适应大中型企业总包的需要。

2. 影响建筑装饰装修工程项目人力资源管理水平提高的因素

（1）计划的科学性　根据劳动定额，确定现场施工人员数量，有计划地安排和组织。

（2）组织的严密性　确定现场各组织，首先，要目标机构简单，各部门任务饱满，职责分明；其次，职工与管理人员相互合作；第三，全体职工都明确自己的工作内容、方法和程序。

（3）劳动者培训的计划性、针对性　在保证施工正常进行的前提下，根据现场实际需要，对劳动者进行有目的、有计划的培训。

（4）指挥与控制的有效性　对现场劳动力统一进行调度与指挥，并及时控制，保证整个现场协调一致，顺利完成施工任务。

（5）劳动者需要的满足程度　劳动者在付出劳动的同时也强调自身需要的满足，包括物质的需要和精神的需要。

二、建筑装饰装修工程项目劳动力来源

1. 自有（聘用）职工

自有（聘用）职工是项目经理部根据需求招收、培训、录用或聘用的职工，一般与企业签订定期合同，有的甚至是长期合同。自有（聘用）的职工一般为管理人员或技术工人。

2. 劳务分包（或劳务合作单位）

随着建筑装饰装修技术和管理技术的发展，专业分工更加细化，社会协作更加普遍，因此不可避免地采取劳务分包（或劳务合作单位）进行劳动力的补充。

三、建筑装饰装修工程项目劳务管理

建筑装饰装修工程项目中，人力资源的高效率使用关键在于制定合理的人力资源计划，在人力资源计划的基础上编制工种需要计划，必要时根据实际情况对计划进行调整。

劳务管理是对建筑装饰装修工程项目中的劳动力进行合理的调配、使用和有效的动态管

理，以达到提高劳动效率、降低工程成本的目的。

1. 劳务合同

建筑装饰装修工程项目所使用的人力资源无论是来自企业内部的施工队伍，还是企业外部的施工队伍，均通过劳务分包合同来管理。

劳务分包合同的内容有：作业任务、应提供的劳动力人数，进度要求及进场、退场时间，双方的管理责任，劳务费计取及结算方式，奖励与处罚条款。

2. 劳动力的动态管理

项目经理部是建筑装饰装修工程项目进行过程中的劳动力动态管理的直接负责单位。动态管理包括以下内容。

① 在项目进行过程中，项目经理部根据项目内部与外部条件的变化，对劳动力进行跟踪平衡、劳动力的补充与减员，达到劳动力数量、工种和技术能力的相互配合，满足施工要求。

② 向进入施工现场的作业班组下达施工任务书，进行考核并兑现费用支付和奖惩。

第三节　建筑装饰装修工程项目材料管理

一、项目材料管理概述

1. 项目材料管理的概念

项目材料管理就是与项目有关的各部门、各系统通过科学的管理方法和手段，对项目所使用的材料在流通过程和消耗过程的经济活动进行计划、组织、监督、激励、协调、控制，以保证施工生产的顺利进行。

2. 项目材料管理的主要任务

项目材料从采购、供应、运输到施工现场验收、保管、发放、使用涉及材料的流通和消耗两个过程，因此决定了项目的材料管理具有两大任务。

(1) 在流通过程的管理　一般称为供应管理。它包括材料从项目采购供应前的策划，供方的评审与评定，合格供方的选择、采购、运输、仓储、供应到施工现场（或加工地点）的全过程。

(2) 在使用过程的管理　一般称为消耗管理。它包括材料进场验收、保管出库、拨料、限额领料、耗用过程的跟踪检查，材料盘点，剩余物资的回收利用等全过程。

3. 项目材料管理与企业管理的关系

企业是利润的中心，项目是成本的中心。对于建筑装饰装修施工企业来说，企业的管理水平和管理目的最终体现在项目的成本管理和企业的效益上。装饰装修工程项目材料成本占项目整个成本的60%～70%，项目材料管理贯穿于企业管理的始终，是企业管理的重要组成部分。

4. 建立项目材料管理体制的基本原则

① 项目材料管理体制必须适应企业的施工任务和企业的施工组织形式。项目施工任务的大小和施工的组织形式决定了项目材料人员的配备和职责分配。

② 项目材料管理体制应适应社会的供应方式。随着社会供应方式的变化和供需关系的变化，项目材料管理体制的内容也应随之发生变化。

③ 项目材料管理体制的建立应有利于企业的管理，有利于企业最终取得整体效益。

5. 项目材料管理的3个层次

(1) 经营管理层　企业的主管领导和总部各有关部门。主要负责材料管理制度的建立，担负监督、协调职能。

(2) 执行层　企业主管部门和项目有关职能部门。主要是依据企业的有关规定，合理计划组织材料进场，控制其合理消耗，担负计划、控制、降低成本的职能。

(3) 劳务层　各类材料的直接使用者。依据经营层、执行层所制定的消耗制度和合理的消耗数量合理地使用材料，不断降低单位工程材料消耗水平。

二、项目材料采购供应管理

1. 项目材料采购供应管理的概念

项目材料采购供应管理就是对项目所需物资的采购供应活动进行计划、组织、监督、控制，努力降低物资在流通领域的成本。

2. 项目材料采购供应管理的任务

通过对供应商的评审与评价，选择合理的供应方式和合理的价格，适时地将工程所需材料配套供应至项目指定地点，保证项目施工生产的顺利进行，并在材料的流通过程中为企业创造较好的经济效益。

3. 项目材料采购应遵循的原则

(1) 遵循政策法规的原则

(2) 按计划采购的原则

(3) 坚持三比一算的原则　质量、价格、运距是组成材料流通成本的基本要素，比质量、比价格、比运距、核算成本是对采购人员最基本的要求。采购人员应认真做到"同等质量比价格，同等价格比质量"。

(4) 开展质量成本活动　在采购前，采购人员应充分了解材料的用途，根据工程的不同使用部位和对材料的质量要求选择不同的材质标准进行采购供应，以达到降低成本的目的。

4. 项目材料采购供应中的质量把关

① 进入施工现场的材料，要根据工程技术部门的要求，主要材料做到随货同行，证随料走，证物相符。

② 项目经理部根据国家和地方的有关规定，对进入现场的材料按规定进行取样复验。对复验不合格的材料另行堆码，做好标识，防止不合格材料用于工程。

三、项目材料现场管理

1. 项目材料现场管理的主要任务

项目材料现场管理，就是在现场施工过程中采取科学的方法、先进的手段，在材料进场验收、保管、发放、回收等阶段实施因地制宜的管理措施，使材料在企业的生产领域中发挥最大作用，降低企业的材料消耗水平，获得较大利益。

2. 项目材料现场管理的内容

(1) 施工准备阶段项目材料管理的内容　了解工程概况，调查现场条件和周围货源情况及供应条件；了解工程基本情况和业主、设计对材料供应的基本要求；了解工期和材料的供应方式、付款方式和业主供应材料情况；了解施工方案，掌握工程施工进度，现场平面布置及材料近期的需求量；了解项目经理部对材料管理工作的具体要求。

(2) 施工中项目材料管理的内容

① 根据施工进度，编制好各类材料计划，确保生产顺利进行。

② 做好材料验收与存储工作，保证物资的原使用功能。

③ 针对不同的施工方式采取不同的方法开展限额领料工作。

④ 通过跟踪管理的方式检查操作者用料情况，发现不良现象及时指正，对纠错不改的给予经济处罚。

(3) 施工后期竣工收尾阶段项目材料管理的内容　主要做好清理、盘点和核算工作，为竣工结算提供可靠、有效的资料。主要内容如下。

① 掌握工程施工进度和用料情况，控制材料进场数量，避免造成积压浪费。

② 及时回收剩余材料，与主管部门沟通，将剩余材料及时调配给其他项目。

③ 进行各种材料的结算和核算工作。

④ 及时分析项目材料使用情况，编制有关报表，总结工程材料供应与管理效果。

3. 项目材料的进场验收管理

(1) 项目材料验收的要求　项目材料验收是企业材料由流通领域向消耗领域转移的中间环节，是保证进入现场的材料满足工程达到预定的质量标准，满足用户最终使用，确保用户生命安全的重要手段和保证。因此，项目材料验收必须做到认真、及时、准确、公正、合理。

(2) 项目材料验收的内容

① 质量验收。包括内在质量和环境质量。保证材料的质量满足合同中约定的标准。

② 数量验收。核对进场材料的数量与单据量是否一致。

③ 单据验收。查看是否有国家强制性产品认证书、材质证明、装箱单、发货单、合格证等。

④ 环保验收。查看是否有影响企业的环保因素。

⑤ 安全卫生验收。查看是否有影响企业职业卫生健康安全因素。

(3) 项目材料验收依据

① 订货合同、采购计划及所约定的标准。

② 经有关单位和部门确认后封存的样品或样本。

③ 材质证明或合格证。

(4) 项目材料验收程序　包括：验收准备、单据验收、数量验收、质量验收、环保与职业安全验收、办理验收手续。

(5) 项目材料的储运与保管的要求　达到布局合理、库容整洁、管理科学、制度严密、保管员基本功扎实和服务态度良好的"文明仓库"标准。

(6) 项目材料出库

① 项目材料出库必须准确、及时、当面点交，不合格材料不得出库使用。

② 认真执行"先进先出"的原则，出库的凭证和手续必须齐全，符合要求，严格按照计划、定额发料。

4. 限额领料管理

(1) 限额领料的含义　限额领料，是指在施工阶段对施工人员所使用材料的消耗量控制在一定的消耗范围内。它是企业内开展定额供应，提高材料的使用效果和企业经济效益，降低材料成本的基础和手段。

(2) 限额领料的形式　包括：按分项工程实行限额领料、按工程部位实行限额领料、按单位工程实行限额领料。

(3) 限额领料的依据　包括：正确的工程量、现行的施工预算定额或企业内部消耗定额、施工组织设计、工程变更单。

(4) 限额领料的核算　根据限额领料的形式，工程完工后，双方应及时办理结算手续，检查限额领料的执行情况，对用料情况进行分析，按双方约定的合同，对用料节超进行奖罚兑现。

5. 项目材料使用监督

现场材料管理责任者应对现场材料的使用进行分工监督。监督的内容包括：是否合理用料，是否严格执行配合比，是否认真执行领发料手续，是否做到谁用谁清，是否按规定进行用料交付和工序交接，是否做到按平面图堆料，是否按要求保管材料等。检查是监督的手段，检查要做到情况有记录、原因有分析、责任要明确、处理有结果。

6. 周转材料管理

周转材料是指施工中可多次周转使用，但不构成产品实体所必须使用的料具，如支撑体系、模板体系等。周转材料的管理，就是项目在实施过程中，根据施工生产的需要，及时、配套地组织材料进场，通过合理的计划，精心保养，监督控制周转材料在项目施工过程的消耗，加速其周转，避免人为的浪费和不合理的消耗。

第四节　建筑装饰装修工程项目机械设备管理

一、机械设备管理概述

1. 机械设备管理的意义

通过对施工所需要的机械设备进行优化配置，按照机械运转的客观规律，合理地组织机械以及操作人员，大大地节约资源。

2. 机械设备管理的任务

在设备使用寿命期内，科学地选好、管好、养好、修好机械设备，提高设备利用率和劳动生产率，稳定提高工程质量，获得最大的经济效益。

3. 机械设备管理的特点

适应装饰装修企业的管理体制，与装饰装修企业组织体系相依托；大力发展专业化协作，实行以集中管理为主，集中管理与分散管理相结合的办法；要特别注意提高完好率、利用率和效率。

二、机械设备合理装备管理

1. 机械设备装备计划

根据建筑装饰装修工程项目的现实需要，编制机械设备装备计划和机械设备租赁计划。

2. 机械设备装备选择的技术条件

① 生产效率高。

② 可靠程度高，保证工程进度与质量的需要。

③ 易维护保养。

④ 耗能低。

⑤ 安全环保性能强。

3. 选择的经济评估

选择一个机械设备除考虑技术条件与适用性外，还要进行技术可行性分析。

4. 机械设备装备的原则

① 机械化和半机械化相结合。

② 减轻劳动强度。

③ 发挥现有机械设备能力。

④ 充分利用社会机械设备资源，同时将企业自身闲置的机械设备向社会开放。

5. 企业装备机械设备的形式

① 自行制造或改造。

② 设备购置。

③ 设备租赁。

三、机械设备的使用管理

机械设备使用管理是机械设备管理的一个基本环节，正确、合理地使用设备，可充分发挥设备的效率，保持较好的工作性能，减少磨损，延长设备的使用寿命。机械设备使用管理的主要工作如下。

① 人机固定，实行机械使用、保养责任制。机械设备要定机定人或定机组，明确责任，在降低使用消耗、提高效率上，与个人经济利益结合起来。

② 实行操作证制度，机械操作人员必须经过培训合格，发给操作证。

③ 操作人员必须坚持搞好机械设备的例行保养，经常保持机械设备的良好状态。

④ 遵守磨合期使用规定。

⑤ 实行单机或机组核算。

⑥ 合理组织机械设备施工，培养机务队伍。

⑦ 建立设备档案制度。

四、机械设备的保养、修理

机械设备的保养分为例行保养和强制保养。

1. 例行保养

例行保养，属于正常使用管理工作，它不占用机械设备的运转时间，由操作人员在机械使用前后和中间进行。内容主要有：保持机械的清洁，检查运转情况，防止机械腐蚀，按技术要求紧固易松脱的螺栓，调整各部位不正常的行程和间隙。

2. 强制保养

强制保养，是按一定周期，需要占用机械设备的运转时间而停工进行的保养。这种保养是按一定的周期和内容分级进行的。保养周期根据各类机械设备的磨损规律、作业条件、操作维修水平以及经济性 4 个主要因素确定。

企业应建立健全机械设备的维护保养制度和规程，实行例行保养、定期检修、强制保养、小修、中修、大修、专项修理相结合的维修保养方式。

第五节 建筑装饰装修工程项目技术管理

一、建筑装饰装修工程项目技术管理的内涵

1. 建筑装饰装修工程项目技术管理的概念

所谓建筑装饰装修工程项目技术管理，就是对施工项目的各项技术工作要素和技术活动的全过程进行管理。管理的职能有：计划、组织、领导、协调、控制。

（1）计划职能　即在施工承包合同规定的工期、质量、造价范围内，为了按设计要求高效率地实现项目目标，把项目施工全过程、全部目标所涉及的所有技术要素和技术活动纳入计划轨道，用动态的计划系统协调与控制项目的全部技术要素和全部技术活动，以实现预期的目标。

（2）组织职能　即在项目经理的领导下，在企业总工程师和技术管理部门的指导下，通过职责划分、授权、运用各种规章制度，建立一个以项目技术负责人（总工程师或主任工程师）为首的高效率的技术组织保证系统，以确保项目各项技术工作的顺利完成。其核心是决定需要完成什么任务、怎样完成以及由谁来完成等。

（3）领导职能　即管理者如何采取有效的方式指导和激励所有的参与者以及如何解决冲突问题。

（4）协调职能　即针对项目不同阶段、不同部门、不同层次之间存在的复杂关系和矛盾，进行沟通，排除障碍，解决冲突问题，确保系统的正常运转。

（5）控制职能　即通过决策、计划、协调、信息反馈和调整等过程，采用科学的管理方法，纠正偏差，确保目标的实现。

2. 建筑装饰装修工程项目技术管理的基本任务

在所承包的建筑装饰装修工程项目施工的全过程中，运用管理的五项职能（计划、组织、领导、协调、控制）促进技术工作的发展，正确贯彻国家的技术政策和上级有关技术工作的指示与决定，科学地组织各项技术工作，建立良好的技术工作秩序，保证项目施工过程符合技术规范、规程，使经济与技术、质量与进度达到统一，确保实现施工承包合同规定的工期、质量和造价目标。

3. 建筑装饰装修工程项目技术管理的作用

建筑装饰装修工程项目技术管理为实现建筑装饰装修工程项目目标提供强有力的技术支持和可靠的技术保障。

二、建筑装饰装修工程项目技术管理的内容

1. 技术管理基础性工作

① 技术责任制及技术管理制度。

② 技术标准及方法。

③ 试验、检验、计量及技术装备。

④ 技术文件、资料及档案。

2. 施工过程的技术管理工作

（1）技术准备阶段　包括：投标工程技术方案的编制，中标文件的熟悉和审查，图纸的熟悉、审查及会审，技术交底。

（2）工程实施阶段　包括：工程变更及洽商，技术措施的采取，技术检验，材料及半成品的试验与检验，技术问题的处理，规范、标准的贯彻，季节性施工技术措施的采取，工程技术资料的鉴证、收集、整理和归档等。

（3）技术开发管理工作　包括：技术开发与推广计划的制定、组织实施及总结和鉴定验收等工作。

（4）技术经济分析与评价　论证技术工作在技术上是否可行，在经济上是否合理；优化施工组织设计，优选新技术开发与推广项目，并对实施后的实际效果进行全面系统的技术评价与经济分析。

3. 建筑装饰装修工程项目技术管理的运作流程

参与工程投标→与工程设计结合→设计交底→图纸会审→设计变更→工程洽商→编制施工组织设计→确定关键工作→技术交底→工程控制→预检与隐蔽工程验收→施工技术资料→工程结构验收→技术总结→处理竣工后的有关技术问题。

三、建筑装饰装修工程项目技术管理的基本制度

1. 设计结合制度

(1) 设计结合制度的概念　所谓设计结合制度，是指在条件允许或可能的情况下，项目经理部应会同公司技术管理部门做好施工单位与设计单位的结合。

(2) 做好设计结合应注意的事项

① 要详细了解设计意图，掌握工程概况、特点、地质勘探资料以及在结构、材料、建筑等方面的特殊要求，了解生产工艺及使用要求。

② 使设计单位掌握施工单位的技术设备水平、施工能力和特点。

2. 图纸审查制度

(1) 图纸审查制度的目的　领会设计意图、明确技术要求，发现设计图纸中的差错与问题，提出修改与洽谈意见，使之在施工开始之前改正。

(2) 图纸审查的依据

① 施工图设计、建筑总平面等资料文件。

② 调查、搜集的原始资料。

③ 设计、施工验收规范和有关技术规定。

(3) 图纸审查的内容

① 审查建筑物或构筑物的设计功能和使用要求是否符合环保、防火及美化城市方面的要求。

② 审查图纸是否完整、齐全，以及施工图纸和设计资料是否符合国家有关工程建设的设计、施工方面的方针和政策。

③ 审查图纸与说明书在内容上是否一致，以及与其各组成部分之间有无矛盾和错误。

图纸审查分内部自审阶段、外部会审阶段和现场签证阶段。

3. 技术责任制度

技术责任制度，是指项目技术管理中，在对各级技术人员进行系统分析的基础上，规定各种技术岗位的职责范围，以便整个企业的技术活动能有条不紊地进行。其目的是把企业生产组织中的技术工作纳入统一的轨道，保证企业各级组织中的各技术岗位人员能各负其责，切实保证施工技术工作的顺利进行和工程质量的提高。

工程技术负责人是负责技术工作的一线人员，要对单位工程的施工组织、施工技术、技术管理、工程核算等全面负责。其是贯彻各级技术责任制与技术管理制度的关键，是使技术工作层层负责、技术管理步步落实的可靠保证。实践证明，单位工程的技术管理工作是全面反映技术状态的具体表现，是做好技术管理工作的牢固基础。工程技术负责人的主要职责如下。

① 搞好经济管理工作，参与开工前施工预算的编制工作与竣工后的工程结算工作。

② 搞好技术交底工作，要组织有关人员审查、学习、熟悉图纸及设计文件，并对施工现场有关人员进行技术交底。

③ 搞好技术措施，负责编制施工组织设计，制定各种作业的技术措施。

④ 搞好技术鉴定，负责技术复核。

⑤ 搞好技术标准工作，负责贯彻执行各项技术标准、设计文件以及各种技术规定，严格执行操作规程、验收规范及质量鉴定标准。

⑥ 搞好各项材料试验工作。

⑦ 搞好技术革新，不断改进施工程序和操作方法。

⑧ 搞好施工管理，负责施工日记和施工记录工作。

⑨ 搞好资料整理，负责整理技术档案的全部原始资料。

⑩ 搞好技术培训，负责对工人技术教育等。

4. 技术交底制度

技术交底是指工程开工之前，由各级技术负责人将有关工程的各项技术要求逐级向下贯彻，直到施工现场，以便参与施工的技术人员和工人明了所担负任务的特点、技术要求和施工工艺等，做到心中有数，顺利地完成施工任务。

(1) 技术交底的内容

① 图纸交底。图纸交底的目的在于使施工人员了解工程的设计特点、构造、做法、要求、使用功能等，以便掌握和了解设计意图和设计关键，按图施工。

② 施工组织设计交底。施工组织设计交底是将施工组织设计的全部内容向班组交待，使班组能了解和掌握本工程的特点、施工方案、施工方法、工程任务的划分、进度要求、质量要求及各项管理措施等。

③ 设计变更交底。它是将设计变更的结果及时向施工人员和管理人员做统一的说明，便于统一口径，避免施工差错，也便于经济核算。

④ 分项工程技术交底。它是各级技术交底的关键，其内容主要包括施工工艺、质量标准、技术措施、安全要求及新技术、新工艺和新材料的特殊要求等。

(2) 技术交底的方法　技术交底应根据工程规模和技术复杂程度不同采取相应的方法。建筑装饰装修工程项目的技术交底一般由项目部的技术负责人向有关职能人员或施工队（或工长）交底。当工长接受交底后，必要时，需示范操作或做样板。班组长在接受交底后，应组织工人进行认真讨论，保证明确设计和施工意图，按交底要求施工。技术交底分为口头交底、书面交底和样板交底等。如无特殊情况，各级技术交底工作应以书面交底为主，口头交底为辅。书面交底应由交接双方签字归档。对于重要的、技术难度大的工程项目，应以样板交底、书面交底和口头交底相结合。样板交底包括施工分层做法、工序搭接、质量要求、成品保护等内容，等交底双方均认可样板操作并签字后，按样板做法施工。

5. 材料验收制度

建立和健全材料检验制度，做好材料、构配件和设备的试验检查工作，是合理使用资源、节约成本和确保工程质量的关键措施。

在施工中，使用的所有原料、材料、构配件和设备等物资，必须由供应部门提供合格证明和检验单，对各种材料在使用前应按规定抽样检验，新材料要经过技术鉴定合格后才能在工程上使用。

施工企业必须加强对材料检验工作的领导，要健全机构，配齐人员，充实试验仪器，提高试验检验的工作质量。同时，要抓好施工现场材料及试件的送检工作。

6. 技术复核和施工日志制度

(1) 技术复核制度　在现场施工中，为避免发生重大差错，对重要的或影响工程全局的技术工作，必须依据设计文件和有关技术标准进行复核工作。

（2）施工日志制度　施工日志，是在工程项目施工的全过程中有关技术方面的原始记录，对改进和提高技术管理水平有重要意义。单位工程技术负责人应从工程施工开始到工程竣工为止，不间断地详细记录每天的施工情况。

7. 工程质量检查和验收制度

在现场施工过程中，为了保证工程的施工质量，必须根据国家规定的质量标准逐项检查操作质量和中间产品质量，并根据装饰装修工程的特点，在质量检查的基础上进行隐蔽工程、分项工程和竣工工程的验收。

（1）隐蔽工程验收　指施工过程中，对将被下一道工序掩盖的工程进行检查验收。这一类工程因要进行隐蔽，不能等整个工程交工验收，必须要随时验收，评定其质量等级，办理鉴证手续。

（2）分项工程验收　指在某一分项工程施工结束后，由施工单位邀请建设单位、设计单位进行检查验收。

（3）竣工验收　指工程完工后和交工前进行的综合性检查验收。在正式交工验收前，施工单位要进行自检自验，发现问题及时解决。竣工验收时，由建设单位、设计单位、质检部门会同施工单位对所有项目和单位工程按国家规定的标准评定等级，办理验收手续，归入技术档案。

8. 工程技术档案制度

建立工程技术档案制度是为了系统地积累施工技术资料，为了给施工工程交工后的合理利用、维护、维修及其他工程施工提供依据。

四、建筑装饰装修工程项目技术组织措施和技术开发

1. 技术组织措施和技术开发的意义

施工企业要提高技术水平，必须合理采用先进的技术组织措施，同时要抓住薄弱环节不断开发技术。技术组织措施的目的在于把实践证明是成功的技术和施工经验推广应用到施工中去，技术开发的出发点在于攻克难关，创造出新的技术来代替落后的技术。因此，积极编制技术组织措施和开展技术革新活动，对企业有效地推动施工生产的发展有着十分重要的意义。

2. 技术组织措施

技术组织措施是施工企业为完成施工生产任务，提高工程质量，加快工程施工进度，保证安全施工，节约原材料和劳动力，降低成本，提高经济效益，在技术和管理上采取的措施。

技术组织措施的内容如下。

① 改进施工工艺和操作技术，加强施工速度，提高劳动生产率的措施。

② 提高工程质量的措施。

③ 推广新技术、新工艺和新材料的措施。

④ 提高机械化施工水平、改进机械设备和组织管理以提高完好利用率的措施。

⑤ 节约原材料、动力、燃料和劳动力，降低成本，提高经济效益的措施。

3. 技术开发

技术开发是对企业现有技术水平进行改进、更新和提高的工作。它导致技术发展量的变化，使企业的技术水平不断提高。

技术开发的主要内容如下。

① 改进施工工艺和改革操作方法。

② 改革原料、材料和资源的利用方法。

③ 改进施工机具，提高机具利用率。

④ 管理手段的现代化。

⑤ 施工生产组织的科学化。

五、工程资料管理与工程技术档案

1. 工程资料管理

工程资料是在工程建设过程中形成的各种形式的信息记录，包括基建文件、监理资料、施工资料和竣工图。

（1）基建文件　建设单位在工程建设过程中形成的文件，分为工程准备文件和竣工验收文件等。工程准备文件是指工程开工以前，在立项、审批、征地、勘察、设计、招投标等工程准备阶段形成的文件。竣工验收文件是指建设工程项目竣工验收活动中形成的文件。

（2）监理资料　监理单位在工程设计、施工等监理过程中形成的资料，包括监理管理资料、监理工作记录、监理验收文件等。

（3）施工资料　施工单位在施工过程中形成的各种形式的信息记录，包括施工管理资料、施工技术资料、施工测量资料、施工物资资料、施工记录、施工试验记录、施工质量验收记录等。

（4）竣工图　工程竣工验收后，真实反映建设工程项目施工结果的图样。

2. 工程技术档案

工程技术档案是记述和反映工程建设全过程各项技术活动，具有保存价值，并且按照一定的档案制度，作为真实的历史记录集中保管起来的技术文件资料。

工程技术档案工作的任务是：按照一定的原则和要求，系统地收集、记述工程建设全过程中具有保存价值的技术文件资料，并按归档制度加以整理，以便工程交工验收后完整地移交给有关技术档案管理部门。

第六节　建筑装饰装修工程项目资金管理

人们把资金比作企业的血液，十分恰当。抓好资金管理，把有限的资金运用到关键的地方，加快资金的流动，促进施工，降低成本，具有十分重要的意义。

一、建筑装饰装修工程项目资金收入与支出的预测及对比

1. 项目资金收入预测

项目资金收入是按合同价款收取的。在实施工程项目合同的过程中，从收取工程预付款（预付款在施工后以冲抵工程价款方式逐步扣还给业主）开始，每月按进度收取工程进度款，直到最终竣工结算，按时间测算出价款数额，做出项目收入预测表，绘出项目资金按月收入图及项目资金按月累加收入图。

资金收入测算工作应注意以下几个问题。

① 由于资金测算工作是一项综合性工作。因此，要在项目经理主持下，由职能人员参加共同分工负责完成。

② 加强施工管理，确保按合同工期要求完成工程，免受延误工期惩罚，造成经济损失。

③ 严格按合同规定的结算办法测算每月实际应收的工程进度款数额，同时要注意收款滞后时间因素，即按当月完成的工程量计算应取的工程进度款，不一定能够按时收取，但应力争缩短滞后时间。

按上述原则测算的收入，形成了资金收入在时间上、数量上的总体概念，为项目筹措资金，加快资金周转，合理安排资金使用提供科学依据。

2. 项目资金支出预测

(1) 项目资金支出预测的依据

① 成本费用控制计划。

② 项目施工规划。

③ 各类材料、物资储备计划。

根据以上依据测算出随着工程的实施每月预计的人工费、材料费、施工机械使用费、物资储运费、临时设施费、其他直接费和施工管理费等各项支出，使整个项目的支出在时间上和数量上有一个总体概念，以满足资金管理上的需要。

(2) 项目资金支出预测程序　如图 10.2 所示。

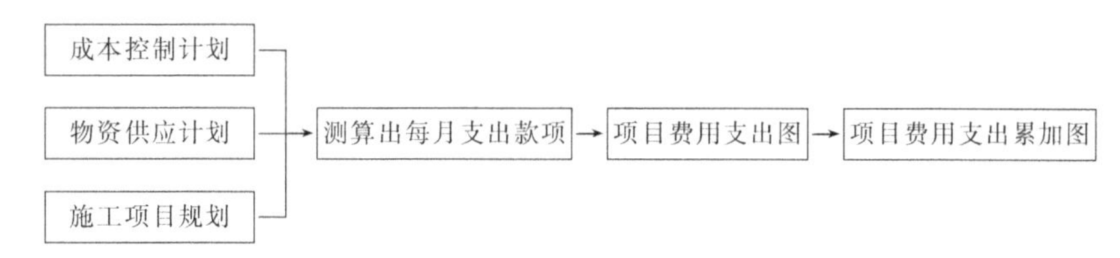

图 10.2　项目资金支出预测程序

(3) 项目资金支出预测应注意的问题

① 从实际出发，使资金支出预测更符合实际情况。资金支出预测，在投标报价中就已开始做了，但不够具体。因此，要根据项目实际情况，将原报价中估计的不确定因素加以调整，使之符合实际。

② 必须重视资金支出的时间价值。资金支出的测算是从筹措资金和合理安排、调度资金的角度考虑的，一定要反映出资金支出的时间价值，以及合同实施过程中不同阶段的资金需要。

二、建筑装饰装修工程项目资金的筹措

1. 项目资金来源

为项目筹措资金，可以通过多种不同的渠道，采用多种不同的方式。我国现行的项目资金来源主要有以下几种。

① 财政资金。包括财政无偿拨款和拨改贷资金。

② 银行信贷资金。包括基本建设贷款、技术改造贷款、流动资金贷款和其他贷款等。

③ 发行国家投资债券、建设债券、专项建设债券以及地方债券等。

④ 在资金暂时不足的情况下，还可以采用租赁的方式解决。

⑤ 企业资金。主要是企业自有资金、集资资金（发行股票及企业债券）和向产品用户集资。

⑥ 利用外资。包括利用外国直接投资，进行合资、合作建设以及利用世界银行贷款。

2. 施工过程所需要的资金来源

施工过程所需要的资金来源，一般是在承发包合同条件中规定的，由发包方提供的工程

备料款和分期结算工程款提供。资金来源：预收工程备料款、已完施工价款结算、内部银行贷款、其他项目资金的调剂等。

3. 筹措资金的原则

① 充分利用自有资金。其优点是：调度灵活，不必支付利息，比贷款的保证性强。

② 必须在经过收支对比后，按差额筹措资金，避免造成浪费。

③ 把利息的高低作为选择资金来源的主要标准，尽量利用低利率贷款。

三、建筑装饰装修工程项目资金管理

项目资金管理采用集中监控和以项目为对象的动态管理模式。所谓集中监控，就是由企业内部银行统一管理项目资金，项目经理部应在内部银行中申请开设独立账户，反映项目资金收、支、余运行的动态状况。月末与项目对账，确保账账相符。凡业主要求在其他银行开设账户的，统一由内部银行出面开设账户，不允许项目在外独立开户。

企业内部银行既引入银行的有偿使用资金的融资机制，又具有内部资金管理、监督的职能。对所有在外支付的款项进行监督审核，确保结算合法性，避免差错的发生。

项目经理部应按月编制资金收支计划，企业工程部签订供款合同，公司总会计师批准，内部银行监督实施，月末提出执行情况分析报告。

复习思考题

一、名词解释

1. 技术交底

2. 施工日志

3. 生产要素

4. 周转材料

二、填空题

1. 技术交底的内容，可分为____。

2. 工程资料包括____。

3. 施工项目技术管理的基本制度有__________________________________等。

4. 项目材料管理的 3 个层次是：________、________、________。

5. 施工项目资源主要有________________________。

三、简答题

1. 限额领料的依据有哪些？

2. 简述建筑装饰装修工程项目生产要素管理的一般程序。

3. 建筑装饰装修工程项目材料管理的基本任务有哪些？

4. 简述建筑装饰装修工程项目技术管理的运作流程。

第十一章
建筑装饰装修工程项目建设监理

提要

本章讲述了建筑装饰装修工程项目建设监理的基本概念及重要性，并讲述了建筑装饰装修工程项目建设监理的基本方法与程序。

第一节　建筑装饰装修工程项目建设监理概述

工程项目建设监理，是国际上普遍实行的工程建设项目监督管理制度。

一、我国建设监理现状与前景

1. 我国建设监理的发展

我国建设监理的发展经历了 3 个阶段。

第一阶段（1988～1992 年）为选择少数省市的试点阶段。

第二阶段（1993～1995 年）为稳步推行并在全国扩大试行的阶段。

第三阶段（1996 年至今）为在全国范围全面推行阶段。

经过十几年的发展，全社会对建设监理的认识有了很大的提高，委托监理的项目不断增加。同时，监理人员经过多年的探索和实践，逐步建立起一套比较规范的监理工作方法和制度。监理单位作为市场主体之一，与建设单位、承建单位、政府主管部门的关系日益清晰，尤其监理单位与建设单位的责权利关系所形成的委托监理合同内容日益规范。因此，在全国推行监理制度，实现产业化，使监理制度规范、统一、有效已是势在必行。国家质量技术监督局、建设部 2001 年联合发布《建设工程监理规范》，标志着我国建设监理制度的全面推广，工程监理制同项目法人责任制、工程招投标制、合同管理制等共同构成了我国建设工程管理制度体系。

2. 我国建设监理的发展前景

自从在全国范围内推行建设监理以来，取得了明显的社会效益和经济效益，得到了社会的普遍认可。一些民营企业投资的项目，按照有关规定可不委托监理，但这些民营企业家看到了建设监理所带来的良好效应，对自己投资的项目也委托监理咨询公司进行监理。特别是一些地方骨干监理公司，在工程质量、进度、投资方面发挥了重要作用，树立了良好的行业社会形象。例如，厦门海沧跨海大桥经过工程监理人员对工程设计和材料进行了严格的审查、合理优化、科学论证，施工中严格控制工程款支付，共节约投资 7.8 亿元。

由于国家政策的引导和市场杠杆规律的作用，大多数监理企业通过引入现代企业制度，监理行业民营化程度逐年提高。民营监理企业的业务量、效益、发展速度明显快于国有企业，所以监理企业通过自身的改制，更加充满生机和活力。此外，政府相继出台了一系列政策，重点扶持民营监理企业，加快监理企业的民营化进程，为监理企业的发展注入了新的活力。

随着建设监理制的逐步推行，为监理企业的发展带来了新的机遇。我国推行建设监理制已有十多年，监理人员有着丰富的管理经验。同时，监理公司又是技术密集型企业，有着良好的技术优势。国家也给予政策方面的支持。一些地方的骨干监理公司已积极投身于项目代建制任务的承接，为监理企业迈入新的市场积累了宝贵的经验。

二、建设监理的概念

监理是指执行者根据一定的行为准则，对某些行为进行监督管理，使这些行为符合准则要求，并协助行为主体实现其行为目的。

建设监理是指建设主管部门和被授权单位，依据国家的法律、法规和有关政策，对工程建设参与者的建设行为所进行的监控、督导和评价，以确保建设目标的顺利实现。

实行建设监理是发展生产力、提高效益的需要，更是对外开放、加强国际合作、与国际惯例接轨的需要。

建设监理包括政府建设监理和社会建设监理。

政府建设监理是指政府建设管理主管部门，对建设工程实施的强制性监理和对社会监理单位实施的监督管理。政府建设监理被称为监督，它具有宏观性、全面性、强制性与执法性。

社会建设监理，是指社会建设监理单位接受建设单位委托，采取事前、事中、事后全面控制的方法，具体监督检查项目合同的实施。社会建设监理也就是通常所说的建设监理。

三、社会建设监理的性质

1. 服务性

在工程建设过程中，监理工程师利用自己在工程建设方面的丰富知识、技能和经验为业主提供高智能管理服务，以满足项目业主对项目管理的需求，所获得的报酬是技术服务性报酬、脑力劳动报酬，也就是说工程建设监理是一种高智能的有偿技术服务。它的服务对象是委托方——业主。这种服务性活动是按工程建设监理合同进行的，是受法律约束和保护的。

2. 独立性

在工程项目建设中，监理单位是独立的一方，是作为一个独立的专业公司受业主委托去履行服务的，与业主、承包商之间的关系是平等的、横向的。我国有关法规明确指出，监理单位应按照独立、自主的原则开展建设监理工作。

为了保证建设监理行业的独立性，从事这一行业的监理单位和监理工程师必须与某些行业或单位断绝人事上的依附关系及经济上的隶属或经营关系，也不能从事某些行业的工作。我国建设监理有关法规指出："各级监理负责人和监理工程师不得是施工、设备制造和材料、构配件供应单位的合伙经营者，或与这些单位发生经营性隶属关系，不得承包施工和建材销售业务，不得在政府机关、施工、设备制造和材料供应单位应聘。"

建设监理的独立性是建设监理制的要求，是监理单位在工程建设中的第三方地位所决定的，是它所承担的建设监理的任务所决定的。因此，独立性是监理单位开展建设监理工作的重要原则。

3. 公正性

工程建设过程中，监理单位一方面要严格履行监理合同的各项义务，真诚为业主服务；

另一方面应当成为公正的第三方，也就是以公正的态度对待委托方和被监理方，特别是当业主和承包方发生利益冲突时，监理单位应站在第三方的立场上，公正地加以解决和处理。

4. 科学性

建设监理单位是智力密集性组织。按国际惯例，社会建设监理单位的监理工程师必须有相当学历，并有长期从事工程建设工作的经验，精通技术与管理，通晓经济与法律，经权威机构考核合格并经政府主管部门登记注册，领取证书，方能取得从业资格。因此，监理工程师是依靠科学知识和专业技术进行项目监理的技术人员。

四、监理工程师和工程监理企业

1. 监理工程师

监理工程师是指经全国监理工程师执业资格统一开始合格，取得监理工程师执业资格证书，并经注册从事建设工程监理活动的专业人员。监理工程师要求具备较高的专业学历和复合型的知识结构，并具备丰富的工程建设经验和良好的品德。

2. 工程监理企业

工程监理企业（监理单位）是指从事工程监理业务并取得工程监理企业资质证书的经济组织。它是监理工程师的执业机构。我国工程监理企业资质有甲、乙、丙 3 级。

五、监理业务的取得

1. 监理业务的取得方式

（1）投标竞争

（2）业主直接委托

2. 监理合同

监理合同是业主与监理单位签订的，为委托监理单位承担监理业务而明确双方权利义务的协议。监理合同的主体是建设单位（业主）和监理单位。

工程监理企业向业主提供的是管理服务，因此，工程监理企业投标书的核心是反映所提供的管理水平高低的监理大纲，尤其是主要的监理对策。一般情况下，监理大纲中主要的监理对策是指根据监理招标文件的要求，针对业主委托监理工程的特点，初步拟定的该工程监理工作指导思想、主要的管理措施、技术组织措施、拟投入的监理力量以及为搞好该项工程建设而向业主提出的原则性建议等。

第二节　建筑装饰装修工程项目建设监理的重要性

建筑装饰装修工程项目建设监理是指建筑装饰装修工程项目建设监理的执行者接受业主的委托和授权，根据国家批准的建筑装饰装修工程项目建设文件，有关建筑装饰装修工程建设的法律、法规和装饰装修工程监理合同以及工程建设合同所进行的旨在实现项目投资目的的微观监督管理活动。

建筑装饰装修工程项目建设监理是建筑装饰装修工程项目建设必不可少的保证，是对建筑装饰装修工程项目全过程实施监督监理。它属于第三方，介于建筑单位与承包单位之间，由建设单位招标聘请。它代表建筑装饰装修工程项目建设单位对施工图纸、施工单位的工程预算、合同以及施工过程中的每一道工序、工艺、材料、价格、工程量和工期等实施全面监督管理，从而最大程度地避免了由于施工图纸的粗疏或变更、工程预算的水分或漏项、工程合同的责任不清以及工程质量和工期延误等原因所带来的纠纷，保证了建筑装饰装修工程项目的工程质量。

建筑装饰装修工程项目建设监理的重要性体现在以下几个方面。

1. 实现业主的意图和目标

监理方为实现业主对建筑装饰装修的意图和目标，对建筑装饰装修工程监理应从设计监理开始。建筑装饰装修工程没有现成的产品，而是在建筑装饰装修与施工过程中形成。业主往往先对建筑装饰装修工程有一个构想及在投资上的限额，但如何有效地实现，即实现投资、质量、工期的最优控制目标，就需要通过建筑装饰装修工程监理这一个环节。因此，建筑装饰装修工程的监理极为重要，绝非可有可无，否则难以实现项目的三大控制。

建筑装饰装修工程中各种构件、配件、装饰装修材料的型号、品种、产地、标准类别众多。同一品种材料、设备的价格相差较大，有的达数倍甚至十多倍。因此，建筑装饰装修工程项目的设计、投资、报价、工程质量、施工以及结算之间相辅相成，关系十分密切。也就是说，装饰装修工程从业主的意图、构想，包括投资、设计、招标、施工、验收、维修一系列的过程均环绕着装饰装修的效果、功能、质量、投资、工期等相关的目标控制。所有这些，正是建筑装饰装修工程监理的任务，并且应从装饰装修设计监理开始。

装饰装修设计不同于建筑设计的特点是，前者追求装饰装修工程的整体效果与细微处理的完美与统一，设计与选材、采购、施工过程，甚至每一个细节均密切相关，设计人员与监理人员随时在现场指导，观察装饰装修过程及其效果。设计人员如发现需要修改、变更设计，即与监理人员、甲方代表协调好并遵照程序履行一切计价、签证等手续。

虽然目前有些地区已颁布装饰装修工程预算定额，但由于装饰装修工程施工工艺复杂，有的还伴有精致的工艺品和部分家具，使用种种特殊材料，因此其投资控制十分复杂，其中不少部分是非定额数据，根据实际情况经过调查、实测获得。在市场经济的体制下监理经济师承担此项任务较为艰难，并且装饰装修工程的造价、质量、进度等相关因素较多，其设计与施工之间联系紧密，故装饰装修工程的设计与施工监理应连贯进行。

2. 处理建筑装饰装修与主体结构等的关系

目前不少建筑物发生的火灾，装饰装修工程错误是一个重要因素。例如，违反建筑防火规范，随意更改建筑平面图，一味追求单纯装饰装修效果，随意堵门、扒门，使原有的安全、防火通道、设施取消或更改，在装饰装修工程中使用易燃、可燃材料等均是火灾的隐患，特别在公共建筑中更应重视。由于片面追求装饰装修效果而改变原有结构设计而造成质量事故，甚至倒塌亦时有发生，往往是因严重超出原有结构的承载和不合理的更改所致。

较多的装饰装修设计与施工是在房屋主体结构及其他专业工程（如水电、空调、消防等）完成以后，由业主委托装饰装修公司来做。业主对装饰装修要求往往另有新的构想，对已完成的原结构及各专业工程进行改造。有的承包商为了迎合业主心意，特别在竞争条件下不顾规范任意拆墙、凿洞，重新布置水电管网，不但造成浪费，影响进度及工程质量、结构，防火得不到保证，而且有的甚至还破坏了其他专业工程原设计的合理性。这是由于专业装饰装修公司往往只重视装饰装修工程的效果和质量，不能全面地从整体对其他各专业进行通盘研究、考虑。由于专业的局限性，此类现象是难免的，要求专业装饰装修公司能掌握其他各专业知识也是不现实的。然而，拥有各类专业技术人才的监理公司，则可以解决这个问题，或避免这些问题的发生。

3. 建筑装饰装修工程项目建设监理的必要性

根据上述建筑装饰装修工程的种种特殊性及其与相关专业的关系，以及建筑装饰装修工程的质量、投资、标准、材料及进度密切相关，装饰装修设计与施工环环相扣，建筑装饰装修工程监理是十分必要的。

(1) 处理各专业之间的关系必须有监理　众所周知，监理公司是知识密集的高智能科学管理机构，具有各种专业的人才，足以适应和解决建筑装饰装修中所遇到的一切疑难问题。这是任何一个自行管理的业主所不能办到的。监理公司可对整个装饰装修工程全方位、全过程进行监理，正确处理好所有相关专业的工作。建筑装饰装修工程中会涉及各种建筑规范、防火规范及其他专业工程规范，特别是由于装饰装修工程而变更其他工程设计时，将会发生装饰装修工程设计与其他专业设计之间的矛盾与冲突，必须由掌握各相关专业的设计人员及熟悉各种规范的监理工程师提出合理的处理方法，才能确保工程质量和减少损失。

(2) 必须实行建筑装饰装修工程设计与施工过程的监理　建筑装饰装修工程项目建设监理应包括装饰装修设计与装饰装修施工的监理，特别是前者尤为重要，这是建筑装饰装修工程的特殊性所决定的。

建筑装饰装修是艺术、文化、环境、人文的统一、结合，并具有很强的时代性。例如，人民大会堂香港厅的装饰装修设计，其中的艺术品的设计与制成浑然一体，构思、创作寓于艺术品的形成，故不能分割装饰装修的设计与施工，其监理亦同样。

当前有若干以建筑设计、装饰装修设计为主体的监理公司，拥有各类高级专业人才，负责承担建筑装饰装修工程项目建设监理更为贴切和有效。业主在选择监理公司时要充分了解、调查各类监理公司的特长，不能单纯以收费低廉或照顾关系为挑选原则，这样往往会因小失大，不能达到应有的监理效果。并不是每一家监理公司都能胜任建筑装饰装修工程监理，特别是对高级装饰装修工程。

(3) 材料、设备、构配件的选购需借助监理　建筑装饰装修材料、设备、构配件的价格千差万别，不是一般技术人员所能全面精通、掌握的。这同样是一项专业，需要不断积累资料和经验，注意对装饰装修材料信息的收集和询价。建筑装饰装修工程监理单位则拥有此类专业人才，会向业主、设计人员准确提供各类装饰装修材料、配件的合理价格、品种、产地、性能的信息，据以选择、比较，最终可优选质量适合、价格较低、满足功能的装饰装修材料，确定一个使业主、设计人员信服、满意的装饰装修工程造价。

(4) 签订和管理合同需要监理　签订好建筑装饰装修工程的监理合同、设计合同和施工合同是业主的重要工作。特别是监理合同，显然应以优选适合本装饰装修工程的监理单位为前提。业主把对本装饰装修工程的设计、施工、选材、质量、投资、进度、维修等全过程的要求和目标详尽地向监理单位提出，签订在监理合同内，作为监理方的任务。以后的工作主要由监理单位来做或协助业主来完成，业主予以适当配合和支持。

装饰装修工程设计与施工阶段的控制目标是以设计合同、施工合同为核心，对合同的签订、履行和管理是监理公司的任务。业务主要是选好监理公司就万无一失了。

(5) 监理公司可协助业主搞好前期准备工作　业务对建筑装饰装修工程起初往往只是从一个构想或者从某工程、某一图片、资料、广告得到启发而提出的，仅是概念型、原则性的功能上、艺术上的意图。监理工程师要充分吃透、了解业主的构思和功能要求，用专业语言整理出“装饰装修设计要求”的文件，反复与业主交换意见，最终提出统一的书面资料。而后又优选设计单位、方案设计、材料选用、投资估算与平衡（即投资与装饰装修标准的关系）等，这些均属装饰装修工程前期准备工作，这将对装饰装修工程起决定性作用，监理公司将会协助业主来完成。

第三节 建筑装饰装修工程项目建设监理的具体实施

一、建筑装饰装修工程项目建设监理的任务

建筑装饰装修工程项目建设监理的中心任务就是帮助建设单位实现装饰装修工程项目建设的目标，也就是要确保装饰装修工程项目在合同的约束下，实现装饰装修工程项目的成本、进度和质量目标。

1. 合同管理

合同管理是进行成本控制、进度控制和质量控制的手段。因为合同是监理单位站在公正立场采取各种控制、协调与监督措施，履行纠纷调解职责的依据，也是实施三大目标控制的出发点和归宿。

2. 成本控制

建筑装饰装修工程项目建设监理单位成本控制的任务主要是在装饰装修工程项目建设前期进行可行性研究，协助建设单位正确地进行投资决策，控制好估计投资总额；在设计阶段对设计方案、设计标准、总概算和概预算进行审查；在建设准备阶段协助建设单位确定合同标底和合同造价；在施工阶段审核设计变更，核实已完工作量，进行工程进度款签证和索赔控制；在工程竣工阶段审核工程预算。

3. 工期控制

建筑装饰装修工程项目建设监理单位工期控制的任务主要是在装饰装修工程项目建设前期通过周密分析确定合理的工期目标，并纳入承包合同；在装饰装修工程项目具体实施期间通过运筹学、网络计划技术等科学手段审查、修改施工组织设计和进度计划，并在计划实施中紧密跟踪，拆除干扰，做好协调与监督，使工期目标逐步实现，最终保证装饰装修工程项目建设总工期的实现。

4. 质量控制

建筑装饰装修工程项目建设监理单位的质量控制要贯穿装饰装修工程项目实施的全过程，主要包括组织设计方案竞赛与评比，进行设计方案磋商与图纸审核，控制设计变更；通过审查承包单位的资料，检查材料、构配件及设备的质量，审查施工组织设计等进行质量控制；通过重要技术复核、工序操作检查、隐蔽工程验收和工序成果检查认证来监督标准和规范的贯彻和执行情况；通过阶段验收和竣工验收把好质量关等。

二、建筑装饰装修工程项目建设监理的基本方法

为了实现项目总目标或阶段性建设目标，监理工程师要科学地运用工程项目建设监理的基本方法和手段，即目标规划、动态控制、组织协调、信息管理、合同管理。这些方法相互联系，互相支持，共同运行，缺一不可。

1. 目标规划

目标规划是以实现目标控制为目的的规划设计。工程项目目标规划的过程是一个由粗到细的过程，分阶段地根据可能获得的工程信息对前一阶段的规划进行细化、补充、修改和完善。

目标规划主要包括确定投资、进度、质量目标或对已初步确定的目标进行论证；把各项目标分解成若干个子目标；制定各项目标的综合措施，力保项目目标的实现等。

2. 动态控制

动态控制是在工程项目实施过程中，根据掌握的工程建设信息，不断将实际目标值与计划目标值进行对比，如果出现偏离，就采取措施加以纠正，以保证计划目标的实现。这是一个不断循环的过程，直至项目建成交付使用。

动态控制是在目标规划的基础上针对各级分目标实施的控制，以期达到计划总目标，它贯穿于工程项目的整个监理过程中。

3. 组织协调

组织协调是实现项目目标不可缺少的方法和手段。它包括项目监理组织内部人与人、机构与机构之间的协调，项目监理组织与外部环境组织的协调，以及监理组织与政府有关部门、社会团体、科学研究单位等之间的协调。通过组织协调，大家在实现工程项目总目标上做到步调一致，达到运行一体化。

4. 信息管理

工程项目建设监理离不开工程信息。在实施监理的过程中，监理工程师要对所需要的信息进行收集、整理、处理、存储、传递、应用等一系列工作，这些工作统称为信息管理。它是建设监理的重要手段，也是目标规划、动态控制、组织协调等手段的基础。没有完整的信息管理，以上方法都无从谈起。

5. 合同管理

合同管理是监理单位在工程项目建设监理过程中，根据监理合同的要求对工程承包合同的签订、履行、变更和解除进行监督、检查，对合同双方争议进行调解和处理，以保证合同的依法签订和全面履行。

三、建筑装饰装修工程项目建设监理的主要内容

1. 建筑装饰装修工程项目招投标阶段监理的主要内容

① 协助建设单位编制招标文件。

② 协助建设单位对投标单位进行资格审查。

③ 协助建设单位召开投标会议和现场勘察。

④ 协助建设单位开标、评标。

⑤ 协助建设单位发出中标通知。

⑥ 协助建设单位签订施工合同。

2. 建筑装饰装修工程项目设计阶段监理的主要内容

(1) 协调各设计单位或各专业间的关系，定期召开协调会。

(2) 设计进度控制

① 与设计单位商定图纸、计划。

② 检查设计力量是否有切实的保证。

③ 进行各专业之间的进度协调。

(3) 设计成本控制

① 按专业或分项工程确定投资分配比例，以便控制总投资。

② 进行造价估算。

③ 审查概算并进行比较。

④ 签发支付设计费通知。

(4) 设计质量控制

① 分析检验各专业之间设计成果的配套情况。

② 从建筑形体、装饰装修效果、设备选型、施工组织等方面综合评价所采用的设计成果。

③ 检查图纸质量。

④ 审查各阶段的设计文件。

(5) 设计合同履行

① 检查设计成果是否能满足设计任务的要求。

② 检查设计深度能否满足设计任务的要求。

③ 检查设计质量能否满足设计任务的要求。

④ 检查设计进度能否满足设计任务的要求。

⑤ 设计变更管理。

⑥ 审查设计变更的必要性及其在费用、时间、质量、技术等方面的可行性。

⑦ 审查设计变更所需要的各项费用。

3. 建筑装饰装修工程项目材料供应的监理内容

① 协助建设单位制定材料物资供应计划和相应的资金需求计划。

② 通过质量、价格、供货时间、售后服务等条件的分析比较，协助建设单位确定材料设备等物资的供应厂家。

③ 协助建设单位拟定并商定材料物资的订货合同。

④ 监督合同的实施，确保材料物资的及时供应。

4. 建筑装饰装修工程项目施工阶段监理的主要内容

① 督促施工准备工作的进行，协助建设单位与承包单位编写工程开工报告。

② 审查施工组织设计、施工技术方案和施工计划并提出改进意见。

③ 审查施工单位的材料和设备清单及其所列的规格和质量要求。

④ 检查工程使用的材料、构配件、设备的质量和安全防护措施。

⑤ 检查施工图纸，组织图纸会审，参与设计修改、工程变更、材料代用的检查工作并提出监理意见。

⑥ 监督合同条款的执行，主持协商合同条款的变更，协调合同双方的争议，处理索赔事宜。

⑦ 检查工程进度和施工质量，验收分项工程，签署工程款支付证书。

⑧ 检查承包合同文件和技术档案资料，收集、整理、传递、存储各种信息资料。

⑨ 组织施工单位进行工程竣工的初步验收，提出竣工验收报告，检查工程结算。

5. 建筑装饰装修工程项目工程保修阶段监理的主要内容

① 定期对工程回访，检查工程质量，确定缺陷责任，督促维修。

② 负责保修阶段中建设单位与施工单位纠纷的协调工作和质量保证金的结算工作。

③ 保修期结束时的检查。

④ 协助建设单位与承包单位办理合同终止手续。

四、建筑装饰装修工程项目建设监理的程序

监理程序的规范化、标准化，可以保证监理工作有序地进行，从而有利于提高监理工作水平，保证建筑装饰装修工程项目建设监理的工作质量。建筑装饰装修工程项目建设监理的一般程序如下。

① 建筑装饰装修工程项目建设单位选择监理单位。
② 建筑装饰装修工程项目建设单位提供工程的有关资料。
③ 建筑装饰装修工程项目建设监理单位编制监理规划大纲。
④ 建筑装饰装修工程项目建设监理单位与建设单位拟定合同细节。
⑤ 双方正式签订监理委托合同。
⑥ 建筑装饰装修工程项目建设监理单位确定总监理工程师，成立监理组织。
⑦ 建筑装饰装修工程项目建设单位将有关监理的情况通告被监理单位。
⑧ 建筑装饰装修工程项目建设监理单位编制监理规划。
⑨ 建筑装饰装修工程项目建设监理单位按照进度计划，分专业编制监理细则。
⑩ 监理单位根据装饰装修工程项目建设监理细则，规范化开展监理工作。
⑪ 建筑装饰装修工程项目建设监理单位参与项目验收，签署监理意见。
⑫ 监理单位向建设单位提交装饰装修工程建设监理档案资料。
⑬ 建筑装饰装修工程项目建设监理单位与建设单位商谈合同结束事宜。
⑭ 双方签订协议终止监理委托合同。
⑮ 建筑装饰装修工程项目建设监理单位进行监理总结。

复习思考题

一、名词解释

1. 监理
2. 建筑装饰装修工程项目建设监理
3. 监理工程师

二、填空题

1. 工程项目建设监理企业投标书的核心是________。
2. 建筑装饰装修工程项目建设监理的任务有：________________________________。
3. 社会建设监理的性质有：____。

三、简答题

1. 简述建筑装饰装修工程项目施工阶段监理的主要内容。
2. 建筑装饰装修工程项目建设监理的基本方法有哪些?
3. 简述建筑装饰装修工程项目建设监理的程序。

第十二章

建筑装饰装修工程项目竣工验收与后评价

提要

本章讲述了建筑装饰装修工程项目竣工验收的基本程序与内容、工程保修的基本内容、工程回访的方法以及建筑装饰装修工程项目后评价。

第一节 建筑装饰装修工程项目竣工验收

一、建筑装饰装修工程项目竣工验收的概念

建筑装饰装修工程项目的竣工验收是指施工单位在完成合同规定的全部内容后，接受有关单位的检验，合格后向建设单位交工的活动。

1. 建筑装饰装修工程项目竣工验收阶段的工程特点

① 大量的施工任务已经完成，小的修补任务却十分零碎。

② 主要的人力、物力都已经转移到新的工程项目上去了，只剩下少量的力量进行工程的扫尾和清理。

③ 施工技术指导工作已经不多，却有大量的资料综合、整理工作要做。

2. 建筑装饰装修工程项目竣工验收工作的意义

建筑装饰装修工程项目竣工验收是建筑装饰装修工程项目进行的最后一个阶段。竣工验收的完成标志着建筑装饰装修工程项目的完成。建筑装饰装修工程项目竣工验收工作的意义有以下几点。

① 建筑装饰装修工程项目竣工验收是建筑装饰装修工程项目进行的最后环节，也是保证合同任务完成、提高质量水平的最后一个关口。通往竣工验收，全面综合考虑工程质量，保证交工项目符合设计、标准、规范等规定的质量标准要求。

② 做好建筑装饰装修工程项目竣工验收可以促进建筑装饰装修工程项目及时发挥投资效益，对总结投资经验具有重要作用。

③ 通过整理档案资料，既能总结建设过程和施工过程，又能为使用单位提供使用、维护和改造的根据。

二、建筑装饰装修工程项目竣工验收的准备工作

在项目竣工验收之前，施工单位要按照合同条款规定和建设方的要求，积极配合监理单位做好下列竣工验收的准备工作。

1. 完成收尾工程

收尾工程特点是零星分散、工程量小。做好收尾工程，通过竣工前的预检，组织一次彻

底的清查，严格按设计图纸和合同要求，逐一对照，找出遗留的尾项和修补项目，制定收尾作业计划并进行施工。重点抓好以下工作。

（1）检查监督，按计划完成收尾　项目经理部要组织责任工程师和分包方有关人员逐层、逐段、逐部位、逐房间地进行查项、查质量，检查施工中的丢项、漏项和质量缺陷等需修补的问题，安排作业计划，采取“三定”（定人、定量、定时间）措施，并在收尾过程中按期进行检查，确保按计划完成收尾。

（2）保护成品和进行封闭　对已经全部完成的部位，要求立即组织清理，保护好成品，依可能和需要，按房间和层数锁门封闭，严禁无关人员进入，防止损坏和丢失零部件。尤其是高标准、高级装修的建筑工程，每一个房间的装修和设备安装一旦完毕，就要立即严加封闭，甚至派专人逐段加以看管。

（3）临设拆除和清理回收　要及时、有计划地拆除施工现场的各种临时设施和暂设工程，拆除各种临时管线，全面清理、整理施工现场，有步骤地组织材料、工具及各种物资的回收、退库，向其他施工现场转移和进行处理工作。

（4）组织竣工清理　建筑装饰装修工程项目竣工标准有明确要求，要做到交工时“窗明、地净、水通、灯亮，达到使用功能”。因此，在竣工验收准备阶段要组织一次大规模的竣工前清理。重点清理门窗、地面、踢脚、灯饰及开关、露明管线及阀件、卫生间卫生器具及墙体面层、排除渗漏和疏通排水等。

2. 竣工验收资料的准备

竣工验收资料和文件是工程项目竣工验收的重要依据，从施工开始就应设专职人员完整地积累和保管，竣工验收时应该编目建档。

（1）组织整理工程资料　工程档案是项目的永久性技术文件，是建设单位生产（使用）、维修、改造、扩建的重要依据，也是对项目进行复查的依据。在施工项目竣工后，项目经理必须按规定向建设单位移交档案资料。因此，项目经理部的技术部门自承包合同签订后，就应派专人负责收集、整理和管理这些档案资料，不得丢失。

（2）准备验收移交文书　资料管理人员应及时准备好工程竣工通知书、工程竣工报告、工程竣工验收证明书、工程档案资料移交清单、工程保修证书等书面文件。

（3）组织编制竣工结算　施工企业和项目经理部应组织以预算人员为主，生产、管理、技术、财务、材料、劳资等人员参加或提供资料，编制竣工结算表。

（4）系统整理质量评定资料　严格按照工程质量检查评定资料管理的要求，系统归类、整理、准备工程检查评定资料。包括：分项工程质量检验评定、分部工程质量检验评定、单位工程质量检验评定、隐蔽工程验收记录，为技术档案资料移交做准备。

3. 竣工验收的预验收

施工单位竣工预验是指工程项目完工后要求监理工程师验收前，由施工单位自行组织的内部模拟验收。

预验工作一般可视工程重要程度及工程情况，分层次进行。通常有3个层次：基层施工单位自验、项目经理组织自验、公司级预验。

竣工验收的预验收，是初步确定工程质量，避免竣工进程拖延，保证项目顺利投产使用不可缺少的工作。通过组织分级的预验收，层层把关，及时发现遗留问题，事先予以及时返修、补修，为组织正式验收做好全面、充分的准备，达到一次验收通过。竣工预验收属施工单位自行组织的预先验收，一般遵守下列规定。

(1) 预验收的标准　自验的标准应与正式验收一样。主要依据是：国家（或地方政府主管部门）规定的竣工标准；工程完成情况是否符合施工图纸和设计的使用要求；工程质量是否符合国家和地方政府规定的质量标准和要求；工程是否达到合同规定的要求和标准等。

(2) 参加预验的人员　自验的参加人员，应由项目经理组织，生产、技术、质量、合同、预算人员以及有关的施工工长、责任工程师等共同参加。

(3) 预验收的方式　自验的方式应分层、分段、分房间地由上述人员按照自己主管的内容逐一进行检查，在检查中要做好记录。对不符合要求的部位及项目，确定修补措施和标准，并指定专人负责，定期修理完毕。

(4) 报请上级复验　在项目基层施工管理单位自我验查并对查出的问题全部修补完毕的基础上，项目经理应提请公司上级进行复验。通过复验，要解决全部遗留问题，为正式验收做好充分的准备。

4. 竣工验收的依据

① 上级主管部门关于工程竣工的文件和规定。

② 工程承包合同。

③ 工程设计文件。

④ 国家和地方现行建筑装饰装修施工技术验收标准和规范。

⑤ 施工承包单位需提供的有关施工质量保证文件和技术资料等。

5. 竣工验收的管理程序

竣工验收的交工主体是承包人，验收主体是发包人。竣工验收应由建设方或建设方代表（监理单位）牵头，施工企业和现场项目经理部积极配合进行。竣工验收管理程序如图 12.1 所示。

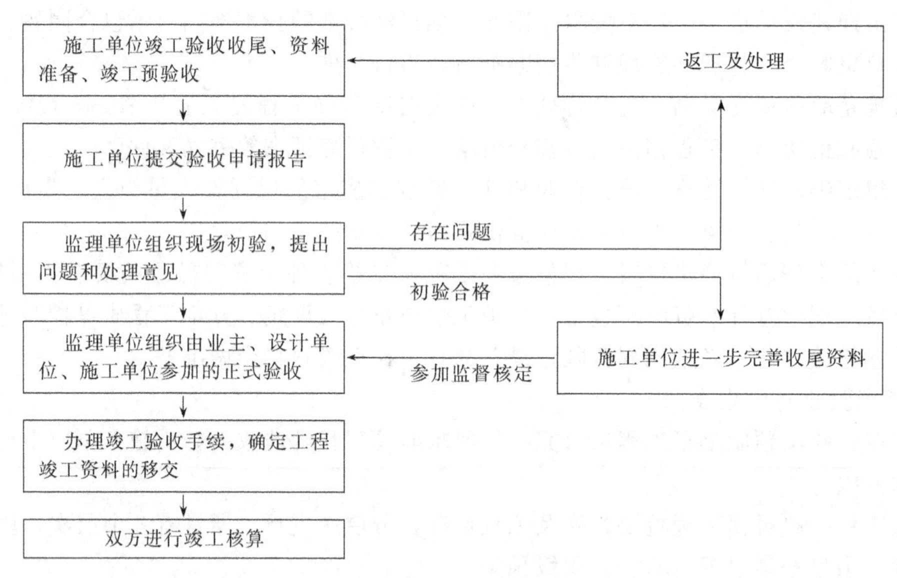

图 12.1　竣工验收管理程序

三、建筑装饰装修工程项目竣工验收的实施

1. 施工单位提交验收申请报告

施工单位决定正式提请验收后应向监理单位正式提交验收申请报告，监理工程师收到验

收申请报告后应参照工程合同的要求、验收标准等进行仔细的审查。

2. 根据申请报告做现场初验

监理工程师审查完验收申请报告后，若认为可以进行验收，则应由监理人员组成验收班子对竣工的工程项目进行初验。对于初验发现的质量问题，应及时以书面通知或以备忘录的形式告诉施工单位，并令其按有关的质量要求进行修理，甚至返工。

3. 组织正式验收

竣工验收一般分为两个阶段进行：单项工程验收和全部验收。

验收的程序一般如下。

① 参加工程项目竣工验收的各方对已竣工的工程进行目测检查，同时逐一检查工程资料所列内容是否齐备和完整。

② 举行各方参加的现场验收会议。通常分为以下几步。

a. 项目经理介绍工程施工情况、自检情况以及竣工情况，出示竣工资料（竣工图和各项原始资料及记录）。

b. 监理工程师通报工程监理中的主要内容，发表竣工验收的意见。

c. 业主根据在竣工项目目测中发现的问题，按照合同规定对施工单位提出限期处理的意见。

d. 暂时休会。由质检部门会同业主及监理工程师讨论工程正式验收是否合格。

e. 复会。由监理工程师宣布验收结果，质监站人员宣布工程项目质量等级。

③ 办理竣工验收签证书。竣工验收签证书必须有三方的签字方能生效。

四、建筑装饰装修工程项目竣工验收资料

1. 竣工验收资料的内容

（1）工程项目开工报告

（2）工程项目竣工报告

（3）分项、分部工程和单位工程技术人员名单

（4）图纸会审和设计交底记录

（5）设计变更通知单

（6）技术变更核实单

（7）工程质量事故发生后调查和处理资料

（8）水准点位置、定位测量记录、沉降及位移观测记录

（9）材料、设备、构件的质量合格证明资料

（10）试验、检验报告

（11）隐蔽验收记录及施工日志

（12）竣工图

（13）质量检验评定资料

（14）工程竣工验收及资料

2. 竣工验收资料的审核

（1）材料、设备构件的质量合格证明材料

（2）试验检验资料

（3）核查隐蔽工程记录及施工记录

（4）审查竣工图

3. 竣工验收资料的签证

由监理工程师审查完承包单位提交的竣工资料之后，认为符合工程合同及有关规定，且准确、完整、真实，便可签证同意竣工验收的意见。

工程项目经竣工验收合格后，便可办理工程交接手续，即将工程项目的所有权移交给建设单位。交接手续应及时办理，以便使项目早日投产使用，充分发挥投资效益。在办理工程项目交接前，施工单位要编制竣工结算书，以此向建设单位结算最终拨付的工程价款。竣工结算书通过监理工程师审核、确认并签证后，才能通知建设银行与施工单位办理工程价款的拨付手续。

竣工结算书的审核，是以工程承包合同、竣工验收单、施工图纸、设计变更通知书、施工变更记录、现行建筑安装工程预算定额、材料预算价格、取费标准等为依据，分别对各单位工程的工程量、套用定额、单价、取费标准及费用等进行核对，搞清有无多算、错算，与工程实际是否相符合，所增减的预算费用有无根据、是否合法。

在工程项目交接时，还应将成套的工程技术资料进行分类整理，编目建档后移交给建设单位。同时，施工单位还应将施工中所占用的房屋设施进行维修清理，打扫干净，连同房门钥匙全部予以移交。

第二节　建筑装饰装修工程项目竣工结算和决算

一、建筑装饰装修工程项目竣工结算

《工程竣工验收报告》一经产生，承包人便可在规定的时间内向建设单位递交竣工结算报告及完整的竣工结算资料。

建筑装饰装修工程项目竣工结算是指建筑装饰装修工程项目按合同规定实施过程中，项目经理部与建设单位进行的工程进度款结算与竣工验收后的最终结算。结算的主体是施工方。结算的目的是施工单位向建设单位索要工程款，实现商品的“销售”。

1. 竣工结算的依据

(1) 施工合同

(2) 中标投标书报价单

(3) 施工图及设计变更通知单、施工变更记录、技术经济签证资料

(4) 施工图预算定额、取费定额及调价规定

(5) 有关施工技术资料

(6) 竣工验收报告

(7) 工程质量保修书

(8) 其他有关资料

2. 竣工结算的编制原则

① 以单位工程或合同约定的专业项目为基础，对原报价单的主要内容进行检查和核对。

② 发现有漏算、多算或计算误差的，应当及时进行调整。

③ 若施工项目由多个单位工程构成，应将多个单位工程竣工结算书汇总，编制成单项工程竣工综合结算书。

④ 由多个单项工程构成的建设项目，应将多个单位工程竣工综合结算书汇编成建设项

目的竣工结算书，并撰写编制说明。

3. 竣工结算的编制步骤

竣工结算实际上就是在原来预算造价的基础上，对工程进行过程中的工程价差、量差及费用变化等进行调整，计算出竣工工程实际结算价格的一系列计算过程。

① 收集影响工程量差、价差及费用变化的原始凭证。

② 将收集的资料进行分类汇总并计算工程质量。

③ 对施工图预算的主要内容进行检查、核对和修正。

④ 根据查对结果和各种结算依据，做出工程结算。

⑤ 写出包括工程概括、结算方法、费用定额和其他说明等内容的说明书。

⑥ 送审。

4. 竣工结算的审查

(1) 竣工结算的审查方法

① 总面积法。由于建筑物的装饰装修面积一般都与建筑面积十分接近，超过建筑面积和相差面积较多都是不正常的。按照这种思路，可以较快地审查工程的装饰装修面积。

② 定额项目分析法。当工程结算中出现同一部门的两个或两个以上的项目时，要根据该项目所对应的预算定额项目进行核对分析。如果有重复，就可以判断是重复项目。

③ 难点项目检查法。由于装饰装修工程中有些工程的装饰装修工程量计算复杂、材料单价高，所以在进行工程结算的审查中应该对这些难点项目进行重点检查，以达到准确计算工程量、正确确定工程造价的目的。

④ 重点项目检查法。在整个装饰装修工程中，有少数项目的造价在整个工程造价中占有很大的比例。因此，这些重点项目的计算过程、计算方法、费率取定等内容应该作为重要审查对象。

⑤ 资料分析法。当拟建装饰装修工程可以找到若干个已经完工的类似项目时，就可以用类似工程的技术经济指标进行对比分析。通过技术经济指标进行对比分析来判断拟建装饰装修工程结算的准确程度。

⑥ 全面审查法。全面审查法是根据施工图、预算定额、费用定额等有关资料重新编制工程结算的方法。其优点是审查精度高，不足之处是花费时间多、技术难度大。

(2) 竣工结算的审查内容

① 工程量的审查。工程量的审查主要是审查结算中有无工程量的多算和漏算以及工程量的计算是否准确两个方面的内容。

② 定额套用的审查。定额套用审查的内容包括：套用定额中的工程内容与本工程图纸中相应的工程内容及其所计算的工程量项目是否一致；是否有重复套用定额的项目；定额套用中是否有就高不就低的现象；定额套用中的度量单位是否合适。

③ 直接费的审查。直接费的审查包括：每个分项的直接费的计算是否正确；直接费分部小计和工程直接费合计，以及人工费、材料费、机械台班费数据之和是否与直接费总数相符。

④ 间接费的审查。间接费的审查包括：按当地间接费计算条例，核对使用时间和使用范围的一致性；核对各项费用的计算顺序是否正确；核对各项费用的计算基础是否正确；审核各项费用所用费率是否正确；审核费用数据计算过程是否正确。

5. 竣工结算的审批支付

① 竣工结算报告及竣工结算资料，应按规定报送承包人主管部门审定，在合同约定的期限内递交给发包人或其委托的咨询单位审查。

② 竣工结算报告和竣工结算资料递交后，项目经理应按照《项目管理责任书》的承诺，配合企业预算部门，督促发包人及时办理竣工结算手续。企业预算部门应将结算资料送交财务部门，据以进行工程价款的最终结算和收款。发包人应在规定期限内，支付全部工程结算价款。发包人逾期未支付工程结算价款，承包人可与发包人协议工程折价或申请人民法院强制执行拍卖，依法在折价或拍卖后收回结算价款。

③ 工程竣工结算后，应将工程竣工结算报告及结算资料纳入工程竣工验收档案移交发包人。

二、建筑装饰装修工程项目竣工决算

建筑装饰装修工程项目竣工决算是以实物量和货币为单位，综合反映建筑装饰装修工程项目的实际造价，核定交付使用财产和固定资产价值的文件，是建筑装饰装修工程项目的财务总结。

1. 竣工决算书的内容

竣工决算书由竣工决算报表和竣工情况说明书组成。

（1）竣工决算报表　包括：竣工工程概况表、竣工财务决算表、交付使用财产总表和交付使用财产明细表。有时，以上 4 种竣工决算报表可以合并为交付使用财产总表和交付使用财产明细表。

（2）竣工情况说明书　包括：工程概况、设计概算、工程计划的完成情况、各项技术经济指标的完成情况、各项资金的使用情况、工程成本以及工程进行过程中的主要经验、存在问题和解决意见等。

2. 竣工决算的编制程序

① 建设单位和施工单位密切配合，对完成的装饰装修工程项目组织竣工验收，办理有关手续。

② 整理、核对工程价款结算和工程竣工结算等相关资料。

③ 在实地验收合格的基础上，写出竣工验收报告，填写有关竣工结算表，编制完成竣工结算。

3. 竣工决算的审查

竣工决算编制完成后，在建设单位或委托咨询单位自查的基础上，应该及时上报主管部门并抄送有关部门进行审查。竣工决算的审查一般包括以下几个方面的内容。

① 审查竣工结算的文字说明是否实事求是。

② 审查是否有超计划的工程和无计划的工程。

③ 审查设计变更有无设计单位的通知。

④ 审查各项支出是否符合规章制度，有无不合理开支。

⑤ 审查应收、应付的每笔款项是否全部结清。

⑥ 审查应退余料是否清退。

⑦ 审查工程有无结余资金和剩余物资，数额是否真实，处理是否符合规定等。

三、竣工结算和竣工决算的区别

竣工结算是竣工决算的主要依据，二者的区别如表 12.1 所示。

表 12.1 竣工结算和竣工决算的区别

名称	编制单位	编制内容	作用
竣工结算	施工单位的财务部门	施工单位承担的装饰装修工程项目的全部费用	为竣工结算提供基础资料；是建设单位和施工单位核对和结算工程价款的依据；最终确定装饰装修工程项目实际工程量的依据
竣工决算	建设单位的财务部门	建设单位负担的装饰装修工程项目全过程的费用	反映装饰装修工程项目的建设成果；作为办理交付验收的依据，是竣工验收的重要组成部分

第三节 用户服务管理

一、工程保修

《建设工程质量管理条例》第三十九条明确规定建设工程实行质量保修制度。建设工程承包单位在向建设单位提交工程竣工验收报告时，应当向建设单位出具质量保修书。质量保修书中应当明确建设工程的保修范围、保修期限和保修责任等。

工程保修是指建设工程自办理交工验收手续后，在规定的期限内，因勘察、设计、施工、材料等原因造成的质量缺陷，应当由施工单位负责维修。所谓质量缺陷，是指工程不符合国家或行业现行的有关技术标准、设计文件以及合同中对质量的要求。

1. 工程保修范围

工程保修一般应包括以下几个方面。

① 屋面、地下室、外墙、阳台、厕所、浴室以及厨房、厕浴间等处渗水、漏水等。

② 各种通水管道（包括自来水、热水、空调供排水、污水、雨水等）漏水、各种气体管道漏气以及通气孔和烟道不通。

③ 水泥地面有较大面积的空鼓、裂缝或起砂，墙料面层、墙地面大面积空鼓、开裂或脱落。

④ 内墙抹灰有较大面积起泡，甚至空鼓脱落或墙面浆活起碱脱皮；外墙装饰面层自动脱落。

⑤ 暖气管线安装不良，局部不热，管线接口处及卫生洁具瓷活接口处不严而造成漏水。

⑥ 其他由于施工不良而造成的无法使用或使用功能不能正常发挥的工程部位。

⑦ 建设方特殊要求施工方必须保修的范围。

2. 工程保修期限

《建设工程质量管理条例》第四十条明确规定在正常使用条件下，建设工程的最低保修期限。

① 基础设施工程、房屋建筑的地基基础工程和主体结构工程，为设计文件规定的该工程合理使用年限。

② 屋面防水工程以及有防水要求的卫生间、房间和外墙面的防渗漏，为 5 年。

③ 供热与供冷系统，为 2 个采暖期、供冷期。

④ 电气管线、给排水管道、设备安装，为 2 年。

⑤ 装修工程，为 2 年。

其他项目的保修期限由发包方与承包方约定。建设工程保修期自竣工验收合格之日起计算。

3. 工程保修做法

(1) 签订《建筑安装工程保修书》 在工程竣工验收的同时，由施工单位与建设单位按合同约定签订《建筑安装工程保修书》，明确承包的建设工程的保修范围、保修期限、保修责任等。保修书目前虽无统一规定，但建设部最新版施工承包合同示范文本中附有的保修书范本可供参考。一般主要内容应包括：工程概况、房屋使用管理要求、保修范围和内容、保修时间、保修说明、保修情况记录。此外，保修书还需注明保修单位（即施工单位）的名称、详细地址、电话、联系接待部门（如科室）和联系人，以便于建设单位联系。

(2) 要求检修和修理 在保修期内，建设单位或用户发现房屋使用功能不良，又是由于施工质量而影响使用者，一般使用人可按《工程质量修理通知书》正式文件通知承包人进行保修。小问题口头或电话方式通知施工单位的有关保修部门，说明情况，要求派人前往检查和修复。施工单位必须尽快派人前往检查并会同建设单位做出鉴定，提出修理方案，并尽快组织人力、物力进行修理。《工程质量修理通知书》如表 12.2 所示。

表 12.2 工程质量修理通知书

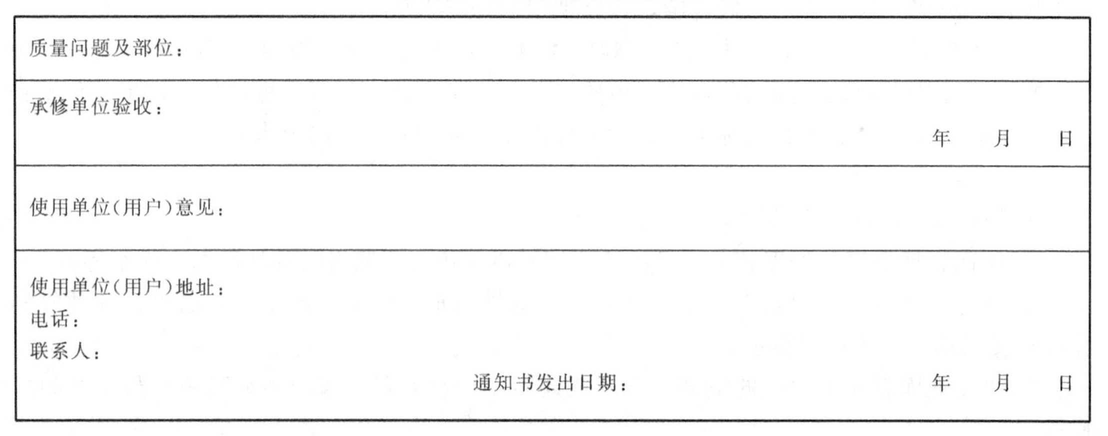

质量问题及部位：
承修单位验收： 年　月　日
使用单位(用户)意见：
使用单位(用户)地址： 电话： 联系人： 通知书发出日期：　年　月　日

(3) 修理的验收 施工单位将发生问题的部位在项目修理完毕以后，在保修书的“保修记录”栏内据实记录，并经建设单位或用户验收并签认，以确认修理工作完结，达到质量标准和使用功能要求。保修期限内的全部修理工作记录在保修期满后应及时请建设单位或用户认证签字。

(4) 经济责任的处理 由于建筑工程情况比较复杂，不像其他商品单一性强，有些需要保修的项目往往是由多种原因造成的。因此，在经济责任的处理上，必须依据修理项目的性质、内容以及结合检查修理诸原因的实际情况，由建设单位和施工单位共同商定经济处理办法，一般有以下几种。

① 保修的项目确属由于施工单位施工责任造成的，或遗留的隐患和未消除的质量通病，则由施工单位承担全部保修费用。

② 保修的项目是由于建设单位和施工单位双方的责任造成的，双方应实事求是共同商定各自应承担的修理费用。

③ 修理项目是由于建设单位的设备、材料、成品、半成品等质量不好等原因造成，则应由建设单位承担全部修理费用。施工单位应积极满足建设单位的要求。

④ 修理项目是属于建设单位另行分包的或使用不当造成问题，虽不属保修范围，但施工单位应本着为用户服务的宗旨，在可能条件下给予有偿服务。

⑤ 涉外工程的保修问题，除按照上述办理修理外，还应依照原合同条款的有关规定执行。

二、工程回访

工程回访是建筑业施工企业“为人民服务，对用户负责”坚持多年形成的行之有效的管理制度之一。目前，在激烈的市场竞争中，管理先进的建筑施工企业不仅持之以恒，而且将原保修责任期的服务工作扩大，不断发展、提高，为其注入了新的内涵。

1. 工程回访的方式

工程回访一般有4种方式。

(1) 季节性回访　大多数是雨季回访屋面、墙面、地下室的防水情况和雨水管线的排水情况；夏季回访屋面及有要求的墙和房间的隔热情况以及制冷系统运行及效果等情况；冬季回访锅炉房及采暖系统的运行及效果等情况。发现问题立即采取有效措施，及时加以解决。

(2) 技术性回访　主要了解在工程施工过程中所采用的新材料、新技术、新工艺、新设备等的技术性能和使用后的效果，以及设备安装后技术状态等。发现问题及时加以补救和解决，同时也便于总结经验、获取科学依据、不断改进和完善，并为进一步推广创造条件。这种回访既可定期进行，也可以不定期进行。

(3) 保修期满前的回访　这种回访一般是在保修期即将届满之前进行回访。既可以解决出现的问题，又标志着保修期即将结束，使建设单位注意今后建筑物的维护和使用。

(4) 特殊性回访　这种回访是对某一特殊工程应建设单位和用户邀请，或施工企业自身的特殊需要进行的专访。对施工企业自己的专访要认真做好记录，并对选定的特殊设备、材料和正确使用方法、操作、维护管理等对建设方做好咨询性技术服务。施工单位应邀专访中，应真诚地为业主和用户提供优质的服务。对一些重点工程实行保修保险的工程，应组织专访。

2. 工程回访的方法

应由施工单位的领导组织生产、技术、质量、水电（也可包括合同、预算）等有关方面的人员进行回访，必要时还可以邀请科研方面的人员参加。回访时，由建设单位组织座谈会或意见听取会，并实地检查、查看建筑物和设备的运转情况等。回访必须认真，必须解决问题，并应做好回访记录，必要时应整理出回访记录，绝不能把回访当成形式或走过场。

3. 工程回访的形式和次数

工程回访的形式不拘一格，目前主要采用上门拜访、发信函调查、电话沟通联系、发征求意见书等。

工程回访次数在规定保修期限内每年不得少于两次，特别在冬雨期要重点回访。一般建筑施工企业的主管责任部门每年都对企业全部在保修责任期的回访工作统筹安排“回访计划”，并组织按计划执行。

三、工程保修金

1. 工程保修金的来源

施工承包方按国家有关规定和条款约定的保修项目、内容、范围、期限及保修金额和支付办法进行保修并支付保修金。

保修金是由建设发包方掌握的，一般采取按合同价款一定比率，在建设发包方应付施工承包方工程款内预留。这一比率由双方在协议条款中约定。保修金额一般不超过合同价款的5%。

保修金具有担保性质。若施工承包方已向建设发包方出具保函或有其他保证的，也可不留保修金。

2. 工程保修金的使用

保修期间，施工承包方在接到修理通知后应及时备料、派人进行修理，否则，建设发包方可委托其他单位和人员修理。因施工承包方原因造成返修的费用，建设发包方将在预留的保修金内扣除，不足部分由施工承包方支付；因施工承包方以外原因造成返修的经济支出，由建设发包方承担。

3. 工程保修金的结算和退还

工程保修期满后，应及时结算和退还保修金。采用按合同价款一定比率，在建设发包方应付施工承包方工程款内预留保修金办法的，建设发包方应在保修期满 20 天内结算，将剩余保修金和按协议条款约定利率计算的利息一起退还给施工承包方，不足部分由施工承包方支付。

四、建立用户服务管理新机制

1983 年国家计委颁发的《施工企业为用户负责守则》中明确规定，施工企业必须做到：施工前为用户着想，施工中对用户负责，竣工后让用户满意，积极搞好三保（保试运、保投产、保使用）和回访保修。很多建筑施工的大中型企业，认真贯彻实施守则中规定的这一原则，积极开展“创建用户满意工程和用户满意企业”的活动。在工程管理中进行实践，不断地总结经验，创建新型的管理体制和机制，设立“项目管理部”和“用户服务部”，用集约经营和管理的方式，策划和实施企业所有施工项目的用户服务管理工作，取得了显著的成效，赢得了建设单位的信任，更大份额地占领了建筑市场。

第四节　建筑装饰装修工程项目后评价

一、建筑装饰装修工程项目后评价概述

建筑装饰装修工程项目后评价是指对已经实施和完成的建筑装饰装修工程项目的目标、执行情况、效益和影响进行系统、客观的分析、检查和总结，以确定目标是否实现，检验项目或规划是否合理、有效，并通过可靠、有用的信息资料为未来的决策提供经验和教训。具体地说，后评价是一种活动，它从过去的工程项目中评价出结果并吸取教训。

建筑装饰装修工程项目后评价实际上是对整个装饰装修工程项目管理的一个全面回顾和总结。建筑装饰装修工程项目后评价的完成标志着建筑装饰装修工程项目管理全过程的结束。建筑装饰装修工程项目后评价实质上是对工程项目承包人在项目管理工作成果方面的基本考察，而且应该通过这种考察得出实际工作的经验教训。这项工作涉及建筑装饰装修工程项目管理人员各方面的工作，因此，应该由建筑装饰装修工程项目的承包人主持，由有关业务人员分别组成分析小组，进行综合分析，并得出必要的结论。

二、建筑装饰装修工程项目后评价的内容

建筑装饰装修工程项目后评价包括建筑装饰装修工程项目的全面分析和单项分析。

1. 建筑装饰装修工程项目全面分析

建筑装饰装修工程项目全面分析是指对建筑装饰装修工程项目实施的各个方面都作分析，从而综合评价建筑装饰装修工程项目，全面分析建筑装饰装修工程项目的经济效益和管理效率。全面分析的评价指标如图 12.2 所示。

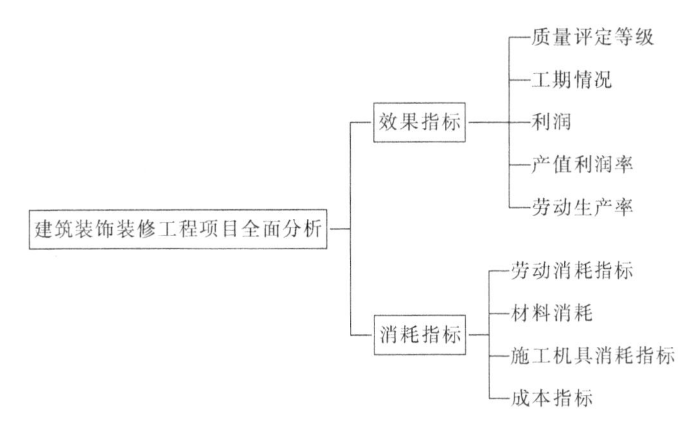

图 12.2　建筑装饰装修工程项目全面分析的评价指标

① 质量评定等级是指建筑装饰装修工程的质量等级，可以分为合格和优良。

② 工期情况是指实际工期与计划工期比较提前或拖后的情况。

③ 利润指承包价格与实际成本的差值。

④ 产值利润率等于利润与承包价格的比值。

⑤ 劳动生产率指工程承包价格与工程实际耗用工日数的比值。

⑥ 劳动消耗指标包括单位用工、劳动效率和节约工日。单位用工指实际用工与装饰装修面积的比值；劳动效率等于预算用工与实际用工的比值；节约工日指预算工日与实际工日的差值。

⑦ 材料消耗指标包括材料节约量和材料成本降低率。

材料节约量＝预算材料用量－实际材料用量

材料成本降低率＝(材料承包价格－材料实际成本)/材料承包价格×100%

⑧ 施工机具消耗指标包括施工机具利用率和施工机具成本降低率。

施工机具利用率＝预算台班数/实际台班数×100%

施工机具成本降低率＝(施工机具预算成本－施工机具实际成本)/施工机具预算成本×100%

⑨ 材料消耗指标包括成本降低额和成本降低率。

成本降低额＝承包成本－实际成本

成本降低率＝(承包成本－实际成本)/承包成本×100%

2. 建筑装饰装修工程项目单项分析

建筑装饰装修工程项目单项分析是对建筑装饰装修工程项目的某项指标进行解剖性分析，从而找出建筑装饰装修工程项目管理好坏的具体原因，提出应该加强和改善的具体内容。

(1) 建筑装饰装修工程项目质量控制分析　主要依据建筑装饰装修工程项目的设计要求和国家规定的质量检验评定标准。建筑装饰装修工程项目质量控制分析的主要内容包括以下几方面。

① 工程质量评定等级是否达到了控制目标。

② 建筑装饰装修工程的质量分析。

③ 重大质量事故的分析。

④ 各个保证工程质量措施的实施是否得力。

⑤ 工程质量责任制的执行情况。

(2) 建筑装饰装修工程项目进度控制分析　主要依据建筑装饰装修工程项目合同和进度计划。建筑装饰装修工程项目进度控制分析的主要内容包括以下几方面。

① 对比分析建筑装饰装修工程项目各个阶段进度计划的实施情况。

② 分析施工方案是否经济合理，通过实施情况检查施工方案的优点和缺点。

③ 分析施工方法和各项施工技术措施是否满足施工的需要，特别应把重点放在分析和评价工程中的新技术、新工艺，施工难度大或有代表性的施工方面。

④ 分析建筑装饰装修工程项目的均衡施工情况和各参与单位的协作配合情况。

⑤ 分析劳动组织、工种结构是否合理以及劳动定额达到的水平。

⑥ 各种施工机具的配合是否合理以及台班的产量情况。

⑦ 各项安全生产措施的实施情况。

⑧ 各种材料、半成品、加工订货、预制构件的计划与实际供应情况。

⑨ 其他与工期有关工作的分析，包括开工前的准备工作、工序的搭配情况等。

(3) 建筑装饰装修工程项目成本控制分析　主要依据建筑装饰装修工程项目合同、有关成本核算制度和管理办法等。建筑装饰装修工程项目成本控制分析的主要内容包括以下几方面。

① 总收入和总支出的对比。

② 人工成本分析和劳动生产率分析。

③ 材料、物资的消耗水平和管理效果分析。

④ 施工机具的利用和费用收支分析。

⑤ 其他各种费用的收支情况分析。

⑥ 计划成本和实际成本的比较分析。

(4) 建筑装饰装修工程项目合同管理分析　由于合同管理工作比较偏重于经验，只有不断总结经验，才能不断提高管理水平，培养出高水平的合同管理者。建筑装饰装修工程项目合同管理分析的主要内容包括以下几方面。

① 预定的合同战略和合同策略是否准确，是否达到了预期的目标。

② 招标文件分析和合同风险分析的准确程度。

③ 合同环境调查、实施方案、工程预算以及报价方面的问题及经验教训。

④ 合同谈判的问题及经验教训。

⑤ 合同签订和执行过程中所遇到的特殊问题及其分析结果。

⑥ 合同风险控制的利弊得失。

⑦ 索赔处理和纠纷处理的经验教训。

⑧ 分析各相关合同在执行中的协调问题。

复习思考题

一、名词解释

1. 工程保修
2. 竣工结算
3. 建筑装饰装修工程项目后评价

二、填空题

1. 工程回访的方式有____________________。

2. 施工单位的竣工预验的3个层次为________、________、________。

3. 竣工验收的组织者是________。

三、简答题

1. 简述建筑装饰装修工程项目成本控制分析的主要内容。

2. 建筑装饰装修工程项目竣工结算的依据有哪些？

3. 建筑装饰装修工程项目竣工验收的依据有哪些？

第十三章

建筑装饰装修工程项目组织协调和信息管理

提要

本章讲述了建筑装饰装修工程项目组织协调以及建筑装饰装修工程项目信息管理中的计算机应用，特别是在建筑装饰装修项目管理中的信息收集、整理、加工等，同时介绍了建筑装饰装修工程项目信息管理的开发过程和商品化工程项目管理软件的功能。

第一节　建筑装饰装修工程项目组织协调

建筑装饰装修工程项目组织协调是以一定的组织形式、手段和方法，对建筑装饰装修工程项目管理中产生的关系进行疏通、对产生的干扰和障碍予以排除的过程。组织协调分为内部关系的组织协调、近外层关系和远外层关系的组织协调。

一、内部关系的组织协调

1. 内部人际关系的协调

项目经理所领导的项目经理部是项目组织的领导核心。通常项目经理不直接控制资源和具体工作，而是由项目经理部中的职能人员具体实施控制，这就使得项目经理和职能人员之间以及各职能人员之间存在着沟通和协调的问题。他们之间应有良好的工作关系，应当经常协商。

在项目经理部内部的沟通中，项目经理起着核心作用。协调各职能工作，激励项目经理部成员，是项目经理的重要工作。内部人际关系的协调应依据各项制度，通过做好思想工作，加强教育培训，提高人员素质等方法来实现。

项目经理部成员的来源与角色是复杂的，有不同的专业目标和兴趣。有的专职为本项目工作，有的以原职能部门工作为主。

① 项目经理与技术专家的沟通是十分重要的，他们之间存在许多沟通障碍。技术专家往往对基层的具体施工了解较少，只注意技术方案的优化，注重数字，对技术的可行性过于乐观，而不注重社会和心理方面的影响。项目经理应积极引导，发挥技术人员的作用，同时注重全局、综合和方案实施的可行性。

② 建立完善的项目管理系统，明确划分各自的工作职责，设计比较完善的管理工作流程，明确规定项目中正式沟通的方式、渠道和时间，使大家按程序、按规则办事。

许多项目经理对管理程序寄予很大的希望，认为只要建立科学的管理程序，要求大家按程序工作，职责明确，就可以比较好地解决组织沟通问题。实践证明，这是不全面的，原因如下。

a. 管理程序过细，并过于依赖它容易使组织僵化。

b. 项目具有特殊性，实际情况千变万化，项目管理工作很难定量评价。项目管理工作的成绩还主要依靠管理者的能力、职业道德、工作热情和积极性。

c. 过于程序化造成组织效率低下、组织摩擦大、管理成本高、工期长。

另外，国外有人主张不应将责任项目管理系统提前设计好在项目组织中推广，而应该与项目组织成员一起建立管理系统，让他们参与全过程，这样的系统更有实用性。

③ 项目经理应注意从心理学、行为科学的角度激励各个成员的积极性。

a. 采用民主的工作作风，不独断专行。在项目经理部内放权，让组织成员独立工作，充分发挥他们的积极性和创造性，使他们对工作有成就感。项目经理应少用正式权威，多用他的专业知识、品格、忠诚和勇于挑战的精神影响成员。过分依靠处罚和权威的项目经理会造成与职能部门的冲突，对互相支持、合作、尊重产生消极的影响。

b. 改进工作关系，关心各个成员，礼貌待人。鼓励大家参与和协作，与他们一起研究目标、制定计划，多倾听他们的意见、建议，鼓励他们提出建议、质疑和设想，建立互相信任、和谐的工作气氛。

c. 公开、公平、公正地处理事务。合理地分配工作任务；公平地进行奖励；客观、公正地接收反馈意见；对上层的指令、决策应清楚、快速地下达给项目成员和相关职能部门；应该经常召开会议，让大家了解项目情况和遇到的问题或危机，鼓励大家同舟共济。

d. 在向上级和职能部门提交报告中应包括对项目组织成员好的评价和鉴定意见，项目结束时应对成绩显著的成员进行表彰，使他们有成就感。

④ 对于以项目作为经营对象的企业，如承包公司、监理公司等，应形成比较稳定的项目管理队伍。这样，尽管项目是一次性的、常新的，但项目小组却相对稳定，各成员之间相互熟悉，彼此了解，可大大减少组织摩擦。

⑤ 职能人员的双重忠诚问题。项目经理部是临时性的管理组织。特别在矩阵式的组织中，项目成员在原职能部门保持其专业职位，他可能同时为许多项目提供管理服务。

有人认为，项目组织成员同其所属职能部门联系紧密会不利于项目经理部开展工作。这是不对的。应鼓励项目组织成员对项目和职能部门都忠诚。这是项目成功的必要条件。

⑥ 建立公平、公正的考评工作业绩的方法、标准，并定期客观、慎重地对成员进行业绩考评，排除偶然、不可控制和不可预见等因素。

2. 项目经理部与企业管理层关系的协调

项目经理部与企业管理层关系的协调应依靠严格执行“项目管理目标责任书”。在党务、行政和生产管理上，根据企业党委和经理的指令以及企业管理制度来进行。项目经理部受企业有关职能部、室的指导，二者既是上下级行政关系，又是服务与服从、监督与执行的关系，也就是说企业层次生产要素的调控体系要服务于项目层次生产要素的优化配置，同时项目上生产要素的动态管理要服从于企业主管部门的宏观调控。企业要对项目管理全过程进行必要的监督调控。项目经理部要按照与企业签订的责任状，尽职尽责、全力以赴地抓好项目的具体实施。在经济往来上，根据企业法定代表人与项目经理签订的“项目管理目标责任书”严格履约按实结算，建立双方平等的经济责任关系。在业务管理上，项目经理部作为企业内部项目的管理层，接受企业职能部、室的业务指导和服务。一切统计报表，包括技术、质量、预算、定额、工资、外包队的使用计划及各种资源都要按系统管理和有关规定准时报送主管部门。其主要业务管理关系如下。

（1）计划统计　项目管理的全过程、目标管理与经济活动，必须纳入计划管理。项目经理部每月（季）度向企业报送施工统计报表外，还要根据企业经理与项目经理签订的“项目管理目标责任书”所定工期，编制单位工程总进度计划、物资计划、财务收支计划。坚持月计划、旬安排、日检查制度。

（2）财务核算　项目经理部作为公司内部一个相对独立的核算单位，负责整个项目的财务收支和成本核算工作。整个工程施工过程中，不论项目经理部班子成员如何变动，其财务系统管理和成本核算责任不变。

（3）材料供应　工程项目装饰装修材料，由项目经理部按工程用料计划报公司供应，公司实行加工、采购、供应、服务一条龙。凡是供应到现场的各类物资必须在项目经理部调配下统一建库、统一保管、统一发放、统一加工，按规定结算。

（4）周转料具供应　工程所需机器设备及周转材料，由项目经理部上报计划，公司组织供应。设备进入工地后由项目经理部统一管理调配。

（5）预算及经济洽商签证　预算合同经营管理部门负责项目全部设计预算的编制和报批，选聘到项目经理部工作的预算人员负责所有工程施工预算的编制，包括经济洽商签证和增减账预算的编制报批。各类经济洽商签证要分别送公司预算管理部门、项目经理部和作业队存档，以作为审批和结算增收的依据。

（6）业务管理　质量、安全、行政管理、测试计量等工作，均通过业务系统管理，实行从决策到贯彻实施，从监测控制到信息反馈的全过程的监控、检查、考核、评比和严格管理。

（7）总包与分包　项目经理部与水电、运输之间的关系是总包与分包之间的关系。在公司协调下，通过合同明确总分包关系，各专业服从项目经理部的安排和调配，为项目经理部提供专业施工服务，并就工期、服务态度、服务质量等签订分包合同。

3. 项目经理部内部供求关系的协调

项目经理部进行内部供求关系的协调应做好以下工作。

① 做好供求计划的编制平衡，并认真执行计划。项目经理部进行内部劳务、原材料、设备等资源的供求协调是比较重要的一环，如果供求关系不畅或供求失调，将直接影响项目的实施进度和技术质量，影响项目总体目标的实现。因此，为了确保供求关系的和谐，首先要求供应部门根据实际需求认真编制供应计划，并提前予以提示。在计划实施过程中，供求双方首先应该严格执行计划，如果遇到实际需求与供应计划出现偏差的问题，则应以项目管理的总目标和供需合同为原则认真做好使用平衡工作，确保目标不受影响，同时应积极准备或积极处理，尽快纠正偏差。项目经理部与作业层供求关系的协调应依靠履行劳务合同及执行“项目管理实施规划”。

② 充分发挥调度系统和调度人员的作用，加强调度工作，排除障碍。在供求关系的协调工作中，调度工作是关键环节。在供求关系出现问题时，对供和求的合理调整和平衡工作由调度人员来进行。调度人员应充分了解使用环节的必需性和环节可缓性，认真分析施工作业的关键因素，提前做好预测，及时准备。另外，调度人员也应充分了解市场，预测市场的波动，对计划供求的资源做好准备。如果由企业内部市场供应，则应提前与市场管理部门联系，做好准备。

二、近外层关系和远外层关系的组织协调

1. 项目经理部与发包人之间的协调

发包人代表项目的所有者，对项目具有特殊的权利，而项目经理为发包人的管理项目，必须服从发包人的决策、指令和对工程项目的干预，项目经理最重要的职责是保证发包人满意。要取得项目的成功，必须获得发包人的支持。

① 项目经理首先要理解总目标，理解发包人的意图，反复阅读合同或项目任务文件。对于未能参加项目决策过程的项目经理，必须了解项目构思的基础、起因、出发点，了解目标设计和决策背景。否则，可能对目标的完成任务有不完整的，甚至无效的理解，会给其工作造成很大的困难。如果项目管理和实施状况与最高管理层或发包人的预期要求不同，则发包人将予以干预，改变这种状态。所以，项目经理必须花很大气力来研究发包人，研究项目目标。

② 让发包人投入项目全过程，而不仅仅是给他一个结果（竣工的工程）。尽管有预定的目标，但项目实施必须执行发包人的指令，使发包人满意。发包人通常是其他专业或领域的人，可能对项目懂得很少。许多项目管理者常常抱怨“发包人什么也不懂，还要瞎指挥、乱干预”。但这并不完全是发包人的责任，很大一部分是项目管理者的责任。以下是解决这个问题的几个比较好的办法。

a. 培养发包人成为工程管理专家，让他投入到项目实施过程，使发包人理解项目和项目实施的过程，学会项目管理的方法，减少他的非程序干预和越级指挥。特别应防止发包人的内部其他部门人员随便干预和指挥项目，或将发包人内部矛盾、冲突带入到项目中。

许多人都希望发包人不要介入项目，实质上这是不可能的。一方面，项目管理者无法也无权拒绝发包人的干预；另一方面，发包人介入也并非是一件坏事。发包人对项目过程的参与能加深对项目过程和困难的认识，使决策更为科学和符合实际，同时也能使他有成就感，他能积极地为项目提供帮助，特别与上层关系产生矛盾和争执时，应充分利用发包人去解决问题。

b. 项目经理作出决策安排时要考虑到发包人的期望、习惯和价值观念，经常了解发包人所面临的压力，以及发包人对项目关注的焦点。

c. 尊重发包人，随时向发包人报告情况。在发包人作决策时，向他提供充分的信息，让他了解项目的全貌、项目实施状况、方案的利弊得失及对目标的影响。

d. 加强计划性和预见性，让发包人了解承包商、了解自己非程序干预的后果。

发包人和项目管理者双方理解得越深，双方期望越清楚，争执就越少。否则，发包人就会成为一个干扰因素，导致项目管理的失败。

③ 发包人在委托项目管理任务后，应将项目前期策划和决策过程向项目经理作全面的说明和解释，提供详细的资料。

国际项目管理经验证明，在项目运行过程中，项目管理者越早进入项目，项目实施越顺利。如果条件允许，最好能让他参与目标设计和决策过程，在项目整个过程中应保持项目经理的稳定性和连续性。

④ 项目经理有时会遇到发包人所属的其他部门或合资者各方同时来指导项目的情况，这是非常棘手的。项目经理应很好地倾听这些人的忠告，对他们做耐心的解释和说明，但不应当让他们直接指导实施和指挥项目组织成员。否则，会有严重损害整个工程实施效果的危险。

总之，项目经理部与发包人之间的关系协调应贯穿于项目管理的全过程。协调的目的是搞好协作，协调方法是执行合同，协调的重点是资金问题、质量问题和进度问题。项目经理部在施工准备阶段应要求发包人按规定的时间履行合同约定的责任，保证工程顺利开展。项目经理部应在规定的时间内承担约定的责任，为开工之后连续施工创造条件。项目经理部应及时向发包人提供有关的生产计划、统计资料和工程事故报告等，发包人应按规定时间向项目经理部提供技术资料。

2. 项目经理部与监理机构关系的协调

项目经理部应及时向监理机构提供有关生产计划、统计资料和工程事故报告等，应按《建设工程监理规范》(GB 50319—2000) 的规定和施工合同的要求，接受监理单位的监督和管理，搞好协作配合。项目经理部应充分了解监理工作的性质、原则，尊重监理人员，对其工作积极配合，始终坚持双方目标一致的原则，并积极主动地处理工作。在合作过程中，项目经理部应注意现场签证工作，遇到设计变化、材料改变或特殊工艺以及隐蔽工程等应及时得到监理人员的认可，并形成书面材料，尽量减少与监理人员的摩擦。项目经理部应严格地组织施工，避免在施工中出现敏感问题。当双方意见不一致时，应以进一步合作为前提，在相互理解、相互配合的原则下进行协商，项目经理部应尊重监理人员或监理机构的最后决定。

3. 项目经理部与设计单位关系的协调

项目经理部应在设计交底、图纸会审、设计洽商、变更、地基处理、隐蔽工程验收和交工验收等环节中与设计单位密切配合，同时应接受发包人和监理工程师对双方的协调。项目经理部应注重与设计单位的沟通，对于设计中存在的问题应主动与设计单位磋商，积极支持设计单位的工作，同时也争取设计单位的支持。项目经理部在设计交底和图纸会审工作中应与设计单位进行深层次的交流，准确把握设计，对设计与施工不吻合或设计中的隐含问题应及时予以澄清和落实。对于一些争议性问题，应巧妙地利用发包人和监理工程师的职能，避免正面冲突。

4. 项目经理部与材料供应人关系的协调

项目经理部与材料供应人应依据供应合同，充分利用价格招标投标制、竞争机制和供求机制搞好协作配合。项目经理部应认真做好材料需求计划，并认真进行市场调查，在确保材料质量和供应的前提下选择供应人。为了保证双方顺利合作，项目经理部应与材料供应人签订供应合同，并力争使供应合同具体、明确。为了减少资源采购风险、提高资源利用效率，供应合同应就供应数量、规格、质量、时间和配套服务等事项进行明确。项目经理部应有效利用价格机制和竞争机制与材料供应人建立可靠的供求关系，确保材料质量和使用服务。

5. 项目经理部与分包人关系的协调

项目经理部与分包人关系的协调应按分包合同执行，正确处理技术关系、经济关系；正确处理项目进度控制、项目质量控制、项目安全控制、项目成本控制，以及项目生产要素管理和现场管理中的协作关系。项目经理部还应对分包单位的工作进行监督和支持。项目经理部应加强与分包人的沟通，及时了解分包人的情况，发现问题及时处理，并应以平等的合同双方的关系支持承包人的活动，同时加强监管力度，避免问题的复杂化和扩大化。

6. 项目经理部与其他单位关系的协调

项目经理部与其他公用部门有关单位的协调应通过加强计划性和通过发包人或监理工程师进行协调。

① 项目经理部应要求作业队伍到建设行政主管部门办理分包队伍施工许可证，到劳动管理部门办理劳务人员就业证。

② 隶属于项目经理部的安全监察部门应办理企业安全资格认可证、安全施工许可证、

项目经理安全生产资格证等。

③ 隶属于项目经理部的安全保卫部门应办理施工现场消防安全资格认可证，到交通管理部门办理通行证。

④ 项目经理部应到当地户籍部门办理劳务人员暂住手续。

⑤ 项目经理部应到当地城市管理部门办理街道临建审批手续。

⑥ 项目经理部应到当地政府质量监督管理部门办理建设工程质量监督通知单等手续。

⑦ 项目经理部应到市容监察部门审批运输不遗洒、污水不外流、垃圾清运、场容与场貌的保证措施方案和通行路线图。

⑧ 项目经理部应配合环保部门做好施工现场的噪声监测工作，及时报送厕所、化粪池和道路等有关环节的现场平面布置图、管理措施及方案。

⑨ 项目经理部因建设需要砍伐树木时必须提出的申请，报市园林主管部门审批。

⑩ 现有城市公共绿地和城市总体规划中确定的城市绿地及道路两侧的绿化带，如有特殊原因确需临时占用时，需经城市园林部门、城市规划管理部门及公安部门同意并报当地政府批准。

⑪ 大型项目施工或者在文物较密集地区进行施工，项目经理部应事先与市文物部门联系，在施工范围内有可能埋藏文物的地方进行文物调查或者勘探工作。若发现的文物，应共同商定处理办法。在开挖基坑、管沟或其他挖掘中，如果发现古墓葬、古遗址或其他文物，应立即停止作业，保护好现场，并立即报告当地政府文物管理机关。

⑫ 项目经理部持建设项目批准文件、地形图、建筑总平面图和用电量资料等到城市供电管理部门办理施工用电报装手续。委托供电部门进行方案设计的应办理书面委托手续。

⑬ 供电方案经城市规划管理部门批准后即可进行供电施工设计。外部供电图一般由供电部门设计。内部供电设计主要指变配电室和控制室的设计。既可由供电部门设计，也可由具备资格的设计人员设计，并报供电管理部门审批。

⑭ 项目经理部在建设地点确定并对项目的用水量进行计算后，应委托自来水管理部门进行供水方案设计，同时应提供项目批准文件、标明建筑红线和建筑物位置的地形图、建设地点周围自来水管网情况和建设项目的用水量等资料。

⑮ 自来水供水方案经城市规划管理部门审查通过后，应在自来水管理部门办理报装手续，并委托其进行相关的施工图设计。同时，应准备建设用地许可证、地形图、总平面图、钉桩坐标成果通知单、施工许可证和供水方案批准文件等资料。由其他设计人员进行的自来水工程施工图设计，应送自来水管理部门审查批准。

7. 远外层关系的协调

项目经理部与远外层关系的协调应在严格守法和遵守公共道德的前提下，充分利用中介组织和社会发放管理机构的力量。远外层关系的协调主要应以公共原则为主，在确保自己工作合法性的基础上，公平、公正地处理工作关系，提高工作效率。如果有些环节不好协调，项目经理部应充分利用中介机构和社会管理机构，及时疏通关系，加强沟通。

第二节　建筑装饰装修工程项目信息管理概述

一、信息

信息是经过加工后的数据，它对接收者有用，对决策或行为有现实或潜在的价值。数据

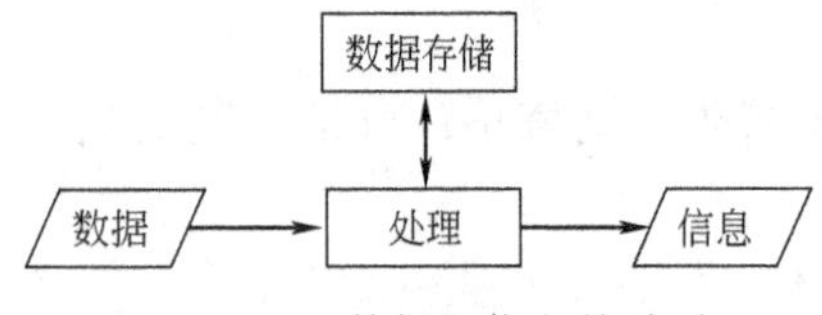

图 13.1 数据和信息的关系

是原材料，是一组表示数量、行动和目标的非随机的可鉴别的符号。对此按某种需求进行一系列的加工和处理所得到的对决策或行动有价值的结果才是信息。数据和信息的关系如图 13.1 所示。

总之，信息是一个社会概念，它是共享的人类的一切知识、学问以及客观现象加工提炼出来的各种消息之和。

二、信息的特征

在管理信息活动中，充分了解信息的特征有助于充分、有效地利用信息，更好地为项目管理服务。信息具有以下特征。

（1）事实性　事实是信息的中心价值，不符合事实的信息不仅不能使人增加任何知识，而且是有害的。

（2）时效性　信息的时效性是指从信息源发送信息，经过接收、加工、传递、利用的时间间隔及其效率。时间间隔越短，使用信息越及时，使用程度越高，则时效性越强。

（3）不完全性　关于客观事实的知识是不可能全部得到的，数据收集或信息转换要有主观思路，否则只能是主次不分。只有正确舍弃无用的和次要的信息，才能正确使用信息。

（4）等级性　管理信息系统是分等级的，处在不同级别的管理者有不同的职责。处理的决策类型不同，需要的信息也是不同的。因此，信息也是分级的。通常把信息分三级：高层管理者需要的战略级信息、中层管理者需要的策略级信息、基层作业者需要的执行作业级信息。

（5）共享性　信息只能分享，不能交换。告诉别人一个消息，自己并不失去它。信息的共享性使信息成为一种资源，使管理者能很好地利用信息进行工程项目的规划与控制，从而有利于项目目标的实现。

（6）价值性　信息是经过加工并对生产经营活动产生影响的数据，是劳动创造的，是一种资源，因而是有价值的。

三、信息管理

信息管理是指在项目的各个阶段，对所产生的、面向项目管理业务的信息进行收集、传递、加工、储存、维护和使用等信息规划和组织工作的总称。

1. 信息的收集

收集信息先要识别信息，确定信息需求。信息的需求要由项目管理的目标出发，从客观情况调查入手，加上主观思路规定数据的范围。关于信息的收集，应按信息规划，建立信息收集渠道的结构，即明确各类项目信息的收集部门、收集人，从何处收集，采用何种采集方法，所收集信息的规格、形式，何时进行收集等。信息的收集最重要的是必须保证所需信息的准确、完整、可靠和及时。

2. 信息的传递

传递信息同样也应建立信息传递渠道的结构，明确各类信息应传输至何地点、传递给何人、何时传输、采用何种传输方法等。应按信息规划规定的传递渠道，将项目信息在项目管理有关各方、各个部门之间及时传递。信息传递者应保持原始信息的完整、清楚，使信息接收者能准确理解接收信息。

项目的组织结构与信息流程有关，决定信息的流通渠道。在一个工程项目中存在 3 种信息流：自上而下的信息流、自下而上的信息流、横向间的信息流。

3. 信息的加工

数据要经过加工以后才能成为信息。信息与决策的关系是：数据→预信息→信息→决策→结果。

数据经加工后成为预信息或统计信息，再经处理、解释后才成为信息。项目管理信息的加工和处理，应明确由哪个部门、何人负责，并明确各类信息加工、整理、处理和解释的要求，加工、整理的方式，信息报告的格式，信息报告的周期等。

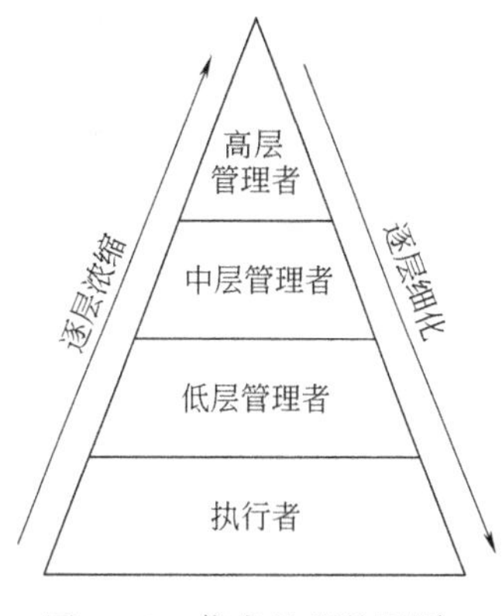

图 13.2　信息处理的原则

对于不同管理层次，信息加工者应提供不同要求和不同浓缩程度的信息。工程项目的管理人员可分为高级、中级和一般管理人员。不同等级的管理人员所处的管理层面不同，他们实施项目管理工作的任务、职责也不相同，因而所需的信息也不相同。如图 13.2 所示，在项目管理班子中，由下向上的信息应逐层浓缩，而由上往下的信息则应逐层细化。

4. 信息的存储

信息存储的目的是将信息保存起来以备将来应用，同时也是为了信息的处理。信息的存储应明确由哪个部门、由谁操作，存在什么介质上；怎样分类、怎样有规律地进行存储，要存储什么信息、存多长时间、采用什么样的信息存储方式等。主要应根据项目管理的目标确定。

5. 信息的维护与使用

信息的维护是保证项目信息处于准确、及时、安全和保密的合用状态，能为管理决策提供使用服务。准确是要保持数据是最新、最完整的状态。信息的及时性是能够及时地提供信息。安全性和保密性是说要防止信息受到破坏和信息失窃。

四、管理信息系统

1. 管理信息系统及其特点

管理信息系统是一个由人和计算机等组成的能进行信息收集、传输、加工、保存、维护和使用的系统。它能实测项目及其运行情况，能利用过去的数据预测未来，能从全局出发辅助决策，能利用信息控制项目的活动，并帮助其实现规划目标。

管理信息系统的特点可归纳为以下几点。

① 数据集中统一，采用数据库。严格地说，只有数据统一，才算构成信息资源。

② 数学模型的应用。

③ 有预测和控制能力。

④ 面向决策。

2. 管理信息系统的发展

管理信息系统经历了从电子数据处理阶段到管理信息系统阶段的发展过程。

(1) 电子数据处理（1953～1960 年）　数据处理的人工系统在计算机问世前就已存在，因此，计算机一出现就首先用到数据处理上。当时主要用计算机代替手工劳动，如统计系统、工资等。

(2) 信息报告系统（1961～1970 年）　信息报告系统是管理信息系统的雏形，其特点是按事先规定的要求提供管理报告，用来支持决策制定。

(3) 决策支持系统（1970～1980 年）　决策支持系统不同于信息报告系统。信息报告系统主要为管理者提供预定的报告，而决策支持系统则是在人和计算机交互过程中帮助决策者探索可能的方案，生成为管理者决策所需的信息。

（4）管理信息系统的进一步发展（1980 年至今） 随着微型计算机处理能力和电子通讯网的高速发展，管理信息系统进一步出现了不少新的概念，如：专家系统和其他基于知识的系统；执行信息系统（用于支持领导层的决策）；战略信息系统（用于在竞争中支持战略决策）。

第三节 建筑装饰装修工程项目管理信息系统概述

建筑装饰装修工程项目管理信息系统是以装饰装修工程项目为目标系统，利用计算机辅助建筑装饰装修工程项目管理的信息系统。

一、建筑装饰装修工程项目管理的信息

1. 费用控制信息

建筑装饰装修工程费用控制信息包括：预算资料、资金使用计划、各阶段费用计划以及费用定额、指标等；实际费用信息，如已支出的各类费用，各种付款账单，工程计量数据，工程变更情况，现场签证，以及物价指数，人工、材料设备、机械台班的市场价格信息等；费用计划与实际值比较分析信息；费用的历史经验数据、现行数据、预测数据等。

2. 进度控制信息

建筑装饰装修工程进度控制信息包括：单体工程计划、操作性计划、物资采购计划等，以及工程实际进度统计信息、项目日志、计划进度与实际进度比较信息、工期定额、指标等。

3. 质量控制信息

建筑装饰装修工程质量控制信息包括：项目的功能、使用要求，有关标准及规范，质量目标和标准，设计文件、资料、说明，质量检查、测试数据，隐蔽验收记录，质量问题处理报告，各类备忘录、技术单，材料、设备质量证明等。

4. 合同管理信息

建筑装饰装修工程合同管理信息包括：建筑法规，招投标文件，项目参与各方情况信息，各类工程合同，合同执行情况信息，合同变更、签证记录，工程索赔事项情况等。

5. 项目其他信息

项目其他信息包括：有关政策、制度规定等文件，政府及上级有关部门批文，市政公用设施资料，工程来往函件，工程会议信息如（设计工作会议、施工协调会、工程例会等的会议纪要），各类项目报告等。

以上项目信息可以是文字信息、语言信息，或是图视信息。有的是项目内部信息，有的是来自项目外部环境的信息。

二、计算机辅助建筑装饰装修工程项目管理

当今，建筑装饰装修工程项目的规模和要求出现了许多根本性的变化，需要处理大量的信息，处理时间要短、速度要快，又要准确，这样才能及时提供相关的项目决策信息。应用计算机辅助管理，进行建筑装饰装修工程项目管理信息的处理已成为建筑装饰装修工程项目管理发展的必然趋势。

① 计算机能够快速、高效地处理项目产生的大量数据，提高信息处理的速度，准确提

供项目管理所需的最新信息，辅助项目管理人员及时、正确地作出决定，从而实现对项目目标的控制。

② 计算机能够存储大量的信息和数据，采用计算机辅助信息管理，可以集中储存与项目有关的各种信息，并能随时取出被存储的数据，为项目管理提供有效使用服务。

③ 计算机能够方便地形成各种形式、不同需求的项目报告的报表，提供不同等级的管理信息。

④ 利用计算机网络，可以提高数据传递的速度和效率，充分利用信息资源，加强信息联系。

高水平的项目管理，离不开先进、科学的管理手段。在项目管理中应用计算机，可以辅助发现存在的问题，帮助编制项目规划，辅助进行控制决策，帮助实时跟踪检查。计算机辅助工程项目管理是有效实施项目管理的重要保证。

三、建筑装饰装修工程项目管理信息系统

1. 建筑装饰装修工程项目管理信息系统的基本概念

建筑装饰装修工程项目管理信息系统是以建筑装饰装修工程项目为目标系统，利用计算机辅助建筑装饰装修工程项目管理的信息系统。计算机辅助管理的软件，按其数据处理的综合集成度可分为以下几种。

（1）部分程序　一个部分程序只能解决一个问题的某一部分。

（2）单项软件　单项软件可以解决一个完整的问题，进行单项事务处理，其主要是模仿人工工作过程，如计算工资、编制施工图预算、进度计划编制等。

（3）软件链　一个软件链由若干个单项软件组成，它是从单项应用发展至数据共享的职能事务处理系统。例如，工程项目进度管理系统，可以建立和优化进度计划，对项目资源进行安排、进度查询、跟踪比较项目进度等。

（4）软件系统　软件系统由几个数据关联的软件链组合而成。

为实现资源共享、提高数据处理的效率和质量，应建立计算机辅助管理的系统。软件系统是按照总体规划、标准和程序，根据需要，经一个个子系统的开发而实现。

2. 建筑装饰装修工程项目管理信息系统的结构和功能

建筑装饰装修工程项目管理信息系统（PMIS）一般主要是由费用控制子系统、进度控制子系统、质量控制子系统、合同管理子系统和共用数据库所构成，其结构如图 13.3 所示。

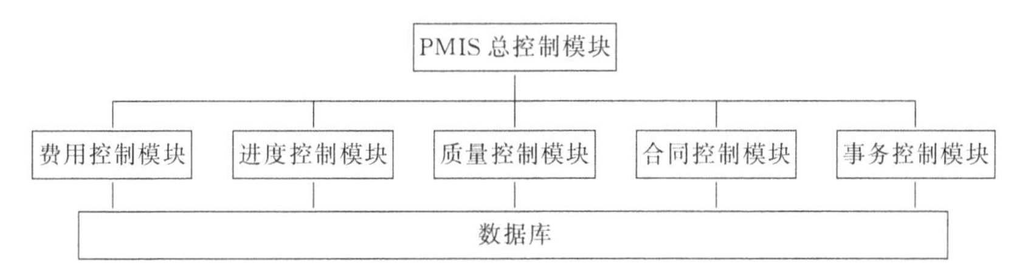

图 13.3　PMIS结构图

工程项目管理信息系统是一个由几个功能子系统相互关联而构成的一体化的信息系统。它的特点是：提供统一格式的信息，简化各种项目数据的统计和收集工作，使信息成本降低；及时全面地提供不同需要、不同浓缩度的项目信息，从而可以迅速作出分析解释，及时产生正确的控制；完整、系统地保存大量的项目信息，能方便、快速地查询和综合，为项目管理决策提供信息支持；利用模型方法处理信息，预测未来，科学地进行决策。

工程项目管理信息系统的主要功能如下。

(1) 费用控制

① 计划费用数据处理。

② 实际费用数据处理。

③ 计划/实际费用比较分析。

④ 费用控制。

⑤ 资金投入控制。

⑥ 报告、报表生成。

(2) 进度控制

① 编制项目进度计划，绘制进度计划的网络图、横道图。

② 项目实际进度的统计分析。

③ 计划/实际进度比较分析。

④ 进度变化趋势预测。

⑤ 计划进度的调整。

⑥ 项目进度各类数据查询。

(3) 质量控制

① 项目建设的质量要求和标准的数据处理。

② 材料、设备验收记录、查询。

③ 工程质量验收记录、查询。

④ 质量统计分析、评定的数据处理。

⑤ 质量事故处理记录。

⑥ 质量报告、报表生成。

(4) 合同管理

① 合同结构模式的提供和选用。

② 各类标准合同文本的提供和选择。

③ 合同文件、资料的登录、修改、查询和统计。

④ 合同执行情况的跟踪和处理过程的管理。

⑤ 合同实施报告、报表生成。

⑥ 建筑法规、经济法规查询。

3. 建筑装饰装修工程项目管理信息系统的建立与开发

(1) 项目管理信息系统的建立　要确定如下几个基本问题。

① 信息的需要。包括：项目管理者需要哪些信息、以什么形式、何时、以什么渠道供应等。管理者的信息需求是按照其在组织系统中的职责、权力、任务、目标设计的。

② 信息的收集和加工。

a. 信息的收集。包括：项目管理者所需要的信息是由哪些原始资料、数据加工得来的；由谁负责这些原始数据的收集；这些资料、数据的内容、结构、准确程度怎样；由什么渠道(从何处) 获得这些原始数据、资料等。

b. 信息的加工。这些原始资料面广、量大，形式丰富多彩，必须经过信息加工才能得到可供决策的信息，才能符合不同层次项目管理的不同要求。

③ 信息的使用和传递渠道。信息的传递渠道是信息系统中项目各参加者之间的纽带。

它使信息能够顺利地流动，并将各项目参加者沟通起来，形成项目管理信息系统。

（2）项目管理信息系统总体描述 项目管理信息系统可以从如下几个角度进行总体描述。

① 项目参加者之间的信息流通。项目的信息流通就是信息在项目参加者之间的流通。它通常与项目的组织模式相似，项目管理者要具体设计这些信息的内容、结构、传递时间、精确程序和其他要求。在信息系统中，每个参加者为信息系统网络上的一个节点。他们都负责具体信息的收集（输入）、传递（输出）和信息处理工作。

例如，在项目实施过程中，业主需要如下信息：项目实施情况月报，包括工程质量、成本、进度总报告；项目成本和支出报表，一般按分部工程和承包商作成本和支出报表；供审批用的设计方案、计划、施工方案、施工图纸等；各种法律、规定、规范，以及其他与项目实施有关的资料等。业主作出各种指令，如修改设计、变更施工顺序等；审批各种计划、设计方案、施工方案等；向董事会提交工程项目实施情况报告。项目经理通常需要各项目管理职能人员的工作情况报表、汇报、报告、工程问题请示；业主的各种口头和书面的指令、各种批准文件等。

② 项目管理职能之间的信息流通。项目管理系统是一个非常复杂的系统。它由许多子系统构成，如计划子系统、合同子系统、成本子系统、质量和技术子系统等。它们共同构成项目管理系统。按照管理职能划分，可以建立各个项目管理信息子系统。例如，成本管理信息系统、合同管理信息系统、质量管理信息系统、材料管理信息系统等，它们是为专门的职能工作服务的，用来解决专门信息的流通问题。

（3）系统的开发步骤

① 系统规划。系统规划是要提出系统开发的要求，通过一系列的调查和可行性研究工作，确定项目管理信息系统的目标和主要结构，制定系统开发的全面计划，用以指导信息系统研制的实施工作。

② 系统分析。系统分析是整个开发过程的重要阶段。它包括对项目任务的详细了解和分析。在此基础上，通过数据的收集、分析以及系统数据流程图的确定等，决定最优的系统方案。

③ 系统设计。系统设计是根据系统分析的结果进行新系统的设计。它包括确定系统总体结构、计算机系统流程图和系统配置，进行模块设计、系统编码设计、数据库结构设计、输入输出设计、文件设计和程序设计等。

④ 系统实施。系统实施也称系统实现。它包括机器的购置、安装，程序的调试，基础数据的准备，系统文档的准备，人员培训，以及系统的运行与维护等。

⑤ 系统评价。信息系统建成及投入运行以后，需要对系统进行评价，估计系统的技术性能和工作性能，检查系统是否达到预期目标，系统的功能是否按文件要求实现，进而对系统的应用价值和经济效益作出评价。

第四节 计算机辅助建筑装饰装修工程项目管理

一、计算机辅助建筑装饰装修工程项目进度控制系统

项目进度控制系统是以计算机和网络计划技术为基础建立起来的。对于建筑装饰装修工程建设项目，简单的横道图已不能满足工程进度制的需要，也不利于计算机的处理和经常的

进度计划调整，故网络计划技术已成为工程进度控制最有效，也是最基本的方法。在项目实施以前，可以利用计算机编制和优化进度计划；项目实施过程中，可以利用计算机对工程进度执行情况进行跟踪检查和调整。归纳起来，项目进度控制系统的主要功能应包括：①数据输入；②进度计划的编制；③进度计划的优化；④工程实际进度的统计分析；⑤实际进度与计划进度的动态比较；⑥进度偏差对后续工作影响的分析；⑦进度计划的调整；⑧工程进度的查询、增加、删除及更改；⑨各种图形及报表输出；⑩数据输出。

1. 横道图进度计划的编制

① 按顺序输入各工作的编号及名称。

② 确定各项工作的持续时间和所需资源（可采用直接输入计算机或从其他模块中获得）。

③ 确定各工作间的合理搭接关系。

④ 生成横道图。

2. 编制网络进度计划

① 建立数据文件。

② 时间参数计算程序。

③ 部分计算结果的输出。

二、计算机辅助建筑装饰装修工程项目质量控制系统

建筑装饰装修工程项目管理人员为了实施对建筑装饰装修工程项目质量的动态控制，需要建筑装饰装修工程项目信息系统质量模块提供必要的信息支持。

计算机辅助建筑装饰装修工程项目质量管理系统的基本功能包括以下几个方面。

① 存储有关设计文件及设计变更，进行设计文件的档案管理。

② 存储有关建筑装饰装修工程质量标准，为建筑装饰装修工程项目管理人员实施质量控制提供依据。

③ 提供多种灵活的方法帮助用户采集、编辑与修改原始数据。

④ 数据结构清晰，有利于对质量的判定。

⑤ 具有丰富的图形文件和文本文件，为质量的动态控制提供了必要的物质基础。

⑥ 根据现场采集的数据资料，逐级生成各层次的质量评定结果。

三、计算机辅助建筑装饰装修工程项目成本控制系统

建筑装饰装修工程项目成本控制系统模块主要用于收集、存储和分析建筑装饰装修工程项目成本信息，在建筑装饰装修工程项目实施的各个阶段制定成本计划，收集实际成本信息，并进行实际成本与计划成本的比较分析，从而实现建筑装饰装修工程项目成本计划的动态控制。

计算机辅助建筑装饰装修工程成本管理系统的基本功能包括以下几个方面。

① 输入计划成本数据，明确成本控制的目标。

② 根据实际情况调整有关价格和费用，以反映成本控制目标的变动情况。

③ 输入实际成本数据，并进行成本数据的动态比较。

④ 进行成本偏差分析。

⑤ 进行未完工程的成本预测。

⑥ 输出有关报表。

第五节 工程项目管理软件

一、Primavera Project Planner（P3）项目管理软件

P3 系统项目管理软件是美国 Primavera 公司推出的用于工程项目管理的软件。P3 系列软件在国际上有较高的知名度，是目前较优秀的项目管理软件之一。P3 在美国是使用最为广泛的用于工程项目管理的软件，许多跨国集团项目工程公司都是 P3 的用户。P3 在我国的一些大型工程项目上亦得到良好的应用。建设部于 1995 年也组织推广了 P3 工程项目管理软件。

P3 主要是用于项目进度计划、动态控制，以及资源管理及费用控制的项目管理软件。使用 P3，可将工程项目的组织过程和实施步骤进行全面的规划和安排，科学地制定项目进度计划。进度控制需要在项目实施之前确定进度的目标计划值。在项目的实施过程中进行计划进度与实际进度的动态跟踪和比较。随着项目进展，对进度计划要进行定期的或不定期的调整，预测项目的完成情况。P3 为进度控制提供了有力的工具，其主要功能包括以下几个方面。

（1）建立项目进度计划　P3 可以屏幕对话形式设立一个项目的工序表。通过直接输入工序编码、工序名称、工序时间，设定一个工序，并可通过鼠标任意移动工序、修改工序间的关系，编辑工序表。工序表建立完成后，P3 可自动计算各种进度参数、工程项目的进度计划，生成给出项目进度的横道图和网络图。

（2）项目资源管理计划优化　P3 可以帮助编制一个工程项目的资源使用计划，以资源平衡来优化资源计划和项目进度计划。P3 通过定义每一工序所需资源时间及其数量，可以确定项目的资源使用表。在确定工序资源时可选择由资源确定工期，还是由工期确定资源。P3 利用资源直方图和资源表格来表示潜在的资源紧张或冲突问题，并应用先进的资源平衡方法对项目的计划进行优化。资源表格可以一期一期地显示资源的总计数、最大值或平均值。

（3）项目进度的跟踪比较　P3 提供多方案分析比较，最有效地利用关键资源，选择优化方案。在项目实施过程中。P3 可以跟踪工程进度，随时比较计划进度与实际进度的关系，进行目标计划的动态控制。

（4）项目费用管理　P3 利用费用科目对项目的费用进行管理，用户可以与自己的会计系统交换数据。P3 可以在任意一级科目上建立预算并跟踪本期实际费用、累计实际费用，给出完成百分比等，同时还可以预测下期、下下期的费用。

（5）项目进展报告　P3 提供 150 多个可自定义的报告和图形，用来分析、反映工程项目的计划和进展情况。P3 具有调试版面的功能，在屏幕上完成调整后随时可绘制横道图、网络图以及资源/费用直方图、表格、曲线图等。

二、Microsoft Project 软件

Microsoft Project 是由美国微软公司开发的项目管理的软件。

MS Project 2003 的主要功能包括范围管理、时间管理、成本管理、人力资源管理、风险管理、质量管理等，而且还包括项目管理多方面的技术和方法，应用于国民经济各个领域。

三、梦龙智能项目管理软件

梦龙智能项目管理系统PERT是国内梦龙公司应用网络技术的原理开发的适用于各种项目计划管理的智能化软件。梦龙智能项目管理系统PERT适合我国国情，界面友好、功能齐全，包括快速投标系统、项目管理控制系统和办公管理系统。

复习思考题

一、名词解释

1. 数据
2. 信息
3. 组织协调

二、填空题

1. 组织协调分为______________________________。
2. 信息基本特征有______________________________。
3. 建筑装饰装修工程项目管理信息有______________________________。

三、简答题

1. 项目经理部与监理机构关系如何协调？
2. 简述建筑装饰装修工程项目管理信息系统的开发步骤。
3. 简述建筑装饰装修工程项目管理信息系统的特点。

第十四章

建筑装饰装修工程项目案例分析

提要

本章是前面各章节内容的实际应用。主要包括建筑装饰装修工程项目招投标与合同管理案例、进度控制案例、质量控制案例、成本控制案例等。由于实际工程中的案例较多且复杂，在学习过程中应着重掌握各部分的知识点和案例的分析方法。

第一节　建筑装饰装修工程施工招标投标与合同管理案例分析

[背景材料]

某大学第四教学大楼工程施工招标文件的目录如下。

目　　录

第一部分　投标邀请书、投标须知及合同条件

一、投标邀请书

二、投标须知

（一）总则

（二）招标文件

（三）工程价款的计算依据及结算

（四）投标文件的编制

（五）投标文件的递交

（六）决标及授予合同

三、合同条件及合同主要条款

（一）合同条件

（二）合同主要条款

第二部分　工程建设条件及技术规范

第三部分　招标评标办法及操作程序

[问题]

1. 按照招标文件的目录，这份招标文件的内容是否齐全？应补充哪些内容？

2. 由于招标人发现招标文件不完整，并将有关补充内容于投标截止日期前10天，电话通知各投标单位。这种做法是否符合规定？应如何调整？

[参考答案]

1. 这份招标文件不完整。应补充两条内容：在投标须知中，投标文件的递交之后应增加开标、评标的内容；本招标文件中应增加工程施工图纸。

2.《招标投标法》中规定："若招标人需要变更招标文件，应在投标截止日期至少15天前，以书面形式通知所有招标文件收受人，若迟于这一时限发出变更招标文件的通知，则应将原定的投标截止日期适当延长。"本案例中招标人对招标文件的变更应做如下调整：将变更内容于投标截止日期前15天（而不是10天），以书面形式（而不是电话形式）通知所有投标人，或仍按原时间通知变更内容，但投标截止日期适当延长。

[背景材料]

某体育馆装修工程的招标人向具备承担该项目能力的A、B、C、D、E 5家承包商发出投标邀请书。5家承包商均在规定的时间前5天递送了投标书，但承包商A因发现投标书中有不完善之处，将投标书撤回，经修改后加盖公章，项目经理签字后于规定投标截止日期前30分钟递送了投标书。3天后，由评标委员会主持开标会，并当场宣布资格审查结果，承包商E不符合要求。公证处的有关人员对投标书进行审查，确认所有投标书有效后，正式开标。

[问题]

该项目在招标程序中存在哪些问题？

[参考答案]

问题1：承包商A发现投标书不完善后，不应将投标书撤回，而应将补充文件密封，加盖公章和法定代表人或代理人印鉴，在规定日期递送给招标人。

问题2：开标时间不对。《招标投标法》规定，如无特殊情况开标时间应与投标截止时间相同，而不应是3天后。

问题3：开标会不应由评标委员会主持，而应由招标人或其委托人主持。

问题4：资格审查应在投标之前由招标人进行审查，并应将审查结果通知各承包商。

问题5：公证处确认所有投标文件有效是错误的，因为承包商A的投标补充文件仅有单位公章和项目经理签字，而无法定代表人或代理人印鉴，应作废标处理。

[背景材料]

某公司欲在A、B两项公开招标中选择一项进行投标，对某项工程又可采取投高标或投低标两种策略。根据以往经验与统计资料，若投高标，则中标概率为0.3；若投低标，则中标概率为 0.5。各方案可能出现的损益及其概率估计见表 14.1。不中标的费用损失为 10000 元。

表 14.1　投标方案风险决策数据

方　　案	承包效果	可能的损益/万元	概　　率
A 方案投高标	好	50	0.3
	一般	15	0.5
	差	−24	0.2
A 方案投低标	好	49	0.2
	一般	14	0.6
	差	−25	0.2
B 方案投高标	好	60	0.3
	一般	20	0.5
	差	−29	0.2
B 方案投低标	好	55	0.3
	一般	14	0.6
	差	−13	0.1

［问题］

1. 简述决策树的概念。

2. 试采用决策树法做出投标决策。

［参考答案］

1. 决策树是以方框和圆圈为节点，并由直线连接而成的一种树枝形状的结构。其中，方框代表决策点；圆圈代表机会点；从决策点画出的每条直线代表一个方案，叫做方案枝；从机会点画出的每条直线代表一种自然状态，叫做概率枝。

2. 由图 14.1 可以看出，投 B 工程低标，获得的收益最大，为 11.3 万元，因此应选投 B 工程低标。

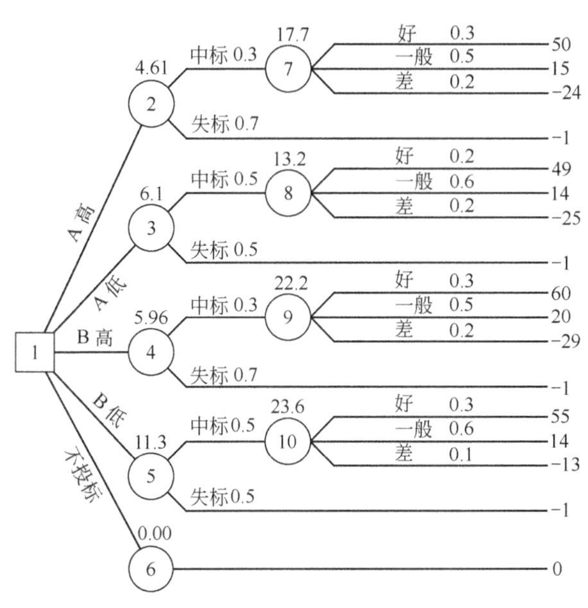

图 14.1　决策树图

[背景材料]

经当地主管部门批准，某建设单位自行组织某项商业建设项目的施工公开招标工作。确定的招投标程序如下。

① 成立该项目施工招标工作小组。

② 编制招标文件。

③ 发布招标邀请书。

④ 对报名参加投标者进行资格预审，并将结果通知各申请投标者。

⑤ 向合格的投标者发招标文件及设计图样、技术资料等。

⑥ 建立评标组织，制定评标、定标办法。

⑦ 召开开标会议，审查投标书。

⑧ 组织评标，决定中标单位。

⑨ 发出中标通知。

⑩ 设计单位与中标单位签订承发包合同。

[问题]

上述招标程序有无不妥、不完善之处？若有请指正。

[参考答案]

施工招标工作小组成立后，应着手办理有关审批手续，确定招标方式；招标文件的编制和发售应在资格预审后进行；招标文件中已包含设计图样和技术资料；向合格的投标者发招标文件之后应勘察现场，召开投标预备会；评标、定标办法应在开标前确定，并应在招标文件中体现；开标的时间和地点应在招标文件中明确规定；承发包合同的签订应由建设单位和中标单位进行，不能由设计单位进行。

[背景材料]

某装饰装修施工企业参加一工程项目的投标，并按规定的时间递送了投标文件。但该标书仍被认为是废标。

[问题]

分析该标书为废标有可能是什么原因？

[参考答案]

有可能有下列中的一种或几种原因。

① 投标工程中弄虚作假。

② 报价低于其个别成本。

③ 投标文件不符合有关规定。

④ 未能在实质上响应招标文件的要求。

⑤ 投标书未按招标文件要求密封。

⑥ 未加盖投标企业和法定代表人或委托代理人的印鉴。

⑦ 企业法定代表人委托的代理人没有合法、有效的委托书原件及委托代理人印章。

⑧ 未按规定填写、内容不全或关键内容字迹模糊，无法辨认。

⑨ 联合体的投标文件未附联合体各方共同投标协议书。

⑩ 投标人未按招标文件要求提供投标保证金或投标保函。

⑪ 投标人不参加开标会议。

[背景材料]

某建设单位（甲方）通过招标方式与某装饰装修公司（乙方）签订了某商场装修施工合同。施工开始后，建设单位要求提前竣工，并与装饰装修公司签订了书面协议。在施工过程中，乙方为赶工期发生了质量事故，直接经济损失 10 万元。事故发生后，建设单位以装饰装修公司不具备履行能力，又不可能保证提前竣工为由，提出终止合同。装饰装修公司认为，质量事故是因建设单位要求赶工引起的，不同意终止合同。建设单位按合同约定提请仲裁机构裁定终止合同，装饰装修公司不服，决定向具有管辖权的人民法院起诉。

[问题]

1. 合同争议的解决方式有哪几种？

2. 仲裁的原则是什么？

3. 有管辖权的人民法院是否可以受理装饰装修公司的起诉请求？为什么？

[参考答案]

1. 合同争议的解决方法有和解、调解、仲裁、诉讼。

2. 仲裁的原则有：自愿原则、公平合理原则、仲裁依法独立进行、一裁终局原则。

3. 人民法院不予受理。根据《合同法》的规定，仲裁机构作出裁决后立即生效。合同双方当事人就同一纠纷再申请仲裁或向人民法院起诉，仲裁委员会或人民法院不予受理。

[背景材料]

某装饰装修工程公司签订了高等公寓的装饰装修工程合同，合同工期 6 个月。该装饰装修公司进入施工现场后，临建设施已搭设，材料、机具设备尚未进行。在工程正式开工之前，施工单位按合同约定对原建筑物的结构进行检查中发现，该建筑物结构需进行加固。为此，除另约定其工程费外，施工单位提出以下索赔要求。

① 预计结构加固施工时间为 1 个月，故要求将原合同工期延长为 7 个月。

② 由于上述的工期延长，建设单位应给施工单位补偿额外增加的现场费（包括临时设施费和现场管理费）。

③ 由于工期延长，建设单位应按银行贷款利率计算补偿施工单位流动资金积压损失。

在该工程的施工过程中，由于设计变更，又使工期延长了两个月，并且延长的两个月正值冬季，与原施工计划相比增加了施工的难度。为此，在竣工结算时施工单位向建设单位提出补偿冬季施工增加费的索赔要求。

[问题]

1. 上述索赔要求是否合理？

2. 何种情况下，发包人会向承包人提出索赔？索赔的时限如何规定？

[参考答案]

1. 第①项结构加固施工时间延长 1 个月是非承包方原因造成的，属于工程延期，故承包方有权要求索赔，其要求合理。

第②项中，现场管理费一般与工期长短有关，故费用索赔要求合理，但临时设施费一般与工期长短无关，施工单位不宜要求索赔。

第③项的费用索赔不合理。因为材料、机具设备尚未进场，工程尚未动工，不存在资金积压问题，故施工单位不应提出索赔。

索赔冬季施工增加费不合理。因为：①在施工图预算中的其他直接费中已包括了冬、雨季施工增加费；②应在事件发生后 28 天内向监理方发出索赔意向通知，竣工结算时承包方已无权再提出索赔要求。

2. 承包方未能按合同约定履行自己的各项义务或发生错误，给发包人造成经济损失，发包人可在索赔事件发生后 28 天内向承包方提出索赔。

[背景材料]

某装饰装修施工单位根据领取的某 3000 平方米办公楼的装饰装修工程项目招标文件和全套施工图纸，采用低报价策略编制了投标文件，并中标。该施工单位（乙方）与建设单位（甲方）签订了该工程项目的固定价格施工合同。合同工期为 8 个月。甲方在乙方进入施工现场后，因资金紧缺，口头要求乙方暂停施工一个月。乙方亦口头答应。工程按合同规定期限验收时，甲方发现工程质量有问题，要求返工。两个月后，返工完毕。结算时甲方认为乙方迟延交付工程，应按合同约定偿付逾期违约金。乙方认为临时停工是甲方要求的，乙方为抢工期，加快施工进度才出现了质量问题，因此迟延交付的责任不在乙方。甲方则认为临时停工和不顺延工期是当时乙方答应的。乙方应履行承诺，承担违约责任。

[问题]

1. 该工程采用固定价格合同是否合适？

2. 该施工合同的变更形式是否妥当？此合同争议依据合同法律规范应如何处理？

[参考答案]

1. 固定价格合同适用于工程量不大且能够较准确计算、工期较短、技术不太复杂、风险不大的项目。该工程基本符合这些条件，故采用固定价格合同是合适的。

2. 根据《合同法》和《建设工程施工合同（示范文本）》的有关规定，建筑工程合同应当采取书面形式，合同变更亦应当采取书面形式。若在应急情况下，可采取口头形式，但必须事后予以书面确认。否则，在合同双方对合同变更内容有争议时，只能以书面协议的内容为准。本案例中甲方要求临时停工，乙方亦答应，是甲、乙方的口头协议，且事后并未以书面的形式确认，所以该合同变更形式不妥。在竣工结算时双方发生了争议，对此只能以原合同规定为准。施工期间，甲方未能及时支付工程款，应对停工承担责任，故应当赔偿乙方停工一个月的实际经济损失，工期顺延一个月。工程因质量问题返工，造成逾期交付，责任在乙方，故乙方应当支付逾期交工一个月的违约金，因质量问题引起的返工费用由乙方承担。

第二节　建筑装饰装修工程项目进度控制案例分析

[背景材料]

某装饰装修工程分为室内抹灰、安塑钢门窗、铺地面砖、顶墙涂料等施工过程。其资料见表 14.2。

表 14.2　各施工过程的延续时间　　单位：天

施工过程	一段	二段	三段
室内抹灰	4	5	4
安塑钢门窗	2	2	2
铺地面砖	3	4	3
顶墙涂料	2	2	2

[问题]

1. 试述无节奏流水施工的特点。

2. 请组织无节奏流水施工并绘制流水施工计划图。

[参考答案]

1. 无节奏流水施工的特点是：每一个施工过程本身在各施工段上的作业时间（流水节拍）不完全相等，且无规律。无节奏流水施工只能按分别流水法进行组织，即做到各施工队工作连续，施工队之间用确定最小流水步距的办法，保证不产生工艺矛盾。

2.

① 采用“最大差法”计算流水步距。

室内抹灰与安塑钢门窗：

$$\begin{array}{rrrrr} & 4 & 9 & 13 & \\ - & & 2 & 4 & 6 \\ \hline & 4 & 7 & 9 & -6 \end{array}$$

安塑钢门窗与铺地面砖：

$$\begin{array}{rrrrr} & 2 & 4 & 6 & \\ - & & 3 & 7 & 10 \\ \hline & 2 & 1 & -1 & -10 \end{array}$$

铺地面砖与顶墙涂料：

$$\begin{array}{rrrrr} & 3 & 7 & 10 & \\ - & & 2 & 4 & 6 \\ \hline & 3 & 5 & 6 & -6 \end{array}$$

室内抹灰与安塑钢门窗的流水步距：$K_{1,2}=\max\{4,7,9,-6\}=9$（天）

安塑钢门窗与铺地面砖的流水步距：$K_{2,3}=\max\{2,1,-1,-10\}=2$（天）

铺地面砖与顶、墙涂料的流水步距：$K_{3,4}=\max\{3,5,6,-6\}=6$（天）

② 工期计算。

$$T=\sum K_{i,i+1}+\sum t_n+\sum Z_{i,i+1}+\sum G_{i,i+1}-\sum C_{i,i+1}=(9+2+6)+(2+2+2)+4=27\text{（天）}$$

（考虑技术间歇：室内抹灰与安塑钢门窗 2 天、铺地面砖与顶墙涂料 2 天）

③ 绘制流水施工计划横道图（图 14.2）。

序号	施工过程	施工进度/天																										
		1	2	3	4	5	6	7	8	9	10	11	12	13	14	15	16	17	18	19	20	21	22	23	24	25	26	27
1	室内抹灰																											
2	安塑钢门窗																											
3	铺地面砖																											
4	顶墙涂料																											

图 14.2 流水施工计划横道图

[背景材料]

某项目有 4 幢房屋的抹灰工程，每幢房屋作为一个施工段。施工过程划分为顶棚抹灰、墙面抹灰和楼面抹灰，在各幢房屋的持续时间分别为 2 天、4 天、4 天。

[问题]

1. 如果该工程的资源供应能够满足要求，为加快施工进度，该工程可按何种流水施工方式组织施工？试计算该种流水施工组织方式的工期。

2. 如果工期允许，该工程可按何种方式组织流水施工？试计算该种流水施工组织方式的工期。

[参考答案]

1. 如果该工程的资源供应能够满足要求，为加快施工进度，该工程可采用成倍节拍流水施工方式组织施工。

流水施工工期计算

施工过程数目：$n=3$

施工段数目：$m=4$

流水节拍：$t_1=2$ 天

$t_2=4$ 天

$t_3=4$ 天

流水步距：$K=t_{\min}=\min\{2,4,4\}=2$（天）

施工队数目：

$$b_1=t_1/t_{\min}=2/2=1\text{（个）}$$

$$b_2=t_2/t_{\min}=4/2=2\text{（个）}$$

$$b_3=t_3/t_{\min}=4/2=2\text{（个）}$$

$$n'=\sum b_i=1+2+2=5\text{（个）}$$

流水施工工期：$T=(m+n'-1)t_{\min}=(4+5-1)\times 2=16$（天）

2. 如果工期允许，该工程可按无节奏流水施工方式组织施工。

流水步距计算：

$$\begin{array}{rrrrrr} & 2 & 4 & 6 & 8 & \\ - & & 3 & 6 & 9 & 12 \\ \hline & 2 & 1 & 0 & -1 & -12 \end{array}$$

顶棚抹灰和墙面抹灰：$K_{1,2}=\max\{2,1,0,-1,-12\}=2$（天）

$$\begin{array}{rrrrrr} & 3 & 6 & 9 & 12 & \\ - & & 4 & 8 & 12 & 16 \\ \hline & 3 & 2 & 1 & 0 & -16 \end{array}$$

墙面抹灰和楼面抹灰：$K_{2,3}=\max\{3,2,1,0,-16\}=3$（天）

流水施工工期：$T=\sum K_{i,i+1}+\sum t_n=(2+3)+(4+4+4+4)=21$（天）

[背景材料]

某建筑装饰装修公司承担了某院校教学楼室外装饰装修工程的施工任务。施工过程中由于甲方和乙方以及不可抗拒的原因，致使施工网络计划中各项工作的持续时间受到影响（如图14.3及表14.3所示），从而使网络计划工期由计划工期（合同工期）62天变为实际工期72天。甲方和乙方由此发生争议，乙方要求甲方顺延工期16天，甲方只同意顺延工期10天。

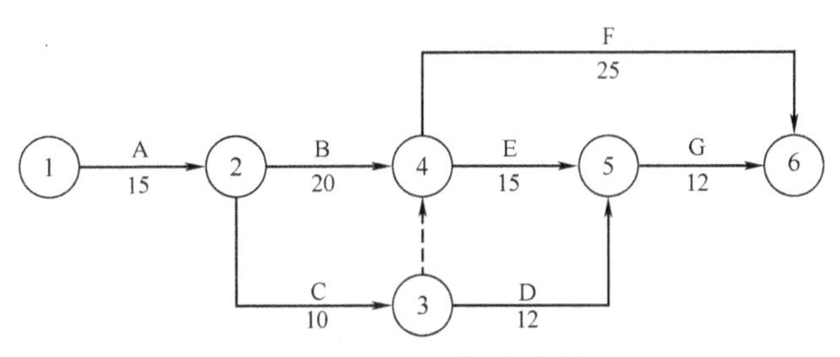

图 14.3　施工网络计划

表 14.3　影响工作时间表　　单位：天

工作代号	建设单位原因	施工单位原因	不可抗力原因
A	0	0	1
B	2	−1	0
C	3	0	0
D	0	3	2
E	2	0	5
F	−2	3	0
G	3	−2	0
合计	8	3	8

［问题］

1. 处理工期顺延的原则是什么？

2. 你认为应给乙方顺延工期几天较为合理？

［答案］

1. 处理工期顺延的原则如下。

① 由于非施工单位原因引起的工期延误应给予顺延工期。

② 确定工期延误的天数应考虑受影响的工作是否位于网络计划的关键线路上。

③ 如果非施工单位造成的各项工作的延误并未改变原网络计划的关键线路，则应认可的工期顺延时间可按位于关键线路上属于非施工单位原因导致的工期延误之和求得。

2. 题目中关键线路为①→②→④→⑤→⑥，位于关键线路上的关键工作是 A、B、E、G，所以应给予施工单位顺延工期为

$$1(A)+2(B)+7(E)+3(G)=13\text{（天）}$$

［背景材料］

某建筑装饰装修工程合同工期为 18 个月，其双代号网络计划如图 14.4 所示。该计划经过监理工程师批准。

［问题］

1. 该网络计划的计算工期是多少？为保证工期按期完成，哪些施工应作为重点控制对象？为什么？

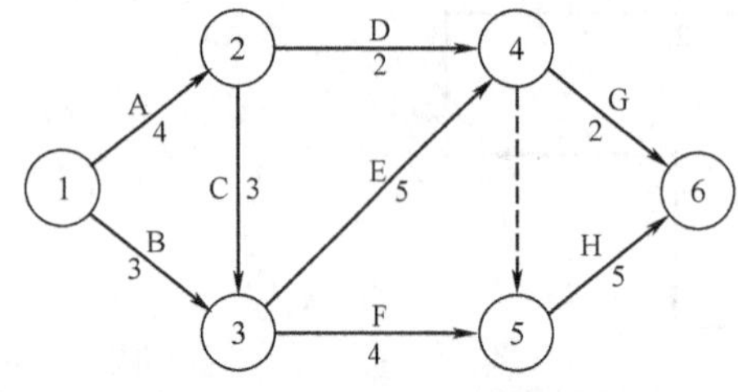

图 14.4　某装饰装修工程双代号网络计划

2. 当该计划执行 7 个月后，检查发现，施工过程 C 和施工过程 D 已完成，而施工过程 E 将拖后 2 个月。此时施工过程 E 的实际进度是否影响总工期？为什么？

3. 如果施工过程 E 的施工进度拖后 2 个月是由于 20 年一遇的大雨造成的，那么承包单位可否向建设单位索赔工期和费用？为什么？

[参考答案]

1. 用标号法确定关键线路和工期。

① 计算工期：17 个月。

② 为确保工期，A、C、E、H 施工过程应作为重点控制对象。

③ 由于 A、C、E、H 4 项工作无机动时间，并且是关键工作，所以应重点控制，以便确保施工工期。

2. E 拖后 2 个月，影响计划总工期 2 个月。由于 E 工作为关键工作，总时差为 0。

3. 可以索赔工期 1 个月，不可索赔费用。20 年一遇大雨是自然条件的影响，这是有经验的工程师无法预料的，因此只可索赔工期，不可索赔费用。由于 E 工作拖延工期 2 个月，使总工期变为 19 个月，比合同工期多 1 个月，因此只能索赔 1 个月。

[背景材料]

施工单位对某装饰装修工程所编制的双代号时标网络计划如图 14.5 所示。

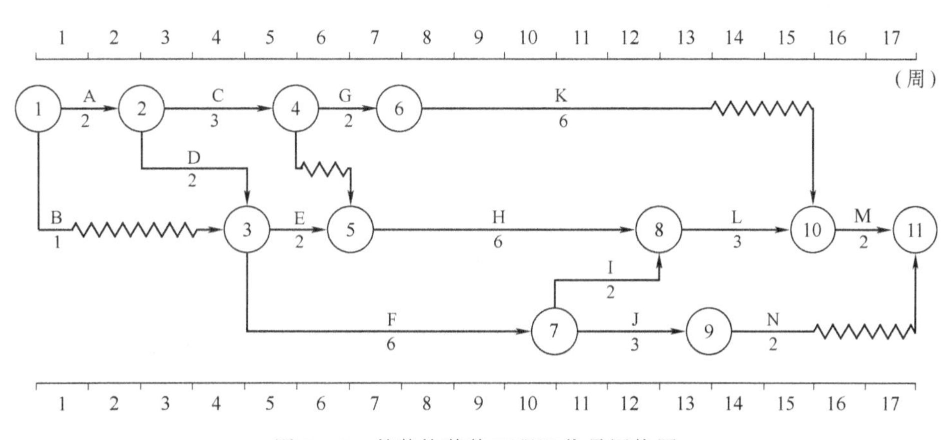

图 14.5 某装饰装修工程双代号网络图

[问题]

1. 为确保本工程的工期目标的实现，你认为施工进度中哪些工作应作为重点控制对象？为什么？

2. 在第 10 周末检查时发现，工作 K 拖后 2.5 周，工作 H 和 F 各拖后 1 周，请用前锋线表示第 10 周末时工作 K、H 和 F 的实际进展情况，并分析进度偏差对工程总工期和后续工作的影响。为什么？

3. 工作 K 的拖期是因业主原因造成的，工作 H 和 F 是由于施工单位的原因造成的。施工单位提出工期顺延 4.5 周的要求，总监理工程师应批准工程延期多少周？为什么？

[参考答案]

1. 工作 A、D、E、H、L、M、F、I 应作为重点控制对象，因为它们是关键线路上的关键工作。

2. 前锋线如图 14.6 所示。由图可以得出以下结论。

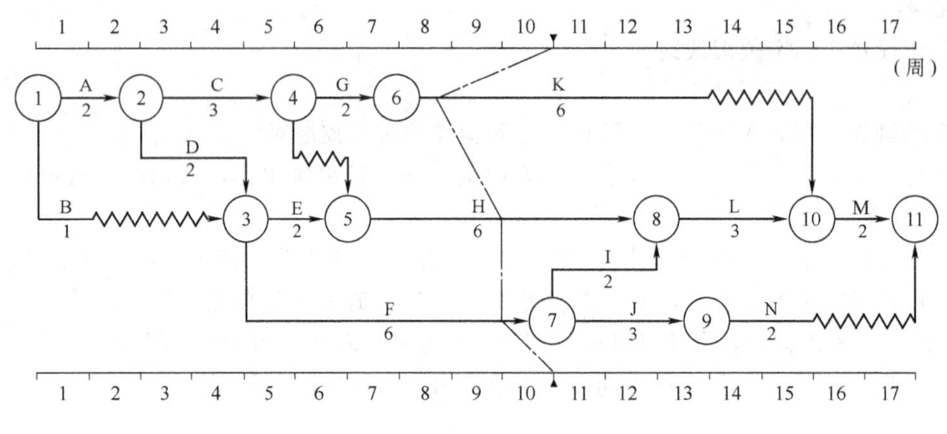

图 14.6　某建筑装饰装修工程前锋线图

① 工作 K 拖后 2.5 周，其总时差为 2 周，将延长工期 0.5 周；其自由时差为 2 周，影响后续工作 M 最早开始时间 0.5 周。

② 工作 H 拖后 1 周，其总时差为零，是关键工作，将延长工期 1 周；其自由时差也为零，影响后续工作 L 和 M 最早开始时间各 1 周。

③ 工作 F 拖后 1 周，其总时差为零，将延长工期 1 周；其自由时差也为零，影响后续工作 I、J、L、M、N 最早开始时间各 1 周。

综合上述，由于工作 K、H、F 拖后，工期将延长 1 周；后续工作 I、J、L、M、N 的最早开始时间将后延 1 周。

3. 由于工作 H 和 F 是施工单位自身原因造成的，只有工作 K 的拖后可以考虑工程延期，因为它是建设单位的原因造成的。由于工作 K 原有总时差为 2 周，则 2.5－2＝0.5 (周)。总监理工程师应批准工程延期 0.5 周。

第三节　建筑装饰装修工程项目质量控制案例分析

[背景材料]

某饭店进行职工餐厅的装修改造，工程于 2003 年 11 月 30 日开工，预计于 2004 年 1 月 15 日竣工。主要施工项目包括：旧结构拆改、墙面抹灰、吊顶、涂料、墙地砖铺设、更换门窗等。某装饰装修公司承接了该项工程的施工，为保证工程质量，对抹灰工程进行了重点控制。高级抹灰的允许偏差和检验方法见表 14.4。

为防止墙面抹灰开裂，可采取以下措施。

① 抹灰施工要分层进行。

② 对抹灰厚度大于 55mm 的抹灰面要增加钢丝网片以防止开裂。

③ 对墙、柱、门窗洞口的阳角做 1∶2 水泥砂浆暗护角处理。

④ 有防水要求的墙面抹灰水泥砂浆中掺入一定配比的外加剂，施工前进行试配。

表 14.4 高级抹灰的允许偏差和检验方法

项 次	项 目	高级抹灰允许偏差/mm	检 验 方 法
1	表面平整	4	用 2m 直尺和楔形塞尺检查
2	阴阳角垂直	2	用 2m 托线板和尺检查
3	立面垂直	3	
4	阴阳角方正	2	用 200mm 方尺检查
5	分格条(缝)平直	—	拉 5m 线和尺检查

[问题]

1. 题中所示高级抹灰的允许偏差有无错误？若有，请指出。

2. 防止墙面抹灰开裂的技术措施有无不妥和缺项？请补充、改正。

3. 抹灰工程中需对哪些材料进行复试？复试项目有哪些？

4. 冬期施工对墙面抹灰工程施工要有何种技术措施？

[参考答案]

1. 高级抹灰的表面平整的允许偏差应为 2mm。

2. 不妥。应改为“抹灰厚度大于 35mm 的抹灰面要增加钢丝网片以防止开裂”，并增加“各抹灰层与基层黏结必须牢固，抹灰层无脱层、空鼓、爆灰、裂缝”。

3. 抹灰工程中要对水泥进行复试。主要复试项目为：水泥凝结时间、水泥安定性。

4. 冬期施工应符合下列规定。

① 抹灰温度不低于 5℃，室内环境温度不低于 5℃。

② 冬期施工要注意室内通风换气工作，排除室内湿气，应设专人负责开闭门窗和测温工作，保证抹灰不受冻。

[背景材料]

住户刘某于 2003 年 11 月对其住房进行了吊顶装修，装修完毕后未发现质量问题。然而使用半年后发现顶面石膏板开始出现裂缝、翘曲等现象，甚至部分石膏板开始脱落。经检查发现，由于该住户屋顶有渗漏现象，造成吊顶龙骨变形及吊顶用材料膨胀。住户随即对当初施工单位提出索赔，但施工单位因施工时间太长且造成质量问题的原因是由屋面防水工程引起的，拒绝承担质量责任。

[问题]

1. 造成该质量事故的原因是什么？

2. 经调查发现该屋面工程采用了刚性防水层，请简述平屋顶刚性防水层的做法。

3. 为防止出现类似质量事故，施工单位在进行暗龙骨吊顶工程施工时应注意哪些质量控制要点？

[参考答案]

1. 主要原因是漏水，直接原因是龙骨遇水后变形。

2. 用不小于 40mm 厚的 C20 细石混凝土，间隔 6m 设分格缝并用丙烯酸等防水弹性材料嵌缝，也可在细石混凝土中掺入直径0.3mm、长30mm的钢纤维。

3.① 吊顶标高、尺寸、起拱和造型应符合设计要求。

② 饰面材料的材质、品种、规格、图案和颜色应符合设计要求。

③ 暗龙骨吊顶工程的吊杆、龙骨和饰面材料的安装必须牢固。

④ 吊杆、龙骨的材质、规格、安装间距及连接方式应符合设计要求。金属吊杆、龙骨应经过表面防腐处理，木吊杆、龙骨应进行防腐、防火处理。

⑤ 石膏板的接缝应按其施工工艺标准进行板缝防裂处理。安装双层石膏板时，面层板与基层板的接缝应错开，且不得在同一根龙骨上接缝。

⑥ 饰面材料表面应洁净、色泽一致，不得有翘曲、裂缝及缺损，压条应平直、宽窄一致。

⑦ 饰面板上的灯具、烟感器、喷淋头、风口箅子等设备的位置应合理、美观，与饰面板的交接应吻合、严密。

⑧ 金属吊杆、龙骨的接缝应均匀一致，角缝应吻合，表面应平整，无翘曲、锤印；木质吊杆、龙骨应顺直，无劈裂、变形。

⑨ 吊顶内填充吸声材料的品种和铺设厚度应符合设计要求，并应有防散落措施。

[背景材料]

某宾馆的248套客房进行装修施工，在门窗、吊顶、地面等分项工程施工完成后，施工单位根据设计要求对吊顶及墙面进行涂饰施工。乳胶漆墙面做法包括以下几道工序：基体清理，嵌、批腻子，刷底涂料，磨砂纸，涂面层涂料等。有的工序须往返几次重复。

真石漆墙面做法如下。

(1) 喷（刷）罩面涂料一道饰面

(2) 喷面漆一道

(3) 喷（刷）底漆一道

(4) 基体清理

[问题]

1. 请给出乳胶漆施工的工艺流程。

2. 请按照先后顺序将真石漆墙面做法排序。

3. 基层处理的质量是影响涂饰工程质量最主要的因素，请针对以下不同基层，回答基层处理要求。

① 新建筑物的混凝土或抹灰基层在涂饰前应如何处理？

② 旧墙面在涂饰涂料前，基层应如何处理？

③ 混凝土或抹灰基层涂刷溶剂型涂料时，含水率有什么要求？涂刷乳液型涂料时，含水率有什么要求？木材基层的含水率应如何规定？

④ 基层腻子有什么要求？

⑤ 厨房、卫生间墙面必须使用哪种类型的腻子？

⑥ 以石膏板面为基层时，其质量要求如何？

4. 按《建筑装饰装修工程质量验收规范》(GB 50210—2001)，本工程的室内涂饰工程应分为几个检验批？每个检验批应至少抽查几间？

[参考答案]

1. 基层清理→嵌、批腻子→磨砂纸→刷底涂料→涂面层涂料（后三道工序要反复几次）

2. (4)→(3)→(2)→(1)。

3. ① 新建筑物的混凝土或抹灰基层在涂饰前应涂刷抗碱封闭底漆。

② 旧墙面在涂饰涂料前应清除疏松的旧装修层，并涂刷界面剂。

③ 混凝土或抹灰基层涂刷溶剂型涂料时，含水率不得大于8%；涂刷乳液型涂料时，含水率不得大于10%；木材基层的含水率不得大于12%。

④ 基层腻子应平整、坚实、牢固，无粉化、起皮和裂缝。

⑤ 厨房、卫生间墙面必须使用耐水腻子。

⑥ 以石膏板面为基层的质量要求：应表面干净、光滑，无污染，割面整齐，接缝处理严密，无挂胶，钉帽应进行防锈处理，与骨架紧贴牢固、稳定性好。面层满刮腻子并平整、坚实、牢固，无粉化、起皮、裂缝，腻子黏结强度符合JG/73049型的规定。

4. 5个、5间。

[背景材料]

某商业大厦建设工程项目，建设单位通过招标选定某施工单位承担该建设工程项目的施工任务。工程竣工时，施工单位经过初验，认为已按合同约定的等级完成施工，提请做竣工验收，并已将全部质量保证资料复印齐全，供审核。11月25日，该工程通过建设单位、监理单位、设计单位和施工单位的四方验收。

[问题]

1. 请简要说明工程竣工验收的程序。

2. 工程竣工验收备案工作应由谁负责办理？工作的时限如何？谁是备案登记机关？

3. 工程竣工验收备案应报送哪些资料？

[参考答案]

1. 工程竣工验收应当按以下程序进行。

① 工程完工后，施工单位向建设单位提交工程竣工报告，申请工程竣工验收。实行监理的工程，工程竣工报告须经总监理工程师签署意见。

② 建设单位收到工程竣工报告后，对符合竣工验收要求的工程，组织勘察、设计、施工、监理等单位和其他有关方面的专家组成验收组，制定验收方案。

③ 建设单位应在工程竣工验收7个工作日前将验收的时间、地点及验收组名单书面通知负责监督该工程的工程质量监督机构。

④ 建设单位组织工程竣工验收。

a. 建设、勘察、设计、施工、监理单位分别汇报工程合同履行情况和在工程建设各个环节执行法律、法规和工程建设强制性标推的情况。

b. 审阅建设、勘察、设计、施工、监理单位的工程档案资料。

c. 实地察验工程质量。

d. 对工程勘察、设计、施工、设备安装质量和各管理环节等方面做出全面评价，形成经验收组人员签署的工程竣工验收意见。

参与工程竣工验收的建设、勘察、设计、施工、监理等各方面不能形成一致意见时，应当协商提出解决的办法，待意见一致后，重新组织工程竣工验收。

2. 工程竣工验收备案工作应由建设单位负责。建设单位应当自工程竣工验收合格之日起 15 个工作日内，依照《房屋建筑工程和市政基础设施工程竣工验收备案管理暂行办法》的规定，向工程所在地的县级以上地方人民政府建设行政主管部门备案。

3. 应报送资料如下。

① 竣工验收备案表一式两份。

② 工程开工立项文件。

③ 工程质量监督注册表。

④ 单位工程验收记录。

⑤ 监理单位签署的竣工移交证书。

⑥ 公安消防部门出具的认可文件和准许使用文件。

⑦ 建筑工程室内环境竣工检测报告。

⑧ 工程质量保修书或保修合同。

⑨ 建设单位提出的工程竣工验收报告，设计单位提出的工程质量检查意见，施工单位提供的工程报告，监理单位提出的工程质量评估报告。

⑩ 备案机关认为需要提供的有关资料，如房屋权属文件或租赁协议、房屋原结构状况检查意见。

⑪ 法规、规章规定必须提供的其他文件。

第四节　建筑装饰装修工程成本控制案例分析

[背景材料]

某建设工程项目，项目业主与某装饰装修施工单位签订了该项目中装饰装修工程施工合同。合同中含两个子项工程，即活动中心地面工程（甲项）和办公大楼地面工程（乙项）。估算工程量，子项甲为 $3100m^2$，子项乙为 $4000m^2$。合同工期 4 个月。经双方协商，合同单价甲项为 180 元/m^2，乙项为 160 元/m^2。建设工程施工合同规定如下。

① 开工前业主应向施工单位支付合同价款 20%的预付款。

② 业主自第一个月起，从施工单位的工程款中按 5%的比例扣留保留金。

③ 当子项工程实际工程量超过估算工程量的10%时，可进行调价，调整系数为0.9。

④ 根据市场情况规定价格调整系数，平均按1.2计算。

⑤ 监理工程师签发月度付款最低额度为25万元人民币。

⑥ 预付款在最后两个月扣除，每月扣50%。

施工单位各月实际完成并经监理工程师签证确认的工程量如表14.5所示。

表14.5　工程量表

完成工程量/m² 月份 子项名称	1	2	3	4
甲	700	1000	1000	800
乙	900	1100	1000	800

［问题］

1. 预付款是多少？

2. 每月工程量价款为多少？监理工程师应签证的工程款是多少？实际签发的付款凭证金额是多少？

［参考答案］

1. 预付款为(3100×180+4000×160)×20%=23.96（万元）

2.① 第1个月工程价款为700×180+900×160=27（万元）

应签证的工程款为27×1.2×(1−5%)=30.78（万元）

实际签发金额为30.78万元

② 第2个月工程价款为1000×180+1100×160=35.6（万元）

应签证工程款为35.6×1.2×(1−5%)=40.584（万元）

实际签发金额为40.584万元

③ 第3个月工程价款为1000×180+1000×160=34（万元）

应签证工程款为34×1.2×(1−5%)−23.96÷2=26.78（万元）

实际签发金额为26.78万元

④ a. 第4个月甲项工程累计完成工程量3500m²，大于估算总量3100m²的10%。

超过10%的工程量为3500−3100×(1+10%)=90（m²）

其单价应调整为180×0.9=162（元/m²）

故子项甲本月工程价款为（800−90)×180+90×162=14.238（万元）

b. 第4个月乙项工程累计完成工程量3800m²，没有超过估算总量的10%，故不予调价。

乙项工程价款为800×160=12.8（万元）

本月共完成工程价款为14.238+12.8=27.038（万元）

应签发的工程款为27.038×1.2×(1−5%)−23.96÷2=18.84332（万元）

因本月是最后一个月，虽然18.84332万元小于25万元，但本月实际应签发的付款金额仍为18.84332万元。

[背景材料]

某装饰装修公司承包一项大型装饰装修工程任务，按合同规定，预付款为工程费的50%，并按月平均支付。施工期间，工程费用不足部分由施工单位垫付，工程竣工后一次性结清。施工单位的垫付能力为15万元/月，该工程施工计划和每月所需费用如图14.7所示[箭杆上方数字为该工程每月所需工程费用（万元/月），箭杆下方数字为该工程延续时间（月）]。

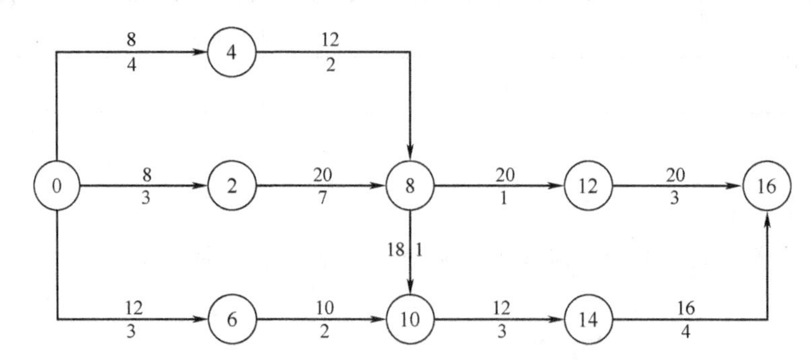

图14.7 装饰装修工程施工计划网络图

[问题]

该工程总工程费用是多少？在不进行资源调整的情况下，最高峰工程费用是多少？发生在几月？

[参考答案]

$$8\times4+12\times2+8\times3+20\times7+12\times3+10\times2+18\times1+20\times1+20\times3+12\times3+16\times4=474\ (\text{万元})$$

1	2	3	4	5	6	7	8	9	10	11	12	13	14	15	16	17	18

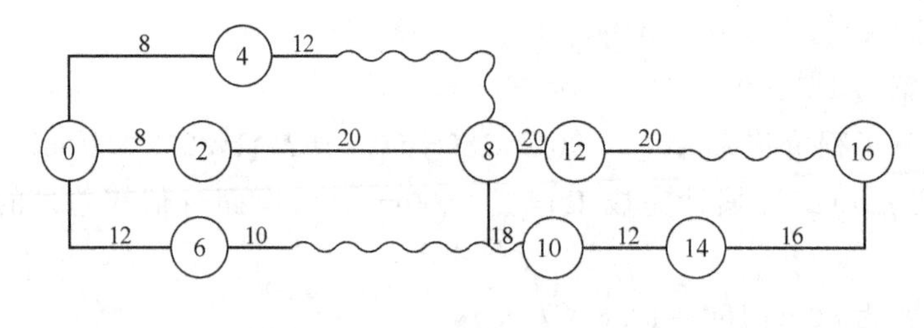

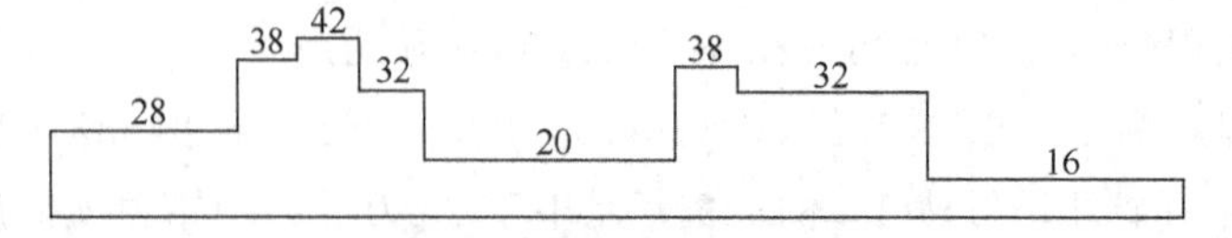

图14.8 时标网络图及资源需要量

该工程总工程费用为 474 万元；预付款为 474×50%＝237 万元；每月支付预付款为 237÷18＝13.17 万元。由图 14.8 的时标网络图可以看出，最高峰工程费用发生在 5 月，最高值是 42 万元。

案例分析练习题

1. 某承包商面临两项招标工程 A 和 B，对每项工程承包商都可选择投高（H）和投低（L）两种报价。对于每项工程的报价，都有一个中标概率。中标后又可能出现好、中、差 3 种经营效果。每种经营效果对应一个回报损益值。若招标不中，则会损失编标费用 0.5 万元。每项工程各种报价的中标概率以及各种经营效果出现的概率和损益值见下表。当然，承包商也可以选择不投标，此时回报损益值为零。

问题：(1) 简述决策树的概念。

(2) 试运用决策树方法进行投标决策。

投标情况一览表

工程	投标报价	中标概率	经营状况	出现概率	回报损益/万元
A	A_H	0.3	好	0.3	15
			中	0.5	13
			差	0.2	8
	A_L	0.9	好	0.3	13
			中	0.5	8
			差	0.2	−2
B	B_H	0.4	好	0.3	13
			中	0.5	10
			差	0.2	4
	B_L	0.8	好	0.3	10
			中	0.5	8
			差	0.2	−1

2. 某装饰装修工程由 7 项工作组成，它们之间的逻辑关系如下表示。

施工过程	A	B	C	D	E	F	G
紧前工作	—	A	A	B	A、B	D、E	D、F、C
紧后工作	B、E、C	D、E	G	F、G	F	G	—
作业时间/天	2	3	3	4	5	2	3

问题：

(1) 依据表中逻辑关系绘制双代号网络图。

(2) 用图上计算法计算时间参数。

(3) 简述双时标网络计划的绘制方法。

(4) 简述双代号时标网络计划的优点。

(5) 确定该时标网络计划的关键线路并在图上用双线表示。

3. 某建筑装饰装修工程有3个楼层，有吊顶、墙面涂料、铺木地面3个施工过程，各施工过程在每一层上持续时间分别为：吊顶3周，墙面涂料2周，铺木地面1周。根据每一层作为一个段来组织流水施工，所绘制的双代号网络图如下图所示。

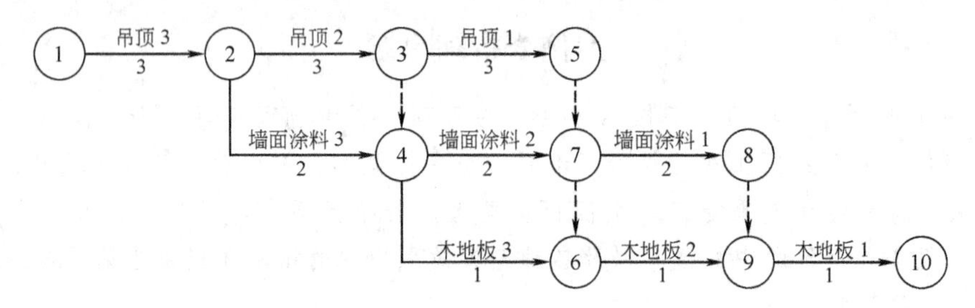

问题：

(1) 请指出网络图中存在的错误。

(2) 绘出正确的双代号网络图。

(3) 绘制单代号网络图，并用图上计算法计算时间参数。

(4) 确定该网络计划的工期。

(5) 简述单代号网络计划关键线路的确定方法，并确定该网络计划的关键线路，在图上用双线标明关键线路。

参 考 文 献

1 钱昆润，杨昊主编．建筑装饰工程监理手册．北京：中国建筑工业出版社，1998

2 全国一级建造师执业资格考试用书．装饰装修工程管理与实务．北京：中国建筑工业出版社，2004

3 冯美宇主编．建筑装饰施工组织与管理．武汉：武汉理工大学出版社，2005

4 金同华主编．建筑工程项目管理．北京：中国建筑工业出版社，2004

5 左美云．实用项目管理与图解．北京：清华大学出版社，2002

6 张寅．装饰工程施工组织与管理．北京：中国水利水电出版社，2005

7 陈恒超．装饰装修工程项目管理．北京：中国建材工业出版社，2002

8 徐家铮．建筑工程施工项目管理．武汉：武汉理工大学出版社，2005

9 梁世连．工程项目管理学．大连：东北财经大学出版社，2001

10 建设工程项目管理规范．GB/T 50326—2001

内容提要

本书为教育部高职高专建材行业规划教材，主要内容包括建筑装饰装修工程项目管理概论、相关法规、招标与投标、合同管理、施工组织设计、成本控制、进度控制、质量控制、安全控制与现场管理、生产要素管理、建设监理、竣工验收与后评价、组织协调与信息管理以及案例分析。

本书可作为高职高专建筑装饰装修工程、建筑装饰装修工程管理及相关专业的教学用书，也可供从事建筑装饰装修工程施工组织与管理的人员参考。